系统工程方法与应用

郝勇 编著

上海科学普及出版社

图书在版编目(CIP)数据

系统工程方法与应用/郝勇著.—上海:上海科学普及出版社,2016.11
ISBN 978-7-5427-6791-2

Ⅰ.①系… Ⅱ.①郝… Ⅲ.①系统工程 Ⅳ.①N945

中国版本图书馆 CIP 数据核字(2016)第 212382 号

责任编辑 吴隆庆

系统工程方法与应用
郝 勇 著

上海科学普及出版社出版发行
(上海中山北路 832 号 邮政编码 200070)
http://www.pspsh.com

各地新华书店经销 上海龙兴印刷有限公司印刷
开本 787×1092 1/16 印张 15.5 字数 286,000
2016 年 11 月第 1 版 2016 年 11 月第 1 次印刷
ISBN 978-7-5427-6791-2 定价:48.00 元

本书如有缺页、错装或坏损等严重质量问题
请向出版社联系调换

目 录
Contents

第1章 系统、系统工程 ··· 1
  1.1 系统的概念 ··· 1
    1.1.1 系统的定义 ··· 1
    1.1.2 系统的描述 ··· 2
    1.1.3 系统的功能 ··· 3
    1.1.4 系统的基本特性 ··· 4
    1.1.5 几个重要特性 ·· 8
    1.1.6 系统的分类 ··· 10
  1.2 系统工程的概念 ··· 12
    1.2.1 系统工程的定义 ··· 12
    1.2.2 系统工程的特点 ··· 13
    1.2.3 系统工程方法论 ··· 15
    1.2.4 系统工程的应用 ··· 22
  思考题和习题 ··· 25

第2章 系统模型方法 ··· 26
  2.1 模型的概念 ··· 26
    2.1.1 模型的含义 ··· 26
    2.1.2 模型的特征 ··· 27
    2.1.3 模型的分类 ··· 28
  2.2 建立模型的方法 ··· 35
    2.2.1 建立模型的一般方法 ··· 35
    2.2.2 建立模型的一般步骤 ··· 36
    2.2.3 建立模型遵循的原则 ··· 36
  2.3 系统结构模型 ·· 37
    2.3.1 结构模型的概念 ··· 37
    2.3.2 一个结构模型实例 ·· 37
    2.3.3 解析结构模型的求解步骤 ··· 41

2.4 层次分析方法·····44
2.4.1 原理和特点·····44
2.4.2 层次分析的步骤·····44
2.4.3 最大特征值及其特征向量的计算·····48
2.4.4 社会保险基金绩效审计评价指标的层次分析·····50
2.4.5 层次分析方法的改进·····57
思考题和习题·····62

第3章 系统预测·····63
3.1 系统预测的概述·····63
3.1.1 预测的应用领域·····63
3.1.2 系统预测的概念·····64
3.1.3 预测方法的分类·····64
3.1.4 预测的要素·····65
3.1.5 系统预测的步骤·····66
3.2 逐步回归分析·····67
3.2.1 多元线性回归的概念·····67
3.2.2 线性回归的基本原理·····68
3.2.3 逐步回归过程与内容·····71
3.2.4 逐步回归模型小结·····83
3.3 曲线回归分析·····83
3.3.1 曲线估计·····83
3.3.2 数据转换·····90
3.4 逻辑斯谛回归分析·····90
3.4.1 基本原理·····90
3.4.2 逻辑斯谛模型建模与分析·····93
3.5 时间序列分析·····101
3.5.1 时间序列分析方法概述·····101
3.5.2 随机时间序列·····104
3.5.3 随机时间序列建模与分析·····108
3.5.4 应用随机时间序列建模时需要说明的几点·····125
3.6 人工神经网络技术·····126
3.6.1 BP神经网络的方法原理·····126
3.6.2 建立模型的方法步骤·····129

####### 3.6.3 BP 网络的学习过程 130
####### 3.6.4 基于 BP 的失能老人规模预测 135
####### 3.6.5 神经网络方法的优缺点 140
思考题和习题 141

第4章 系统评价 142
4.1 系统评价概述 142
4.1.1 系统评价的基本概念 142
4.1.2 系统评价的指导思想 143
4.1.3 系统评价的分类 144
4.1.4 指标体系建立的原则 145
4.1.5 评价体系的指标组成 146
4.1.6 系统评价的步骤 147
4.1.7 简单的评价方法 148
4.2 因子分析方法 150
4.2.1 因子分析的概念 150
4.2.2 主成分分析方法 152
4.2.3 分析内容和过程 155
4.2.4 应用因子分析方法时的注意点 165
4.3 聚类分析方法 166
4.3.1 概念与特征 166
4.3.2 方法和步骤 167
4.3.3 聚类分析的内容和过程 167
4.3.4 我国各地区卫生医疗水平的综合评价 175
4.3.5 应用聚类分析方法时需注意的问题 179
4.4 数据包络分析 179
4.4.1 数据包络的一般概念 180
4.4.2 方法的基本原理 181
4.4.3 模型参数的经济含义分析 184
4.4.4 DEA 方法应用于社会保障领域的研究 185
4.4.5 研究内容与研究过程 192
4.4.6 应用数据包络方法时的注意事项 200
思考题和习题 201

第 5 章　系统仿真 ·· 202
5.1　系统仿真的概述 ··· 202
5.1.1　系统仿真的应用领域 ·· 202
5.1.2　系统仿真的概念 ·· 205
5.1.3　系统仿真的分类 ·· 207
5.1.4　系统仿真的特点 ·· 209
5.1.5　系统仿真的步骤 ·· 210
5.2　系统动力学方法 ··· 213
5.2.1　系统动力学概述 ·· 213
5.2.2　系统动力学的表示方法 ·· 216
5.2.3　建模主要操作 ·· 220
5.2.4　医疗保险基金结余规模的仿真研究 ·························· 221
思考题和习题 ··· 241

第1章 系统、系统工程

目标要求

1. 理解系统和系统工程的思想及含义；
2. 掌握系统工程方法论的基本内容；

伴随着社会经济的发展和科学技术的进步，系统工程在各行各业中，在各个层面上起着越来越重要的作用。为了讨论系统工程的含义、范围、问题和方法，我们必须首先弄清它所研究的对象——系统。

1.1 系统的概念

系统在我们的日常生活中无处不在。在自然界和人类社会中，可以说任何事物都是以系统的形式存在的。人们在认识客观事物或改造客观世界的过程中，用综合分析的思维方法看待事物，根据事物内在的、本质的、必然的联系，从全局的角度进行研究与分析，这类事物就被看成了一个系统。人们不仅用自发的系统观点考察自然现象，并且还基于这些概念去改造自然。人们从统一的物质本原出发，把自然界当作一个统一体，就是说，人类在社会实践中已经自觉和不自觉地在使用系统的思想改造自然、促进社会发展了。

1.1.1 系统的定义

"系统"一词来自拉丁语 Systema，有"群"和"集合"的含义。近年来，虽然国内外学者对系统科学展开了深入而广泛的研究，但由于研究的历史不长，以及现实系统的复杂性和不确定性，所以，国内外学者对系统的定义还没有统一的说法，下面仅列举其中几个具有代表性的定义。

（1）在韦氏大词典中，系统一词被解释为：有组织的和被组织化了的整体；结合着整体所形成的各种概念和原理的综合；由有规则、相互作用、相互依赖的诸要素形成的集合等。

（2）奥地利生物学家、一般系统论的创始人贝塔朗菲把系统定义为：相互作用的诸要素的综合体。

（3）日本工业标准《运筹学术语》中对系统的定义是：许多组成要素保持有机的秩序向同一目标行动的体系。

（4）我国著名科学家、系统工程的倡导者钱学森认为：系统是由相互作用和相互依赖的若干组成部分结合的具有特定功能的有机整体，而且这个系统本身又是它所从属的一个更大系统的组成部分。

上述几个不同的定义中，本质上有两点是相同的：系统是一个整体，其中包含相互关联的诸多要素。如果我们用一种笼统的、思辩的语言来表述系统概念，则系统即是指把考察的事物或对象看成是由相互联系、相互依赖、相互制约、相互作用的事物与过程形成的整体；系统各组成部分的运动规律是由各部分建立的整体的特性所决定，整体性质又是各组成部分相互关系总和的统一性结果。

在我国，现行的社会保险系统，它是由养老保险、医疗保险、工伤保险、失业保险、生育保险等子系统构成。其中各子系统相互联系、相互促进，几乎关系到每个劳动者进入到劳动年龄以后的整个生命周期。社会保险的总体目标是保证劳动者在因年老、疾病、工伤、生育、死亡、失业等风险暂时或永久失去劳动能力从而丧失收入来源时，能够从国家或社会获得物质帮助，以此解除劳动者的后顾之忧。那么，子系统的目标也必定是围绕这个总体目标，各自执行自己的职能，为总目标服务。

1.1.2 系统的描述

大千世界中有各种各样的系统，每种系统的具体结构不都一样。系统的结构是指诸要素相互作用、相互依赖所构成的组织形式。大系统的结构往往比较复杂，而小系统的结构则相对简单。从一般意义上说，可以通过以下两种方法对系统进行描述。

1. 框图法

框图法比较直观，它侧重于系统外部的描述，如图 1.1.1 所示。在进行系统描述时，将整个系统看作是一个整体，在考虑系统周围的环境以及系统的边界时，分析系统的输入和输出。外部对系统的作用即是输入，而系统对外部的作用则为输出。系统的环境是指一个系统以外的又与系统有关联的所有其他部分。环境与系统的分界叫做系统边界，它界定了研究对象的范围，明确了问题的主要因素，但实际系统的边界又常常是模糊的。

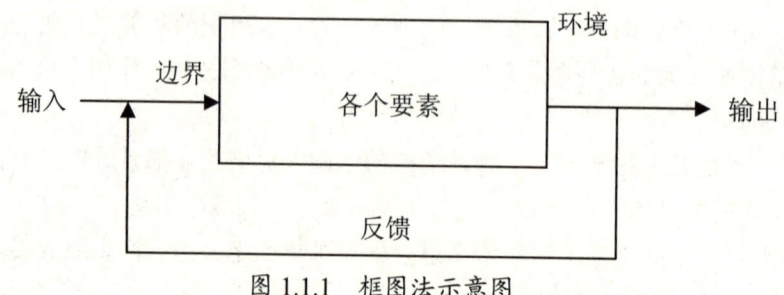

图 1.1.1 框图法示意图

2．集合法

集合法侧重描述系统的内部，着重分析和表述系统的元素及元素之间的各种关系。在集合法中，系统的表示可以用式子 $Sys = \{\Omega, R, Stru\}$。

式中，Sys 表示系统，Ω 表示元素的集合，R 表示元素之间各种关系的集合，$Stru$ 表示元素之间的组织结构。由上式可知，作为一个系统，必须包括其元素的集合、元素之间关系的集合和元素的组织结构，三者缺一不可，它们结合起来，再考虑到系统周围环境的约束条件，才能决定一个系统的功能目标。

关于养老保险系统，采用框图法进行描述时，系统框图可由图 1.1.2 表达；采用集合法进行描述时，可由表达式描述成：养老保险系统={{缴费人员、缴费单位、政府}，{三种主体缴费关系、养老基金平衡关系}，{基本养老金、职业年金、个人储蓄}}。

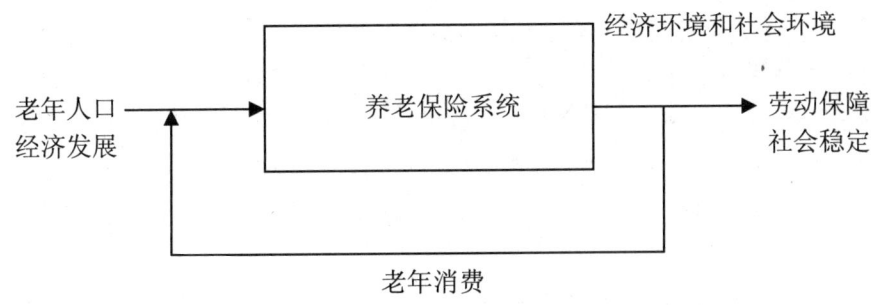

图 1.1.2　养老保险系统的框图描述法

1.1.3　系统的功能

系统的结构决定系统的功能。因为各种系统的结构不同，所以各种系统的功能也是不大相同的。但是，可以根据各种不同系统本质的、共同的功能特性，概括出一般性的、概念性的表述。总体来说，系统的功能可用图 1.1.3 表示。

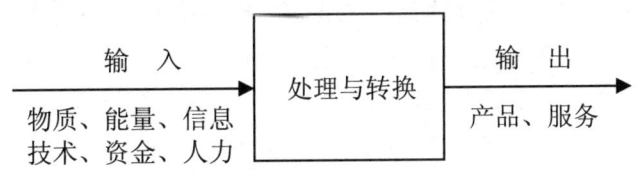

图 1.1.3　系统功能示意图

系统可以解释为一种处理或转换机制，它将输入转换为人们所需要的输出。系统的输入是指作为原材料的物质、能量、信息、技术、资金、人力等，系统的输出是经过处理和转换以后的产品或服务。所以，从狭义上说，处理和转换就是系统的功能。从广义上说，常常把输入和输出部分也作为系统的功能。如果考察的系统是闭环系统，往往还将反馈也作为系统的功能。

社会救助系统的基本功能是将政府财政支持、社会募捐等渠道获得的资金、实物等，转换成社会救助资金和救助服务，为社会脆弱群体提供最低生活保障。

1.1.4 系统的基本特性

系统的特性是系统概念的重要内容。可以归纳为以下几点。

1. 整体性

系统的整体性可以表述为系统不是各个要素的简单集合，系统要素及其相互联系是根据逻辑统一性而协调存在、是以服从系统整体功能为目的的。系统整体中的各个要素即使不都完美，也可协调综合成为有良好功能的系统。

在系统实际运行中，整体性表现为两种情况。

（1）整体小于各组成元素之和。

（2）整体大于各组成元素之和（多数情况属于这种）。

出现上述两种情况的原因，是由于系统的整体功能取决于一定结构的系统及其中各元素之间的协调关系。如果每个元素的功能即使都良好，但是元素的步调不一致，甚至出现分目标互相矛盾的现象，作为整体就不可能具有完好的功能。而如果元素之间的功能协同一致，即使单个元素的功能并不十分完善，作为整体也可以会有很好的功能。

由于这种整体功能不是各要素单独具有的，因此对于各要素来说，整体功能的产生更主要的表现为一种质变，系统整体的质不同于各个要素的质。系统整体之所以能产生新质，是因为在系统整体的各个组成部分之间，相互联系和相互作用形成一种协同作用。只有通过协同作用，系统的整体功能才能显现。

系统的整体性对社会保障工作具有重要的指导意义，主要作用有如下几个方面。

（1）可以依据确定的社会保障目标，从社会保障的整体出发，把社会保障相关要素组成一个有机的系统，协调和统一管理其中的各个要素，使整体产生放大效应，发挥出整体的优化功能。

（2）可以不断改善各个要素的功能，并以此作为改进整体功能的基础。此过程，一般是从提高组成要素的基本素质入手，按照系统整体目标的要求，不断注意改善各个要素特别是关键要素或薄弱要素的功能素质，强调局部服从整体，从而实现管理系统的最佳整体功能。

（3）可以改善和提高社会保障系统的整体功能，同时注意调整要素的组织形式，建立合理的系统结构，促使社会保障系统的功能优化。

在社会保障系统中，需要依靠社会保险、社会救助、社会福利、社会优抚的相互补充、相互联系，才能保证整个社会保障系统的健康稳定运行，单注重其中任何一个子系统而忽视其他,将会削弱甚至损害某一部分人的利益和权利,从而导致系统整体功能的弱化。如社会保险子系统中的失业保险,就需要有社会救助子系统中的贫困救助项目的配合,否则,失业人员超过失业保险期限仍未找到工作时,其生活来源就会中断,从而不利于失业人员的再就业进而影响社会稳定。

2. 层次性

系统作为一个相互作用的诸多要素的总体,它可以分解为一系列的子系统,并存在一定的层次结构,这是系统结构的一种形式。在系统层次结构中表述了在不同层次子系统之间的隶属关系或相互作用的关系,在不同的层次结构中存在着不同的运动形式,构成了系统的整体运动特性。

对于社会保障体系的层次性考察,可得层次结构如图1.1.4所示。

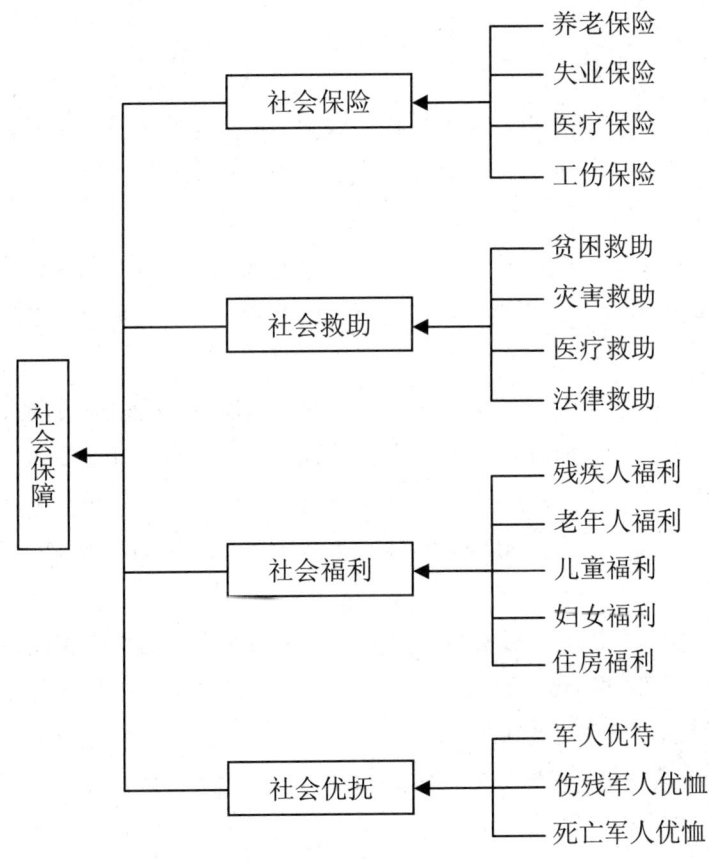

图 1.1.4　社会保障体系的层次性

3. 相关性

整体性确定系统的组成要素,相关性则是表明这些要素并不是孤立工作的,它们之间存在着确定性的关系。系统的要素相互联系，它们之间相互作用、相互制约，有着特定关系和演变规律。它们之间的某一要素发生变化，另一些要素就会做相应的调整，只有追求整体目标而不是单一目标，才能提高系统的整体运行效果，保证系统的整体仍然处在最佳状态。

贝塔朗菲用一组联立的微分方程描述了系统的相关性，即

$$\begin{cases} \dfrac{dQ_1}{dt} = f_1(Q_1, Q_2 \cdots Q_n) \\ \dfrac{dQ_2}{dt} = f_2(Q_1, Q_2 \cdots Q_n) \\ \quad \cdots \\ \dfrac{dQ_n}{dt} = f_n(Q_1, Q_2 \cdots Q_n) \end{cases}$$

其中，Q_1、$Q_2 \cdots Q_n$ 分别为 1、2…n 个要素的特征，t 是时间，B、$f_2 \cdots f_n$ 表示相应的函数关系。公式表明，任意一个系统要素的变化是系统所有要素的函数。

系统的相关性对社会保障工作的指导意义主要有以下几个方面。

（1）在社会保障工作中，当人们想要改变某些不合要求的要素时，必须注意考察与之相关的要素的影响，注意这些要素也会有变化。因此，这提醒人们在调整时，要考虑各要素变化的同步性，使各要素之间互相协调、匹配，以提高系统的整体功能。

（2）社会保障系统内部诸要素之间的相关性不是静态的，而是动态的变化过程。要素之间的相关作用随时间发生变化。因此，必须注意在动态中认识和把握系统的整体性，在动态中协调要素与要素、要素与整体间的关系。社会保障的实质就是把握社会保障要素在运动变化的情况下，有效地进行组织调节和控制，以实现最佳效益的过程。

（3）社会保障系统的组成要素，既包括系统层次之间的纵向相关，也包括各组成要素之间的横向相关。同时协调各要素的纵向层次相关和要素之间的横向相关，才能实现系统的整体功能最优。

在社会保障系统中，养老问题与养老保险、养老服务、医疗保险、医疗服务紧密地联系在一起。又如，社会保障本身就是一个大系统，它又可分为社会保险、社会救助、社会福利、社会优抚等多个具有密切关系、相互影响、相互作用、相互补充的各个子系统，它通过各个子系统的相互协调的有机组成和运转去实现社会保障的完备化和促进社会和谐发展的整体目标。

4．目的性

"目的"是指人们在行动中所要达到的结果和意愿。系统的目的是人们根据实践的需要而确定的。系统的目的与功能相统一，是区别不同系统的标志。

社会保障总目标的制定既要考虑人道主义和社会公平因素，又要考虑到待遇给付、经济发展等因素；社会保险系统是以解除社会成员的后顾之忧为根本目的进行政策调整的；失业保险系统能够保障失业者在失业期间的基本生活并促进就业。

由于较大的系统往往具有多个目标，当组织规划大系统时，常采用图解的方法来描述目的与目的之间的相互关系，这种图解的方式称为目的树，如图1.1.5所示。

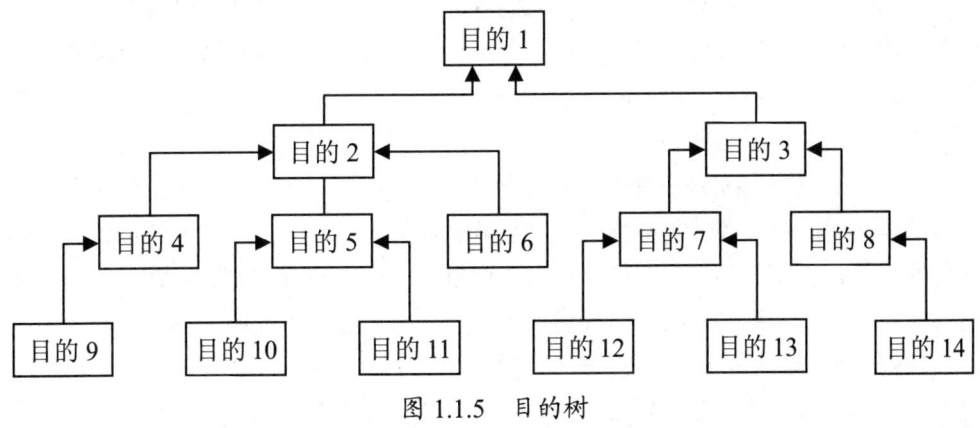

图 1.1.5　目的树

通过目的树，可使各目的层次鲜明，次序明确。并可对目的树的各个项目的目的进行分析、探讨和磋商，统一规划和协调。

系统的目的性要求人们正确地确定系统目标，运用各种调节手段把系统导向预定的目标，从而达到系统整体目标最优的目的。在实现社会保障目标时，运用现代化管理中的目标管理（MBO），即在系统目的性原则的指导下，使社会保障适应社会与经济的发展，将社会保障的各个项目及管理工作协调起来，完善相关体制建设，体现社会保障的系统化、科学化、标准化和制度化。

实际上，目的一般用更具体的目标体现，而且系统的多个目标之间有时相互矛盾，为求得最满意的效果，要寻求平衡或折衷方案。

5．适应性

适应性是指环境的适应性。环境是存在于系统以外事物的总称，系统所处的环境就是约束条件，所以，系统时时刻刻处于环境之中。环境是一种更高级、更复杂的系统，在某些情况下，它也会限制系统功能的发挥。

系统与环境互相融入。系统不是孤立存在的，它必然会和外部环境产生物质的、能量的、信息的交换，因此，系统必须适应外部环境的变化。能够与外部环境保持最佳适应状态的系统才是健康运行的系统，不能适应周围环境变化的系统是难以生存的。系统的环境适应性提醒人们要考虑系统与环境的关系。只有系统内部关系和外部关系相互协调、统一，才能全面发挥系统的整体功能，保证系统整体性向最优化发展。

系统的环境适应性使得系统具有动态性的特征。物质和运动是密不可分的，各种物质的特性、形态、结构、功能及其规律性，都是通过运动表现出来的。开放的系统与外界环境有物质、能量和信息的交换，系统内部结构也具有随时间变化的特征。系统的动态性使得系统具有生命周期，系统的发展是一个有方向性的过程。

我国已经步入老龄化社会，老年人的养老需求逐步多样化，社会养老压力逐渐增大。从养老保障的角度，养老问题必须把握社会结构的变迁趋势、人口结构的变化、相关政策的导向、老年人的需求等环境信息，并从许多可选方案中选出最佳决策，否则养老保障就会面临巨大危机。

另外，环境对系统的塑造也是非常重要的。任何一项社会保障政策的出台，都必须了解当前的社会和文化环境、相关利益群体的需求、国内外相关政策的调整等环境的变化，在此基础上制定法律法规，调整社会保障政策和实施方案，以适应环境的变化。但如果系统不断地对环境产生负面影响，这些负面影响逐渐累计，一旦超过环境对系统的承受度，就会破坏环境当前的平衡状态，导致环境品质变坏，反过来威胁系统自身的生存和发展。

1.1.5　几个重要特性

1. 非线性

系统科学重点研究非线性系统，研究处理非线性系统的方法论。有很多非线性系统问题还没有得到解决，因此，在一些领域中往往把非线性系统简化为线性系统进行研究，然后利用成熟的线性系统的理论求解问题。

但必须注意，非线性系统是绝对的，线性系统是相对的。把非线性系统转化为线性系统是有条件的，如果在具体应用中，原来的简化前提条件不成立，则其得到的结果或结论是不正确的。

线性系统是能够用线性数学模型描述的系统，线性系统的基本特性，如输出响应、状态响应、状态转移等，都满足叠加原理。线性操作满足叠加原理，是区别于非线性操作的基本标志。

2. 动态性

系统的动态性是系统的固有性质，它是系统对外界输入的反应（响应）所具有的特性，由系统内部的结构和参数所决定。系统状态可以看成为反映系统运行情况的各种信息的集合，系统的输出是系统对输入的响应，是希望控制的变量，是反映系统运行好坏的质量指标的集合。

外界对系统的作用可以分为两类。一是控制作用，即预先设定的、使系统按照预期方向发展的、对系统产生正面影响的作用。二是干扰作用，即使系统偏离预期方向、对系统产生负面影响的作用。如社会保障系统中，社会保障监管系统、社会保障预警系统起到控制作用，任何一项的社会保障政策与法规也都起控制作用。

在设计系统的控制作用之前，必须清楚该系统在外部作用下所产生的反应，即尽可能地了解其系统的动态性。系统的动态性可以用系统动力学模型描述，对于线性系统，既可以在频率域上用频率特性、传递函数表示，也可以在时间域上用过程特性、状态空间的状态方程和输出方程描述等。

3. 稳定性

稳定性是指系统的结构、状态、行为的恒定性，即系统的结构、状态、行为的抗干扰能力。系统的各种扰动因素来自于环境或者系统本身。如果系统受到干扰作用后，若不能回到平衡状态，则系统的稳定性不好。

虽然说稳定是一个相对状态，但从应用的角度讲，一个不稳定的系统无法正常运行，无法实现其功能目标。所以说，稳定性是系统的一种重要的机制，稳定性是对系统最重要、最基本的要求。

4. 鲁棒性

由于测量的不精确和运行过程中受环境因素的影响，系统特性或系统参数不可避免地会发生缓慢的、不规则的漂移，这种现象称为系统特性或系统参数的摄动。鲁棒性是指控制系统的品质指标对系统特性或系统参数的摄动的不敏感性，是系统经得起折腾和摔打的性能，也称为强壮性。

鲁棒性好的系统在系统出现摄动时，其品质指标保持不变或者变化很小。在设计和应用各种控制系统时，需考虑鲁棒性问题，应尽可能地把控制系统设计得具有很好的鲁棒性。

5. 不确定性

不确定性是指系统、事件的状态或过程是不确定的，这些系统、事件本身的结构或参数包含有不确定因素，或者系统的环境存在有不确定因素，有不确定的干扰作用于系统，使得问题的解决方案存在着多种可能性。

在不确定性中，有一类属于非本质不确定性，它是指概率统计意义下的随机性，如国内某种疾病的发病率、某个行业的职业病病种分析等问题中，随机变量都服从一定的统计规律，有确定的随机分布，可以用概率的特征参数来描述。另有一类属于本质不确定性，它是指没有概率统计的不确定性，其不服从确定的随机分布，不能用概率的特征参数来描述，如车祸、灾害等意外的发生概率。一般说来，研究问题的范围越大、考察的时间越长，越有统计规律，也就是说，越是研究宏观现象，可以采集到的样本越多，形成统计规律的条件越成熟。

1.1.6　系统的分类

自然和社会中的系统多种多样。根据生成原因和反映属性的不同，系统可以进行多种分类。

1. 自然系统和人造系统

这是按照事物的自然起源对系统进行的分类。

自然系统是自然物在自然过程中产生的。原始的系统都是自然系统，如天体、海洋、生态系统等。自然系统是一个复杂的均衡系统，如季节的周而复始、气候系统的混沌动力学特性、食物链系统、水循环系统等。

人造系统是人们将有关元素按属性和关系组合而成的。而且人造系统都是存在于自然系统之中，如海洋船只、机械设备、社会经济系统、科学技术系统、各种工程系统等。

人造系统和自然系统之间存在着一定的界面，两者互相影响、相互渗透。多数系统都是自然系统和人造系统相结合的复合系统。如社会系统，看起来是一个人造系统，但是它的发展是不以人的意志为转移的，并有其内在的规律性。

2. 实体系统和概念系统

这是按照系统的物质属性对系统进行的分类。

实体系统是指以生物和非生物等实体为构成要素所组成的系统，如计算机系统、通信网络系统、社会保障经办机构系统等。

概念系统是指由人的思维创造，以概念、原理、原则、方法、制度、规定、程序、政策等非物质实体为构成要素所组成的系统，如管理系统、社会系统、社会保障系统、社区信息化管理系统等。

在实际生活中，实体系统和概念系统往往是结合起来的。实体系统是概念系统的物质基础，而概念系统是实体系统的中枢神经，为实体系统提供指导和服务，两者是不可分的。如管理信息系统中的计算机及其外部设备是实体系统，而运行的管理软件、数据库、应用程序就属于概念系统。

3. 动态系统和静态系统

这是按照状态变量的性质对系统进行的分类。

静态系统的运行规律中不含时间因素。现实生活中的实体网络系统、建筑结构系统、城市规划布局系统都是静态系统。静态系统和实体系统是相对应的。实际应用中，物理学中考虑的平衡系统可以看成静态系统。

动态系统的系统状态变量、内部结构都是随时间变化的，一般都有人的行为因素在内。如生命系统、服务系统、生产系统、社会系统等。动态系统需要以静态系统为基础，需要有概念系统的配合。

事实上，静态系统是动态系统的极限稳定状态或简化假设状态。

4．开放系统和封闭系统

这是依据系统和环境的关系对系统进行的分类。

封闭系统是指系统与环境相互隔绝而孤立，系统与环境之间没有物质、能量和信息的交换，呈封闭状态。封闭系统的存在，首先是该系统内部组成部分及其相互关系存在平衡关系，这种平衡关系的意义是和不同系统的层次、系统的内容，以及人们观察的侧重点相关的。

开放系统是指系统与环境有物质、能量、信息进行交换。如生产系统、商业系统等。这些系统通过系统组成部分的不断调整，来适应周围环境的变化，以使其在某个阶段保持稳定的状态。开放系统往往具有自适应特性。

实际生活中的绝大多数系统都是开放系统。封闭系统的划分是相对的，封闭系统是开放系统的近似和简化，是系统边界的相对明确。

5．黑色系统、白色系统和灰色系统

这是按照对系统的认识程度而进行的分类。

黑色系统是指只明确系统与环境关系，但是对于系统内部的结构、层次关系、组成元素和实现机理却一无所知。

白色系统是指一切都很明朗化，既明确系统与环境之间相互作用的关系，也明确系统内部结构、元素和系统特性。

黑色系统和白色系统的划分是相对的。例如，对于医药系统，从患者角度分析，是属于黑色系统。患者只知道自己患病，通过就医来了解自己的病情，而不知道医药系统的药价的制定机制、医生是否对症下药、有无开高价药等。但对于医生来说，他们对系统的运行机制非常了解，清晰每个环节与流程，因此，从医生角度来看，它又是一个白色系统。

灰色系统是指部分明确系统与环境关系、系统结构和实现过程。在现实世界中，灰色系统是存在形式最多的一种，我们所面临和研究的大部分对象都是灰色系统。

6．简单系统和复杂系统

这是按照系统内子系统的关系对系统进行的分类。

简单系统是指组成系统的子系统数量较少，或者尽管子系统数量多或巨大，但它们之间的关联关系相对比较简单。简单系统也可划分为简单小系统、简单大系统和简单巨系统。例如社区管理系统就可视为小系统，这一类系统用基础的管理方法、统计方法、调查方法等途径可以很好地描述。一个养老保障模式，如医养结合模式，可视为一个大系统，可以用社会学、经济学和人口学的部分内容加以研究。研究这些简单系统可以将各子系统之间的相互作用直接综合为系统整体的功能。

复杂系统的系统结构复杂，系统的层次也相对较多，要素之间的关系复杂，关系种类多，最终形成具有多目标的多个方案，并且会涉及很多技术种类。复杂系统大多数具有不确定性。例如人体系统、地理系统、气象系统都是复杂系统。

1.2 系统工程的概念

用系统的思想及定性、定量的系统方法，包括计算机、人工智能等技术，处理大型复杂系统问题，无论是系统的设计或建立，还是系统的经营管理，都可以统一地看成是一类系统实践，统称为系统工程（System Engineering，SE）。

1.2.1 系统工程的定义

系统工程是一门正处于发展阶段的新兴学科。它的应用已经渗透到社会生活、经济建设中的每一个领域。同时，系统工程在实际应用中，也是和其他学科知识融会贯通、综合使用的。因此，不同领域的人对系统工程有不同的理解。下面列举国内外工程界人士和专家学者对系统工程的一些定义，可为全面理解系统工程提供一些参考。

（1）美国防务系统的定义：系统工程是为了达到所有系统要素的优化平衡，控制整个系统研制工作的管理功能，把目标需求转变为一组系统参数的描述，并综合这些参数以优化整个系统效能的过程。

（2）日本工业标准定义：系统工程是为了更好地达到系统目标，而对系统的构成要素、组织结构、信息流动、控制机构等进行分析与设计的技术。

（3）1975年美国科学技术辞典对系统工程的注释：是研究许多密切联系的元素所组成的复杂系统设计的科学。在设计时，应有明确的预定功能和目标，并使得各个组成元素之间以及各元素与系统整体之间有机联系，配合协调，从而使系统整体能够达到最佳的目标。同时，还要考虑到参与系统中人的因素和作用。

（4）1977年日本学者三浦武雄指出：系统工程与其他工程学的不同之处在于它是跨越许多学科的科学，而且是填补这些学科边界空白的一种边缘学科。因为系统工程的目的是研制一个系统，而系统不仅涉及到工程学的领域，还涉及社会、经济和政治领域。所以为了适当地解决这些领域的问题，除了需要某些纵向技术外，还要有一种技术从横的方向把它们组织起来，这种横向的技术就是系统工程。

（5）中国科学家钱学森定义：系统工程是组织管理系统的规划、研究、设计、制造、试验和使用的科学方法，是一种对所有的系统都具有普遍意义的方法。系统工程也是一门组织管理的技术。

从以上观点可以总结出，系统工程一般是针对大型复杂的人工系统和复合系统作为研究对象；它考察在一定的目标函数和外界环境约束下，如何组织协调好系统内各个要素的活动，并使各要素为实现系统的整体目标发挥适当的作用；它采用定性和定量相结合的方法，运用现代的计算机及其多种系统软件和应用软件等技术，最终使系统整体目标达到最优，并侧重技术方法与管理活动相结合的过程。但是，不同的定义隐含着不同的侧重点，反映了不同的系统思想。系统工程实际应用的过程即是系统思想贯穿于系统方法的过程。实际中，在不同的系统思想的指导下，即使运用相同的系统方法，也会有不同的过程和结果。所以，应用系统工程理论和方法解决实际问题时，思想是灵魂、方法是基础，而技术只是手段，这是首先需要弄清楚的基本问题。

另外，系统工程是一门横向工程，它和常规工程学有着很大的不同。

（1）常规的工程学，如机械工程、电子工程、土木工程、化学工程、计算机科学等，是根据研究对象的不同而进行纵向分类的。而系统工程则是在这些纵向分类的各个领域中规划与综合设计新的系统，并对已有系统提供最佳利用的方法论。

（2）由于纵向分类的工程领域无视领域间的横向关系，一味朝专业化、细分化的方向发展，因此以产业化为中心的各种活动失去了总体的协调，这无疑导致了资源能源的浪费、环境问题及其他社会问题。而系统工程则是与控制论、运筹学、信息工程等平行、横向分类的学科领域。它不仅适用于某个专业领域，也适用于各个专业领域的综合及学科交叉的研究。

1.2.2 系统工程的特点

系统工程的研究领域是自然科学、社会科学和工程技术相互交叉与综合的研究领域，系统工程的应用涉及社会、经济的各个方面和各个层次。因此说，系统工程是一门工程实践技术，但它又属于软科学范畴，系统工程既是一门普遍适用性的学科，又必须与所应用领域的科学紧密结合。系统工程的主要特点可以归纳为以下几点。

1. 整体性

整体性也称为系统性。整体性是系统工程最基本的特点。系统工程把研究对象作为一个由若干部分有机结合成的整体系统，研究从整体与部分之间相互作用和相互依赖的关系去揭示系统的特征和规律，从整体最优化去实现各部分的有效运转。只是这里的最优化不是绝对最优，而是相对满意。

2. 关联性

关联性也称为协调性。用系统工程的方法去分析和处理问题时，不仅要考察系统的各个部分之间、各部分与整体之间的相互关系和现实作用，还要注意协调它们之间的关系，注意系统的环境和条件，注意系统本身所在学科的性质和特征。部分与部分之间、各部分与整体之间的相互作用直接影响整个系统的性能。部分与整体之间一般呈正相关关系。

3. 综合性

综合性也称为交叉性。系统工程以大型复杂的人工系统和复合系统为研究对象，这些系统涉及的因素很多、学科领域广泛。因此，系统工程必须综合研究各种因素，综合运用各门学科和技术领域的成就，从整体目标出发使各门学科、各种技术有机地配合，以达到整体目标最优的目的。如"神五计划"，就是综合运用各学科、各领域成就的产物。

4. 最优性

最优性也称为满意性。系统工程是实现系统整体最优的组织管理技术。因此，系统整体性能的最优化是系统工程所追求并要达到的目的。由于整体性是系统工程最基本的特点，所以系统工程着眼于整个状态和过程，不拘泥于局部的、个别的部分，追求的是系统整体性能的相对满意解，而不是其中各自部分性能的绝对最优解。

此外，系统工程还具有以研究和创造系统为目的、研究对象的不明确性、研究与开发并行等方面的特征。

宋朝的赈灾救荒体系是我国古代基于系统工程思想建立起来的一个相对较完善的社会救助的经典案例。在宋朝，是灾害多发时期，且灾害种类多样，加之战乱影响、过度开垦等原因，减弱了社会抵抗灾害的能力，使灾害的危害性更大。为维护社会稳定，宋朝开始将实施救荒视作朝廷义务，并发挥民间作用。宋人关于救荒有复杂而详细的救荒政策，过程包括灾前备荒、临灾救荒、灾后善后，程度按小饥、中饥、大饥而有不同，最广为人知的就是仓储制度，除此之外，宋政府还在城中建立了其他相当完善的救荒体系。这些政策和措施从时间上、空间上和功能上相互关联、相互依存，以达到从整体上解决各个系统问题的目标。宋朝的赈灾救荒体系所体现的系统工程思想，可以从总体目标最优化、赈灾救荒措施协调一致、朝廷和民间资源合理利用以及发挥效用最大化四个方面得到充分的体现。

1.2.3 系统工程方法论

任何一门科学或技术都有自己相应的一系列方法，而方法论就是最具特色的根本方法。系统工程一直非常重视方法论的研究探索。很多学者都对系统工程解决问题、处理问题的方法进行过大量研究，主要有以阿考夫和丘契曼为代表的运筹学方法论，以兰德公司为代表的系统分析方法论，以霍尔（AD Hall）为代表的硬系统方法论，这些方法论的核心是求出问题的最优解；以西蒙（Simon）为代表根据其有限性理论提出的求满意解方法论；以切克兰德（Chekland）为代表提出的软系统方法论，其核心内容是提出了解决问题过程的"学习模式"。

1. 方法论的发展简况

20 世纪 60 年代以来，许多学者对系统工程解决问题、处理问题的方法进行了大量研究，虽然目前还没有找到能处理所有问题的标准方法，但霍尔（AD Hall）在 1969 年提出的系统工程的三维结构是影响较大而且比较完善的方法。其特点是强调明确目标，他认为对任何现实问题都必须而且可以弄清楚需求，其核心内容是目标最优化。霍尔（AD Hall）认为所有现实问题都可以归结为工程问题，从而可以应用定量分析方法解决，最终得到最优的系统解决方案。

从 20 世纪 70 年代开始，系统工程已逐步用于研究社会、经济系统的发展问题，所涉及的社会因素相当复杂，有很多因素很难进行定量分析。因此一些学者认为，霍尔（AD Hall）三维结构不适用于以建立和管理"软件系统"为目的的社会科学、管理科学等"软科学"领域，而仅适用于以研制"硬件系统"为目的的自然科学、工程技术等"硬科学"领域。

为了适应发展的需要，从 20 世纪 70 年代中期开始，切克兰德（Chekland）经过大量系统的实践，提出了软系统方法。由于社会经济系统不可能像工程技术系统那样将各种方案进行科学地定量分析，因而难以评价出最优方案。所以切克兰德（Chekland）方法的核心不是最优化而是比较或者是学习，即是从模型和现状的比较中来探索学习和改善现状的途径。比较意味着组织讨论、达成共识，这就能更好地反映人的因素和社会经济系统的特点，从而不拘泥于要进行定量分析的要求。因此，切克兰德（Chekland）方法论是霍尔（AD Hall）方法论的扩展。

系统工程在中国经过 30 多年的发展，也形成了一些具有特色的方法论。最主要的是钱学森等所提出的开放复杂巨系统理论及其方法论，即定性与定量相结合的综合集成方法，就是包括知识体系、专家体系和工具体系的从定性到定量的综合集成讨论厅体系。

王浣尘把系统方法论概括为如下几种主要类型。（1）内核原则；（2）系统原理，包括6条基本原理（组成原理、关联原理、整体原理、层次原理、阶段原理和对环境的相对独立原理）和2条辅助原理（功能原理、目的原理）；（3）结合原则，即从定性到定量的综合集成技术；（4）旋进原则等。

张文泉等将系统思维分为硬、软系统思维。其中将以传统的运筹学、系统工程等为代表的、用常规数学模型就能优化解决硬问题的方法称为硬系统方法。而注重人的因素，考虑人的世界观、价值观以便处理包括人在内的软问题的方法则称为软系统方法。思维过程如图1.2.1和图1.2.2所示。

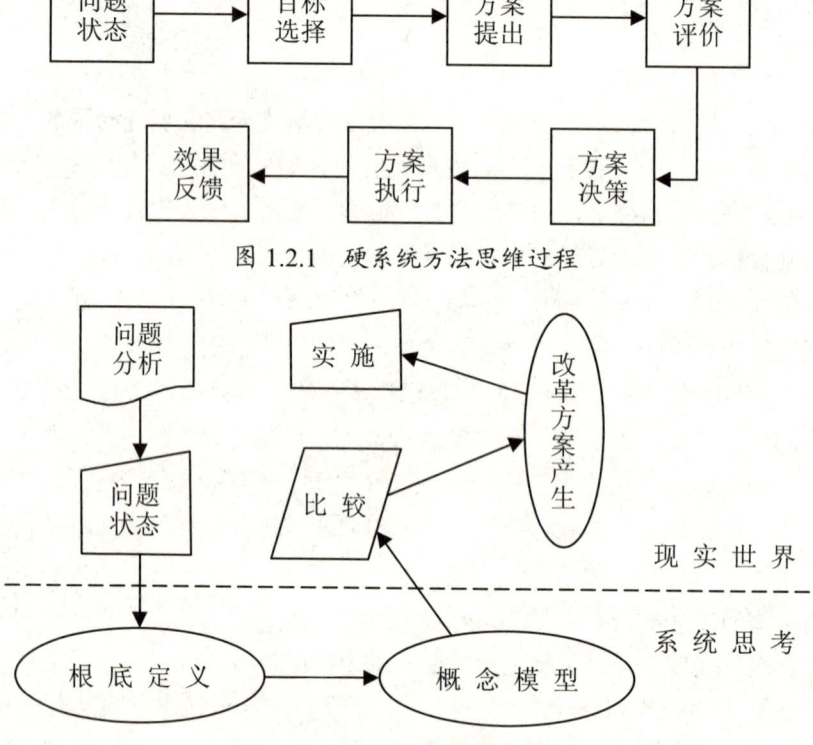

图1.2.1　硬系统方法思维过程

图1.2.2　软系统方法思维过程

图1.2.2中，根底定义由系统的受益者或受害者C（Customer）、系统的执行者A（Actors）、系统输入输出变换T（Transformation Process）、赋予根底定义实际意义的世界观W（Worldview）、系统所有者O（Owner）、系统的环境约束E（Enviromental constraints）组成。

在硬、软系统方法的基础上，研究探索出了硬与软方法兼容、自然科学和人文社会科学结合、以知识综合集成为其基本特征的广义系统方法GSM(General Systems Methodolog)。在理论（模型世界）和实践（现实世界）相结合的原则下，GSM由五部分组成。

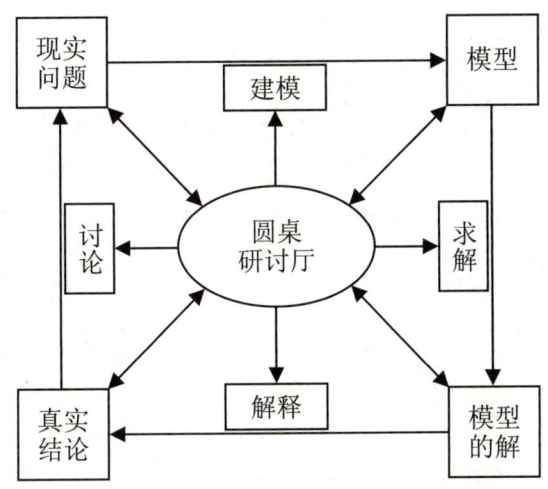

图 1.2.3　广义系统方法论思维过程

图 1.2.3 中，现实问题是指问题的定义、识别与描述；模型中包括模型的类型与结构；模型的解是指模型参数的估计与解的形式；真实结论即模型解的含义。圆桌研讨厅是上述四部分的联系纽带，用来组织指导 GSM 的实施。

表 1.2.1 列出了硬系统方法和软系统方法，以及广义系统方法的特点。

表 1.2.1　硬、软系统方法、广义系统方法的特点

方　法	主　要　特　点
硬系统方法	1. 抽象、简化对象的现实状态 2. 建立数学模型，进行方案评价分析 3. 强调数学模型，追求精确性，注重最优化和效率 4. 不考虑人的因素
软系统方法	1. 问题处理过程分为现实世界行为和思考行为 2. 注重人的因素 3. 引入自学系统思维模型—概念模型 4. 重共识、沟通，适用于软问题 5. 没有一定算法，可操作性差，主观性强
广义系统方法	1. 还原思维和系统思维相结合，以系统思维为主 2. 知识综合集成 3. 兼容硬、软系统方法优点，弥补各自不足 4. 适用于硬问题、软问题和硬软交叉的问题

2. 思想方法和基本特点

以上各种系统工程方法论的思想方法和基本特点是相同的，即共同具有数学描述、逻辑推理、工程技术的规范化、社会科学的艺术性等思想方法，以及研究方法强调整体性、技术应用强调综合性、管理决策强调科学性等基本特点。

3. 霍尔的方法论

霍尔方法论是由美国贝尔电话公司的霍尔（A. D. Hall）工程师提出的。他在总结公司系统工程开发经验的基础上，出版了《系统工程方法论》。他认为任何工程在时间上、逻辑上和知识上都有个合理的序列，时间维、逻辑维和知识维组成了科学活动工程结构的三维形态，如图 1.2.4 所示。这种方法后来被许多系统工程实际工作者采用。

（1）时间维

时间维表示系统工程活动按时间的工作步骤，一般可分为如下阶段。

①规划阶段：进行调查研究，确定系统目标，提出设计思想和初步方案，制定工作的方针和规划。

②分析阶段：综合分析社会经济、管理技术等方面的可行性，提出具体计划，选择最优方案。

③设计阶段：合理组成人、财、物为有机整体，实现研制方案，作出生产计划。

④实施阶段：生产或研制开发出系统的各个实体部分。

⑤运行阶段：系统安装运行，进行服务监控。

⑥更新阶段：进行系统评价和系统改进，为下一循环研发做准备。

（2）逻辑维

逻辑维表示在每一工作阶段中应遵循的逻辑顺序。

①明确问题：开展市场调查和社会技术调查，收集有关资料与数据，了解需要解决问题的本质，尽量弄清问题的历史、现在状况和发展趋势，为解决问题提供可靠的理论依据。

②选择目标：将目标细分、具体化，提出所要解决的问题和应达到的目标，并制定达到目标的准则。

③系统综合：按照问题的性质、总的目标函数和各方面的约束条件，形成若干可供选择的解决方案，即各种可能的途径和方法。

④系统分析：将上一步骤中提出的各种备选方案进行分析、比较，通过理论计算或仿真试验建立模型，以此了解系统可能的运行情况，也可以给所有的指标分配权值，并将结果同系统的综合评价指标联系起来。

⑤优化评价：这其实是反馈的过程，对系统分析的结果进行评价比较，并对合适的方案做结构和参数的调整，筛选出最佳可行方案。

⑥系统决策：由决策层根据各方面的实际情况和需求，选择一个或若干个方案试行。

⑦系统实施：具体执行方案。

（3）知识维

知识维是完成工作的理论基础。

在开展系统工程活动时，由于不同阶段和不同步骤具有不同的工作内容，需要应用与涉及各种学科内容和专业知识，包括实验能力、计算机能力、文字表达能力、语言沟通能力等基本技能，专业理论基础，各个领域的专业知识如数学、自然科学、环境学、社会学、经济与管理、人文、法律、艺术等。

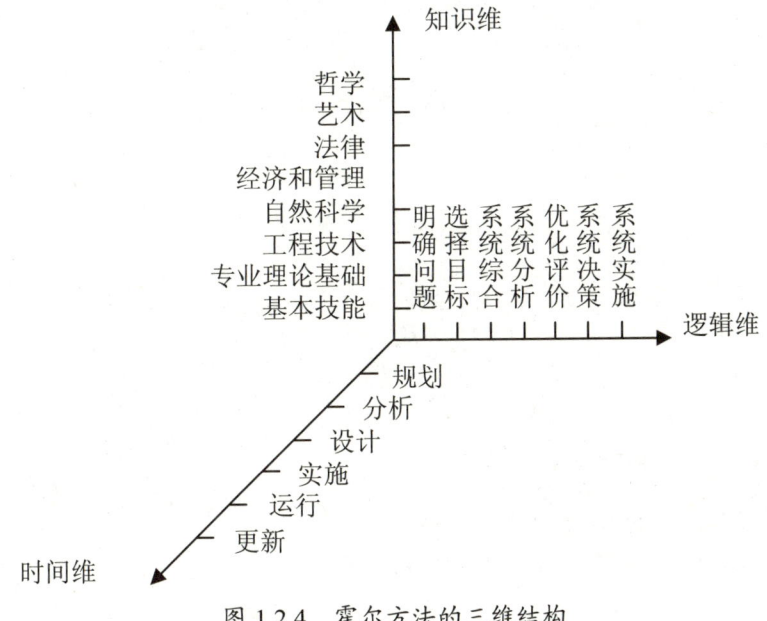

图 1.2.4　霍尔方法的三维结构

从霍尔方法论的三维结构中，可以得出该方法具有如下几个特点。

①综合性：任何具体的系统工程活动同时结合时间阶段、逻辑步骤和相应的专业知识。

②联系性：各项活动并不是孤立的，它们之间互相影响、紧密相关，重视的是整体能够达到最优效果，而不是部分达到最优。

③反复性：整个方法的分析过程又是重复的。但并不是简单的重复，而是螺旋式上升、波浪式前进的过程。

④收敛性：因为每个工程的活动结果最终是要满足目标函数的，活动的趋势就是始终朝着目标的方向发展。

⑤功能性：方法论的每一步都具有相应的职能，具体包括计划、组织、控制、调节、决策。

将霍尔方法描述成三维立体图，实际上简化了它在实际中的运用过程，模糊了该方法论中隐含的细节。运用 Hall 方法分析实际系统工程活动时，是从这三个维度方面综合考虑的。任何分析过程或系统工程活动在三维空间中形成一个函数,即一条曲线或一个曲面。

社会保障作为一门社会学科,对某一具体问题进行社会调查时,按时间的顺序可分为七个环节考虑,它们分别是课题选择、研究设计、工具编制与选取、对象确定、资料搜集、资料分析和报告撰写。运用霍尔方法的分析如图 1.2.5 所示。

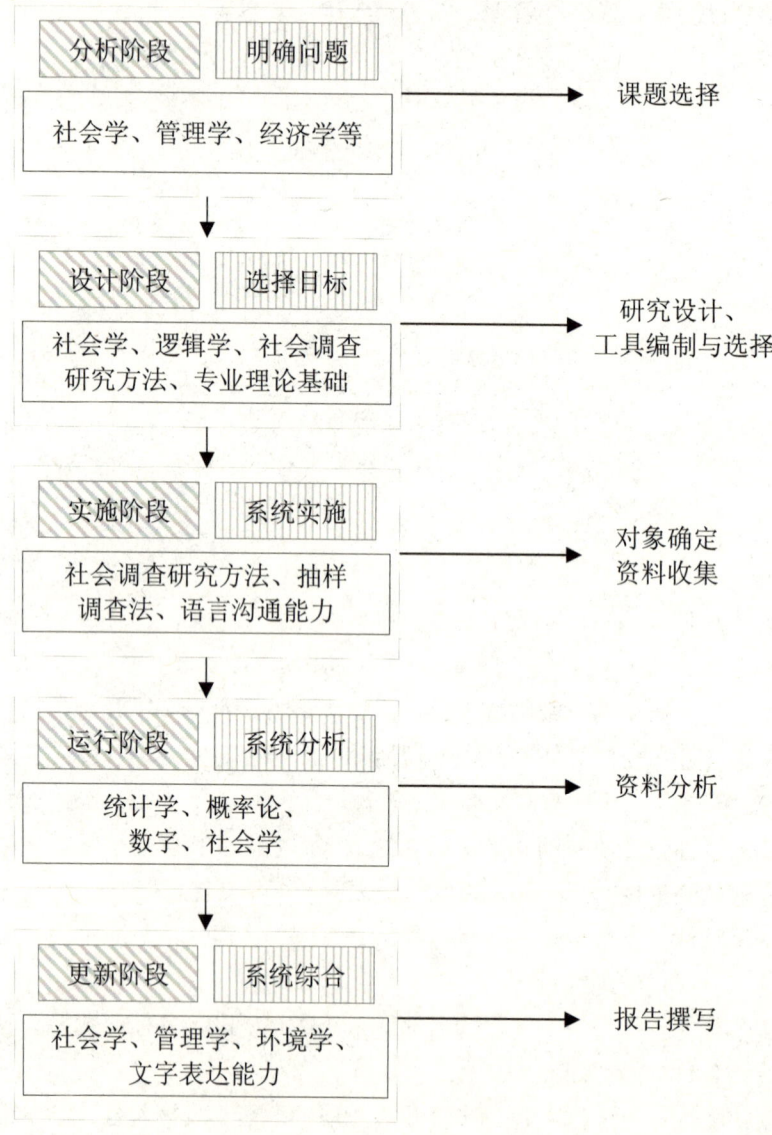

图 1.2.5　霍尔方法举例

图 1.2.5 中,向右箭头指向的名称即对应活动的名字;虚线框表示一个具体的活动,每个虚线框里面都反映了该活动处在时间维和逻辑维上的位置,其中背景为

斜线的方框表示时间维，背景为竖线的表示逻辑维，空白框里面的内容是所需要的知识领域的举例。这是反映社会调查过程的例子。可见，在分析过程中，是将这三个维度融合在一起，进行全局考虑的。

4．方法论的进一步发展

到目前为止，关于系统工程方法论的研究，霍尔的三维结构体系影响最大、应用最广，而软系统方法、统一规划法等是在霍尔方法论的基础上发展起来的。广义系统方法则是硬、软系统方法的兼容。

但是，霍尔的三维结构体系在哲学层次上不能反映时空联系，在应用上不能显著的反映地域（环境）等空间影响，也不能适应经济国际化、社会信息化的快速发展。而现代社会的环境关系模糊复杂，环境对系统生存、发展至关重要。环境适应性作为系统的特性意味着任何一个系统都存在于一定的物质环境之中，系统与外界环境之间必然产生物质、能量和信息的交换，外界环境的变化必然会引起系统内部的变化。因此，有专家提出了系统工程方法论的四维体系结构，如图 1.2.6 所示。

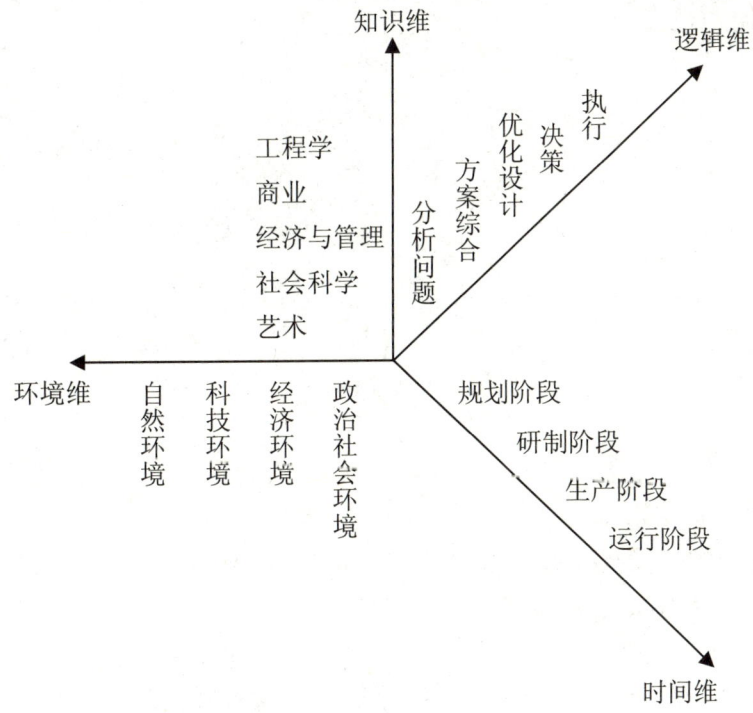

图 1.2.6　系统工程方法论的四维体系结构

四维结构体系增加了空间环境维，以适应环境多变的系统工程问题。它强调环境分析在系统工程方法论中的重要作用，而且提出知识维的法律政治状况、管理技术水平的高低等都与空间环境有关。

环境可分为一般环境和相关环境。前者指一般系统共存的环境，后者指与系统密切相关的特有的环境因素。环境还可分为社会环境、经济环境、科技环境、自然环境等方面。根据社会学的研究，一般环境可分为文化、技术、教育、政治、法律、自然资源、人口、社会学和经济等因素，如图 1.2.7 所示。

有专家学者将环境因素区分为简单的和复杂的、静态的和动态的。简单和复杂表明了各种环境因素的多寡程度，以及这些因素中本质上相类似程度。静态和动态是从系统周围环境的因素随着系统发展而发生多大变化来划分的。对于动态变化的环境，无论简单还是复杂，环境中的不确定性总是考察的首要因素。

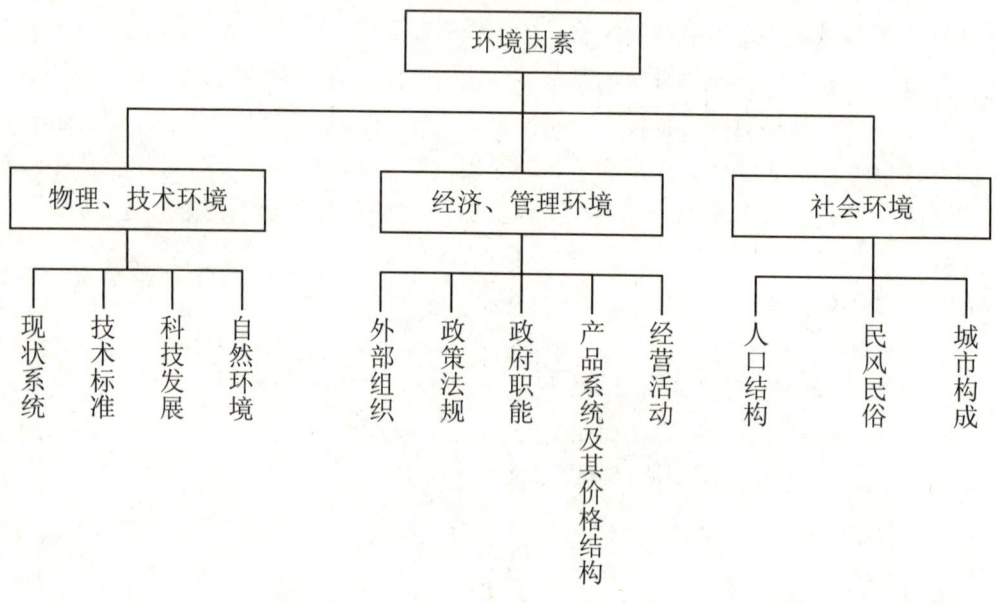

图 1.2.7 环境因素示意图

1.2.4 系统工程的应用

1. 系统工程的应用

系统工程的应用范围非常广泛，大至国家系统、社会系统、产业系统、各种工业系统、各种服务系统等，小至社会组织的服务项目开发、组织经营计划、组织运营管理等。可以说，它能应用于解决一切部门复杂而又困难的项目规划设计问题、管理控制问题，以及生产运行问题。概括来说，主要有如下几个应用方面。

（1）社会系统工程主要是研究整个社会、整个国家，这是一个具有多层次、多区域、多阶段的系统。

（2）经济系统工程针对宏观经济问题，如经济指标、产业结构、消费结构、价格体系、投资决策、资源配置等进行研究。

（3）行业系统工程研究战略结构、综合规划、区域规划、需求预测、发展速度、投入产出等问题。

（4）企业系统工程研究市场预测、产品开发、成本核算、财务分析、组织构划、生产计划、库存管理、质量管理等。

（5）环境生态系统工程研究大气大地、流域生态、森林生物、城市生态、环境计量、检测预测等。

（6）能源资源系统工程研究能源结构、开发规模、生产优化、需求预测、合理利用、节能规划等。

（7）交通运输系统工程研究运输规划、发展战略、效益分析、运输调度等。

（8）工程管理系统工程研究总体设计、可行分析、经济评价、进度管理、质量管理、投资风险、成本效益等。

（9）教育系统工程研究教育规划、人才需求、结构分析等。人口系统工程研究人口目标、指标体系、动态特性、区域规划等。

国外学者也对系统工程的应用范围进行了综合概括，如日本学者秋山穰和西川智登二人将系统工程的应用范围概括为四种，并且对每一领域的应用都列举了若干个具体的例子。

表 1.2.2　系统工程的应用范围

应用范围		应用实例
自然系统	宇宙	宇宙资源开发、通信技术研究等
	气象、灾害	自然气象预报、灾害预报与对策研究、人工气象开发等
	土地、资源	土地、海洋资源开发、能源开发、环境保护等
人体系统	生理	生理分析、生理模拟等
	心理	思考模型模拟、人工智能、机器人研究、控制论模型等
	医疗	自动诊断、医疗工程、医院信息管理、医疗保险等
产业系统	技术开发	新技术开发、技术情报管理、最优设计与控制、过程模拟、自动设计等
	工业设施	过程自动化、机械自动化、自动仓库、工业机器人等
	网络系统	计算机网络、通信网络等
	服务系统	服务行业联机系统、综合信息服务等
	交通系统	交通管制、道路交通管理、交通网络等
	经营管理	经营计划、经营模拟、经营组织、经营预测、生产管理、流程自动化等

（续表）

应用范围		应用实例
社会系统	国际系统	防卫协调、国际环境保护、国际信息网等
	国家行政	经济预测、经济计划等
	地区社会	地区规划、城市规划、地区生活信息系统等
	文化教育	计算机辅助教学、文化教育信息服务等

2．系统工程的发展趋势

从应用的角度，系统工程与社会科学系统尤其是社会保障系统的联系越来越密切。

现代系统工程是组织管理系统的技术。它根据系统总体目标的要求，从系统整体出发，运用综合集成方法把与系统有关的科学理论方法与技术综合集成起来，对系统结构、环境和功能进行总体分析、总体论证、总体设计和总体协调，其中包括系统建模、仿真、分析、优化、设计与评估，以求得可行的、满意的或最好的系统方案并付诸实施。

在社会科学系统领域，社会保障系统是一个重要的研究方向。作为一个复杂巨系统，社会保障系统需要通过综合集成方法，将不同学科、不同领域的科学理论和经验知识、定性和定量知识、理性和感性知识囊括其中，通过人—机交互、反复比较、逐次逼近，实现从定性到定量的认识，实现信息、知识和智慧的综合集成，最终对经验性假设的正确与否做出明确结论。无论是肯定还是否定了经验性假设，都是认识上的进步，然后再提出新的经验性假设，继续进行定量研究，形成循环往复、不断深化的螺旋式上升过程。这一过程需要大量反复的社会实践来完成，任何社会实践都要有明确的目的性和组织性，就是要清楚做什么、为什么要做、能不能做以及怎样做才能做得最好。

从实践过程来看，包括实践前形成的思路、设想以及战略、规划、计划、方案、可行性等，都要进行科学论证，以使实践的目的性建立在科学基础之上。同时，在实践过程中，要有科学的组织管理与协调，以保证实践的有效性；要对实践过程和实践结果进行评估，以检验实践的科学性和合理性。把系统工程运用到实践，把综合集成思想体现在实践层次，是社会科学的发展趋势。

与此同时，国内系统工程研究也开始面向大系统、多学科问题的交叉技术的开发、系统集成的工程开发、尤其是与计算机、人工智能相关联的硬件、软件及其他专业技术相结合的系统与技术开发。

思考题和习题

1. 说明养老保障体系的整体性、层次性等系统基本特性。
2. 举例说明医疗保险体系的动态性、稳定性、鲁棒性等几个系统重要特性。
3. 分别用框图法、集合法表达养老保险体系。
4. 试分析国内外对系统工程的不同定义的内涵和侧重点。
5. 霍尔系统工程方法论的主要思想是什么？
6. 试结合霍尔方法论或改进的霍尔四维方法论分析一个具体实际问题。
7. 试举系统和系统工程在现实生活中的实例。

第 2 章 系统模型方法

目标要求

1. 理解模型的特征和分类；
2. 掌握建模的原则和基本方法；
3. 掌握层次分析法的分析过程，会运用层次分析法分析解决实际问题。

2.1 模型的概念

在规划、分析、设计系统时，常常需要定性和定量地了解系统的功能和结构，并对系统的行为进行充分地探讨。例如，在汽车、飞机、桥梁等领域的设计过程中，自古就有制作实物模型或比例模型来进行试验的方法。

但这种方法并不是总能实现的。当研究对象是社会系统等一类大规模、复杂的系统或者是正在运行的核电站、化工厂等系统时，这种方法在物理上、成本上都是不可行的。因此，针对这类问题，就产生了用数学模型或图形模型来准确地表达系统的特征、并能用计算机进行模拟实验的抽象的模型方法，这种方法成本低、无危险，而且不必停止或破坏运行中的系统，可以在很短的时间内从某一角度研究系统的行为。

模型的形式多种多样，但无论什么形式的模型，都在系统工程的方法研究中占有极其重要的地位。

2.1.1 模型的含义

模型不是研究对象本身，而是人们对研究对象整体或者某方面的抽象。好的模型应该能够反映出系统的主要特征或本质属性。模型来源于现实世界的事和物，它通常以符号、图表、公式、文字、实物等形式提供该系统的知识或者表达该系统的内容。同时，模型综合了系统的共性，所以，它又是高于现实系统的。

实质上，采用模型方法研究客观世界是主体反映客体（即研究对象）、揭示客体的性质和规律、并且加以利用、改造客体的手段。

我们在日常生活和工作中经常使用模型，如建筑物模型、汽车模型等实体系统的仿制品（放大或缩小的模型），它们可以帮助我们了解建筑物造型、汽车样式等等；教学中使用的原子模型可以帮助学生形象地理解原子结构；经济分析中所使用的文字、符号、表格、图线等可为分析者提供经济活动运行状况及特征等信息。

2.1.2 模型的特征

1. 模型的基本特征

由于研究目的（目标函数）的不同，对于同一个对象系统，可以建立完全不同的模型，分别反映该系统的不同侧面。即使出于相同的研究目的，对于同一个系统，也可能建立不同形式的模型，用于反映不同的研究角度、考察因素和价值取向等。一般来说，模型具有下面几个基本特征。

（1）模型不是现实系统本身，而是对现实系统的抽象或模仿，但它是进行推理和判断的基础。

（2）模型仅需反映系统最本质的内容或最明显的特征，但必须是以科学实验作为依据的。

（3）模型集中体现系统主要因素及它们之间的关系，但是一般需要通过分析系统的关键特征，进行对比研究，最后导出相应的结论。

（4）模型来源于实际系统又高于实际系统，而且具有同类问题的共性，并且同一系统可以有不同的表现形式。

（5）模型是进行定量分析和解决问题的工具，可以帮助研究人员进行趋势预测、系统评价、过程模拟等工作，并做出适当的决策。

在系统工程的模型方法中，系统模型一般的、概念性的表达形式为

$$V = F(X, Y)。$$

式中，V 为目标函数，描述系统的功能、品质或准则值；X 为可控变量（因素），有相应的约束条件并构成一定的取值范围；Y 为不可控变量（因素），一般指系统外在的环境因素。上式只是说明一个系统模型应该包含的主要内容，模型的具体表现形式又会随着表达方式的不同和具体问题的不同而有所区别。

2. 建立模型时的注意事项

建立模型时，主要考虑事物的状态和过程两个方面。从系统概念上看，模型是系统中各种关系的综合性表达形式。因此，在建立模型时，要从状态和过程两个方面去寻求、把握、描述各系统要素之间的相互关系。所谓状态，是指事物在某个时刻所处的状况和表现形式，它是事物特征的描述和度量，事物的状态一般由一组变量来表征。所谓过程，是指事物状态的变化在时间上的持续或空间上的延伸。

从认识论上看，模型化的过程如图 2.1.1 所示。

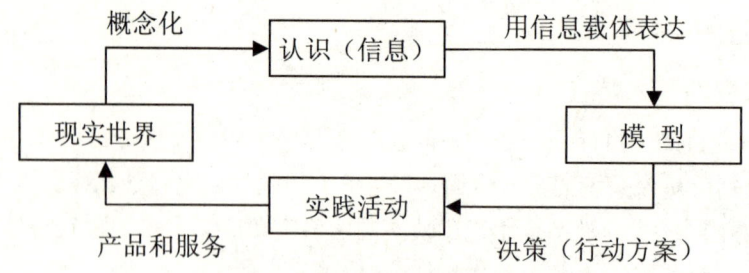

图 2.1.1　模型化过程示意图

从图 2.1.1 中可以看出，模型是作为认识和实践活动的中介。模型既可以理解为概念集合的表达系统，又可以理解为创造实践的中间产品。模型既是认识活动的表达，又是实践活动的前导。模型的构建是参与认识世界和改造世界的一个不断循环往复的过程，所以建立模型的过程必须包含下面几个主要阶段。

（1）明确目标

即使是同一个系统，由于研究的目的常常不同，所以建立的模型也不尽相同。例如，社会保障基金在投资时，首要目的是保护基金的安全，因此，在投资时需要按照一定比例选择投资工具，以降低投资风险；但在保证投资安全性的同时，并不排除社会保障基金投资追求利润最大化的需求，以此为目的，则需要选择多样化的投资组合方式，以保证基金总体上的长期稳定增长。

（2）确定组成要素

建立模型的过程中，必须确定模型中所采纳对象系统中的组成要素，这些要素既是系统中的最小单位，又必须是与研究目的相适应的。根据所采纳组成要素的数量，模型既可以简单也可以复杂。通常情况下，模型的精确程度和模型的简单程度互相矛盾。不论精度有多高，如果模型过于复杂也难以使用；反之，如果模型简单明了，但是精度太差也不能采用。这就需要在确定组成要素时，兼顾这两方面的要求。

（3）验证模型

模型建立后，需要验证其合理性和精确性。只满足建模时所用数据的模型是毫无意义的，模型必须高精度地满足其他各种试验数据。当验证结果不理想时，要通过重新探讨建模时确定的假设、修改模型中采纳的组成要素或模型结构、调整模型的参数等手段来修正模型。另外，除了验证模型的精度以外，还要注意确定模型的适用范围，以及分析模型得出结论的可信度。

2.1.3　模型的分类

模型的形式多种多样。从模型的表达形式、模型目的和系统特性等方面，可以将建立的模型进行分类，如图 2.1.2 所示。

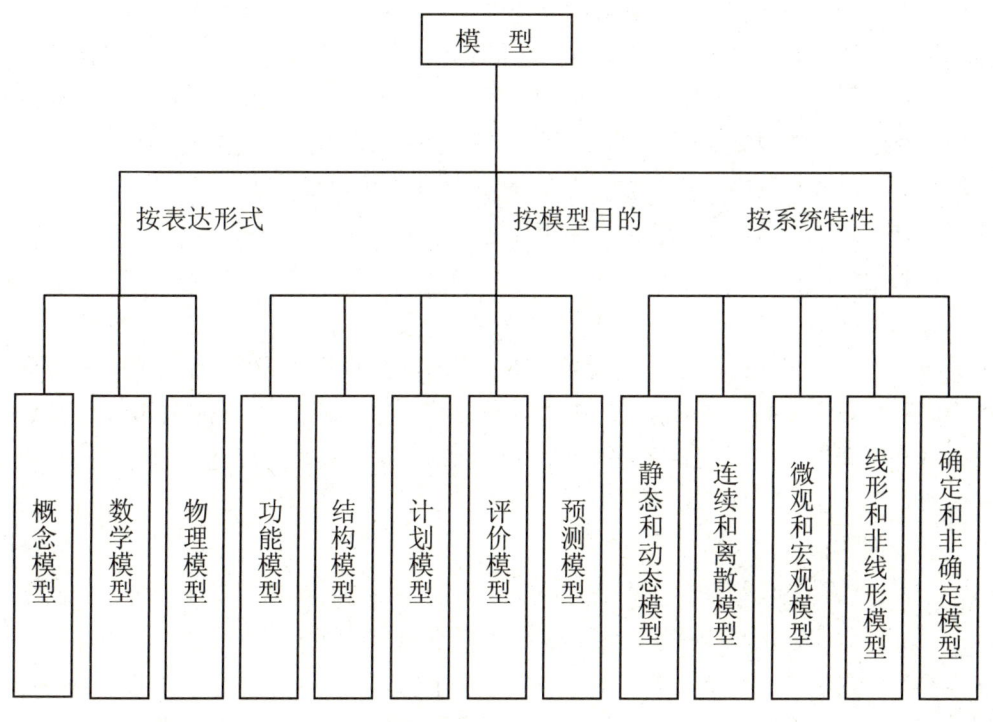

图 2.1.2　模型的分类

1．按照模型的表达形式分类

依据模型表达形式的不同，可以将模型分为概念模型、数学模型和物理模型。

（1）概念模型

概念模型是在以往经验的基础上，运用已掌握的知识，对考察对象进行理性的分析，然后借助于文字做载体，描述出思维的过程或结果的模型。

如对某系统的定义、数学的定理、运算的定律等都属于概念模型。

不同的领域对应不同的概念模型，如军事分析行动问题，就是军事行动概念模型；分析企业活动，就对应企业活动概念模型；分析整个系统则是系统概念模型。

（2）数学模型

数学模型是采用解释分析、逻辑分析、图表分析的方法，运用数学符号和数学公式来表达系统的结构和过程的模型。它由常数、参数、变量、函数关系等组成。数学模型解决了对系统进行定量描述的问题，而且为计算机模拟提供了条件，所以它是系统分析中最重要的一种模型，也是使用最多的一种模型。如投入-产出模型、随机服务模型、可靠性模型、最优化模型等。

在系统工程中，最常用的数学模型是运筹学模型。若以变量的性质来分，运筹学模型主要为两大类：一类是确定性模型，如线形规划模型、非线形规划模型、整数规划模型、目标规划模型、动态规划模型、网络模型、确定性存贮模型等；一类是随机性模型，如决策模型、对策模型、随机性存贮模型、排队模型、随机模拟模型、预测模型等。函数模型、网络图与流程图等都属于数学模型。在传统的工程技术中，常把数学模型分为用代数方程描述的静态模型和用微分或方差方程描述的动态模型。在系统工程中，还将数学模型分为近代数学模型和经典数学模型，前者主要用于开发和描述概念，后者主要用来描述各类子系统。

和其他模型相比，数学模型还具有如下特点。

①高度的抽象性。

数学方法不仅要抛开事物的次要属性、突出事物的本质属性，而且要舍弃事物的物质和能量方面的具体内容，只考虑其数量关系和空间形式，同时还要把这些数量关系和空间形式进一步抽象，加以形式化和符号化，以便能够进行逻辑推理和数量运算。

②高度的精确性。

数学方法的高度精确性主要表现在三个方面：一是对各种因素变量以及它们之间的相互关系表达得相当明确清楚；二是逻辑推演和运算规则十分严密；三是结论非常确定。数学方法可以处理多变量、关系复杂的问题，可以在有意义的范围内获得令人满意的计算精度。因此，特别适合于揭示事物的量的规律，而成为定量研究的有力工具。

③应用的普遍性。

数学方法比其他任何一种科学方法的应用范围都更为广泛。许多相同形式的数学模型可以用于不同的实际问题中，它具有重要的类比和借鉴意义。数学方法的形式化和公式化，使模型本身、计算过程和计算结果都便于交流。数学模型易变动，便于修改参数和改变计算关系，其分析和求解问题的速度快，求解成本低。特别是同计算机技术相结合时，更加显示出这一特点的优越性。

尽管数学模型缺乏一定的直观性、形象化和实时感，但这并没有影响数学方法的普及使用。

（3）物理模型

物理模型是采用实物本身、或者放大或缩小的系统、或者相似的替代系统作为模型。如比例模型、替代模型、程序模型等。

当系统的大小刚好合适研究而又不存在危险时，就可以将系统本身作为模型。例如，标准件的生产检验是从总体中抽取一定数量的样本进行的，样本就是实体模型。比例模型是将系统放大或缩小，使之适合于研究。替代模型是根据相似原理，利用一种系统替代另一种系统。

2．按照模型的目的分类

按照建立模型为了达到的目的，可以将模型分为功能模型、结构模型、计划模型、评价模型和预测模型。

（1）功能模型

为详细探讨系统的稳定性、可控性等动态特征，或者系统的可靠性、安全性、持久性、易操作性等特性和功能而建立的模型称为功能模型。

功能模型是在控制论领域中常用的模型。功能模型包括传递函数模型、状态变量模型等，传递函数模型是用输入输出函数的拉普拉斯变换比来表示系统的输入输出关系，状态变量模型是用一阶联立微分方程组表示系统的内部状态。

在医疗体系中，电子病历系统就是一个典型的功能模型。电子病历是计算机化的病案系统，它是用电子设备（如计算机、健康卡等）保存、管理、传输和重现的数字化的病人医疗记录，取代手写纸张病历。与传统病历易变质、占地多、不易保管、查找和存取麻烦不同，电子病历因其传送速度快、共享性好、存取方便、成本低等优点而被认为是医院信息系统发展的重要目标之一。

（2）结构模型

为反映系统各个组成要素、组成要素之间的关系、层次结构等信息而建立的模型称为结构模型。一般来说，结构模型都是将实物的结构关系简化后显示出来的，关键是要体现要素之间的连接关系。

如网络中的拓扑结构就是采用结构模型表明系统特征的，传统以太网的拓扑结构如图 2.1.3 所示。

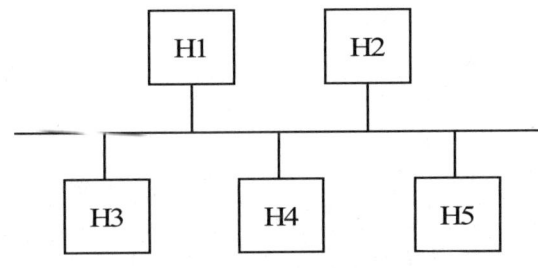

图 2.1.3　以太网拓扑结构图

由图 2.1.3 知，结构模型可以简洁、直观地反映元素之间的连接关系。除了网络拓扑图，运筹学中的图论和物理学中的电路图采用的也是结构模型。

以载体为核心的我国社会保障制度结构及其项目构成的结构模型，如图 2.1.4 所示。

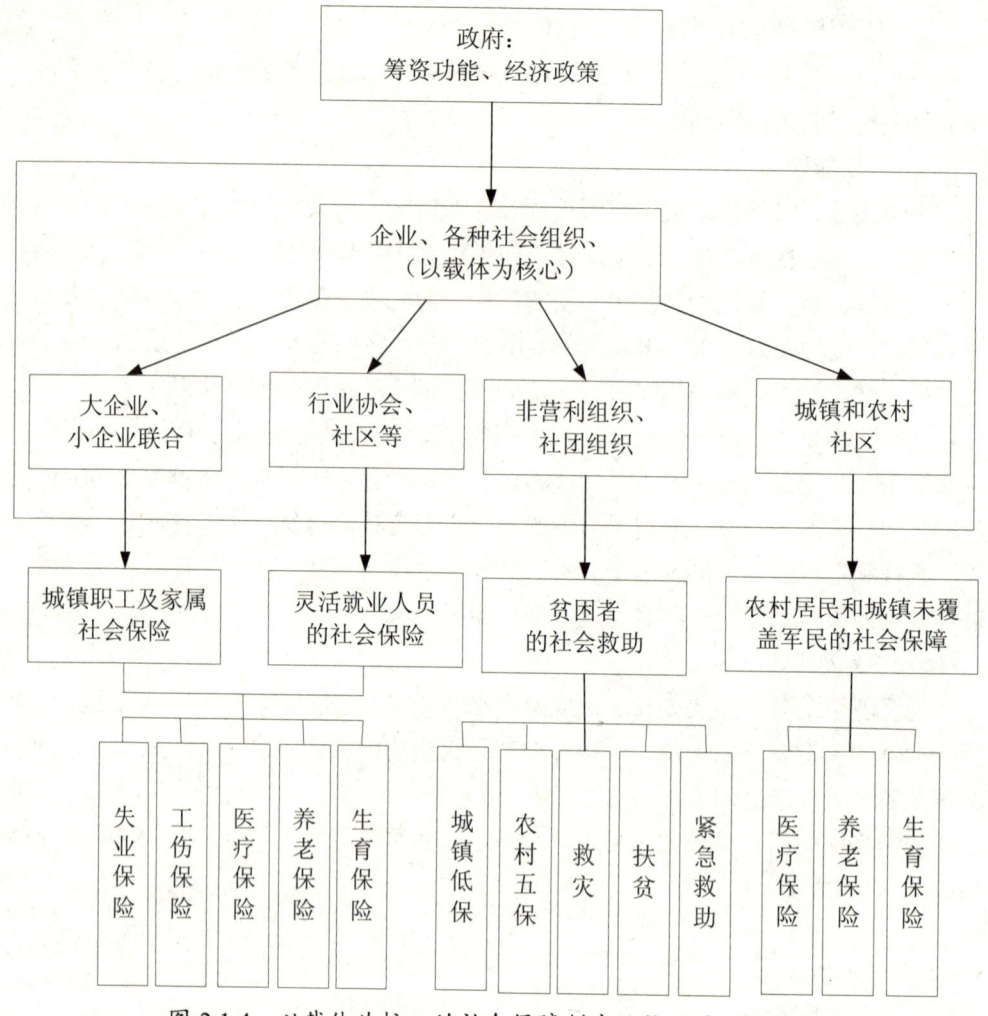

图 2.1.4 以载体为核心的社会保障制度结构及其项目构成

（3）计划模型

为最优编制生产计划、运输计划、工程管理、人员配置、调度等工作计划和日程进度而生成的模型称为计划模型。如运筹学图论中的关键路线、计划评审技术等。

制定最低生活保障的计划模型，在对社会成员的收入状况与生活状况的调查的基础上，确定救助的主体和标准。根据制定最低生活保障制度的目标和救助群体的生活需求，确定最低生活保障的基本原则，这些原则体现国家政策的性质和每个公民享有的生存权利。在此基础上，根据各地区的经济水平和发展情况，参考当地维持居民基本生活所需的衣、食、住费用，并适当考虑水电燃煤（气）费用以及未成年人的义务教育费用，来确定低保救济标准，得到最低生活保障的计划模型，并据此在全国各地区执行实施。

（4）评价模型

用于综合评价系统的功能、成本、时间、性质、可靠性等各项或若干项指标的模型称为评价模型。评价模型包括关系矩阵模型、层次分析模型、效用函数模型等。

关系矩阵模型是用几个评价项目来评价替代方案，并用评价值的加权和的大小来评价代替方案的优劣。层次分析模型是用层析结构描述评价项目，然后用对比法求各评价项目的重要程度，最后通过综合这些重要程度来评价替代方案。效用函数模型是将决策者对替代方案所持的主观尺度用效用函数的形式来表现，采用效用理论来评价替代方案。

如对工伤赔偿金额分为 A、B、C 三个等级，按赔偿标准的不同界定，构成层次分析模型，如图 2.1.5 所示。

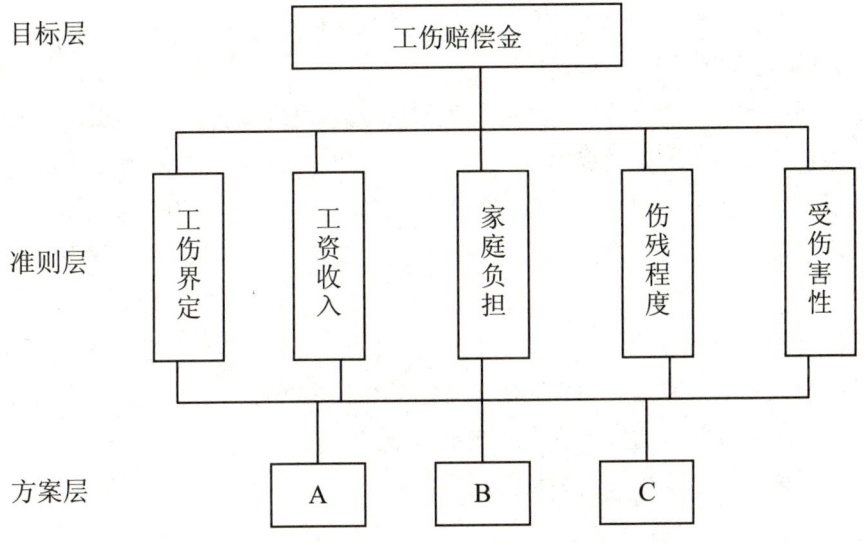

图 2.1.5 工伤赔偿的层次分析模型

（5）预测模型

为了利用研究对象过去及现在的数据尽量准确地预测系统的将来值，或系统未来发展状况而产生的模型称为预测模型。预测模型包括时间序列模型、静态系统预测中常用的多重回归模型、动态系统预测中常用的自回归移动平均模型（ARMA 模型）等。

这些预测模型经常用于社会系统、经济系统、交通系统等大规模、复杂系统的预测，如交通流量预测、股价波动预测、服务需求预测等。

3．按照模型反映的系统特性分类

按照所研究系统的特性，模型可以分为静态和动态模型、连续型和离散型模型、微观和宏观模型、线性和非线性模型、确定性和非确定性模型等。

（1）静态和动态模型

系统的输出不依赖于过去的输入，只取决于当前输入的模型称为静态模型。反之，系统的输出不仅依赖于过去的输入，而且依赖于当前输入，即系统的输入输出关系是时间的函数、时间为独立变量的模型称为动态模型。

通常，静态模型用数学中的代数方程和逻辑方程等描述，动态模型用含时间变量的积分方程和偏微分方程等描述。

（2）连续型和离散型模型

输入输出在时间上是连续变化的模型称为连续型模型，而输入输出在有一定时间间隔时才发生变化的模型称为离散型模型。连续型模型可用微分方程、时间序列模型等描述，离散型模型可用差分方程、随机事件模型等描述。

如固体的变形和液体的流动是连续的，而列车的出发和到站是离散的。

（3）微观和宏观模型

从瞬间和微观的角度捕捉系统的行为和特性，以分析研究系统的微小构造和瞬间变化为目的的模型称为微观模型。反之，从时间和宏观的角度捕捉系统的行为和特性，以分析研究系统的整体构造和长远变化为目的的模型称为宏观模型。

微观模型一般用微分方程或差分方程描述，宏观模型一般用联立方程或积分方程描述。

（4）线性和非线性模型

系统特性或输入输出关系呈线性关系的模型称为线形模型，而系统特性或输入输出关系呈非线性关系的模型称为非线形模型。

一般来说，线形模型一定满足下列运算

$(A_1 + A_2)X = A_1X + A_2X$，

$A_1(A_2X) = A_2(A_1X)$，

$A_1(X + Y) = A_1X + A_1Y$。

其中，X、Y 为状态变量，A_1、A_2 分别为作用于 X 和 Y 的影响因子。而非线性模型一般不满足叠加原理。

如线性回归、线性规划（目标规划、整数规划）模型等属于线形模型，动态规划、风险决策模型等属于非线形模型。

（5）确定性和非确定性模型

系统的输入输出和系统参数的性质是确定的模型称为确定性模型，确定性模型不考虑随机因素。而系统的输入输出和系统参数的性质不确定的模型称为非确定性模型，非确定性模型中包括随机性和模糊性。

确定性模型用微分方程、差分方程等描述，非确定性模型用概率统计、模糊数学模型、马尔可夫链等描述。

确定性模型和非确定性模型的区分要从问题的本质上来判定。在一定条件下，必然发生的现象是确定性的，而在一定条件下，可能发生、可能不发生的现象则是不确定的或随机的。在系统工程中，不确定性还分为统计不确定性和现实不确定性，对前者只能认识不能改变，如投掷一枚硬币，究竟哪一面在上是不确定的，但可以认识到每一面在上的概率各为50%。对于后者，如气象预报、战争状态的变化，固然也可以使用统计不确定性来描述，但是通过更多的信息收集或对变量的控制，可以限制其不确定性。所以，对不确定性或随机性，也要具体分析其特征状态和成因，才能构建出切合实际的模型。

2.2 建立模型的方法

2.2.1 建立模型的一般方法

针对不同的系统对象，或者同一系统对象的不同方面，可以采取不同的方法建造系统模型，其中主要的方法有下面几种。

1．推理法

推理法是利用已知的定理和定律，经过一定的分析和推导得到模型的方法。推理法是在模型的建立和求解过程中所运用的基本方法，因为建立任何模型都要有一定的理论依据，其适用于白色系统，如线性或非线性规划方法。

2．实验法

实验法是首先通过模型假设，然后进行实验，测量输入和输出，并按照一定的识辨方法得到模型的方法。实验法是在模型的建立和求解过程中体现出更客观、更科学的方法，其适用于黑色或灰色系统，但要求具有一定的实验观察条件。

3．统计法

统计法是采用数据收集和统计分析构造模型的方法。统计法是定量研究社会经济等问题常用的方法，其适用于不允许进行直接实验观察的黑色系统，并且数据能反映系统的功能或特征以及未知的结构关系，如回归分析方法。

4．比拟法

若已知和未知系统的系统结构和性质相同，则两个系统的模型类似。利用一个已知系统的模型，按照两个系统之间的对应关系可求得未知系统的模型，这个方法简化了模型的数量描述和求解过程。

5. 混合法

即将以上几种方法相结合使用来建立和求解模型。事实上，由于现实问题的复杂性和多样性，以及追求解决问题时的严密性和科学性，在运用系统工程方法建立模型解决问题时，常常是根据实际问题将以上几种方法有选择的结合使用。

2.2.2 建立模型的一般步骤

1. 明确建立模型的目的和功能、要求；
2. 建立系统的文字概念模型，确定模型的种类、形式和规模；
3. 分析理清系统中各要素及其之间相互关系和因果关系，列出主要要素、主次关系、环境限制等；
4. 确定模型结构，根据有关学科知识，初步建立系统模型；
5. 估计模型参数，用数量表示系统中的因果关系；
6. 检验模型，并修改与调整模型。

2.2.3 建立模型遵循的原则

根据上述方法建立模型的同时，应该适当遵循一定的建模原则，以增强模型的实用性和准确性。

1. 目标切题

模型只应当包括与研究目的有关的主要方面，而不是包括对象系统的所有方面。即在建立模型时，只应当抓住要解决问题的主要方面和本质部分，切忌面面俱到。例如，对于一个社区信息化管理系统的研究，建立模型时只需要考虑社区的结构与规模、居民类型等方面的因素，而无需考虑历史年限、基础设施情况等问题。

2. 层次清晰

一个大型复杂系统是由许多联系密切的子系统组成的，因此对应的系统模型也是由许多子模型（或模块）组成的。在子模块与子模块之间，除了保留与研究目的所必要的信息联系外，其他的耦合关系要尽可能减少，以保证模块结构尽可能清晰，而且模型结构的表述也应尽可能简洁、易懂。

3. 精度适当

建立系统模型时，应该视用户需求、研究目的及使用环境的不同，选择适当的精度等级，以保证模型切题、实用，而又不致于费时费力太多。精度要求是与研究目标相一致的，而研究目标的确定也要切合实际，不应盲目追求绝对最优，而是达到相对满意。

4．尽量标准

在建立一个实际系统的模型时，应该首先大量阅读模型库中的标准模型，如果其中某些模型可供借鉴，则可直接试用。若能满足要求，就应该尽量使用标准模型，或者尽可能向标准模型靠拢，以保证所建模型的成熟可靠，且减小建模过程的工作难度和工作强度。

实际应用时，对几项原则的要求未必是等同的，根据不同的对象和不同的问题，建立模型所遵循原则的侧重点可能是不相同的。

2.3 系统结构模型

建立模型的技术方法主要包括结构模型、优化模型、仿真模型、预测模型、决策模型等。

结构模型是图形模型中的一种，是图论和矩阵相结合的技术，主要用来刻画大规模复杂系统的结构特征。结构模型基本上还属于定性模型的范畴，但它是进一步定量分析的基础。

2.3.1 结构模型的概念

凡是系统必有一定的结构，系统的结构决定系统的功能。破坏该结构，就会完全破坏该系统总体的、特定的功能。因此，研究系统的结构，并从系统结构入手，对于研究系统整体具有普遍意义和重要作用。

结构模型是描述系统各单元之间相互关系，即系统元素结构的模型。从性质上看，结构模型是一个客观模型，表述的是静态的、定性的结构。从作用上看，它以层次结构的形式表明要素之间的相互关系，包括直接关系、间接关系、隶属关系、相对地位等。

2.3.2 一个结构模型实例

例如，社会保障系统中，失业保险基金的失业指数指标体系的结构模型，如图2.3.1所示。

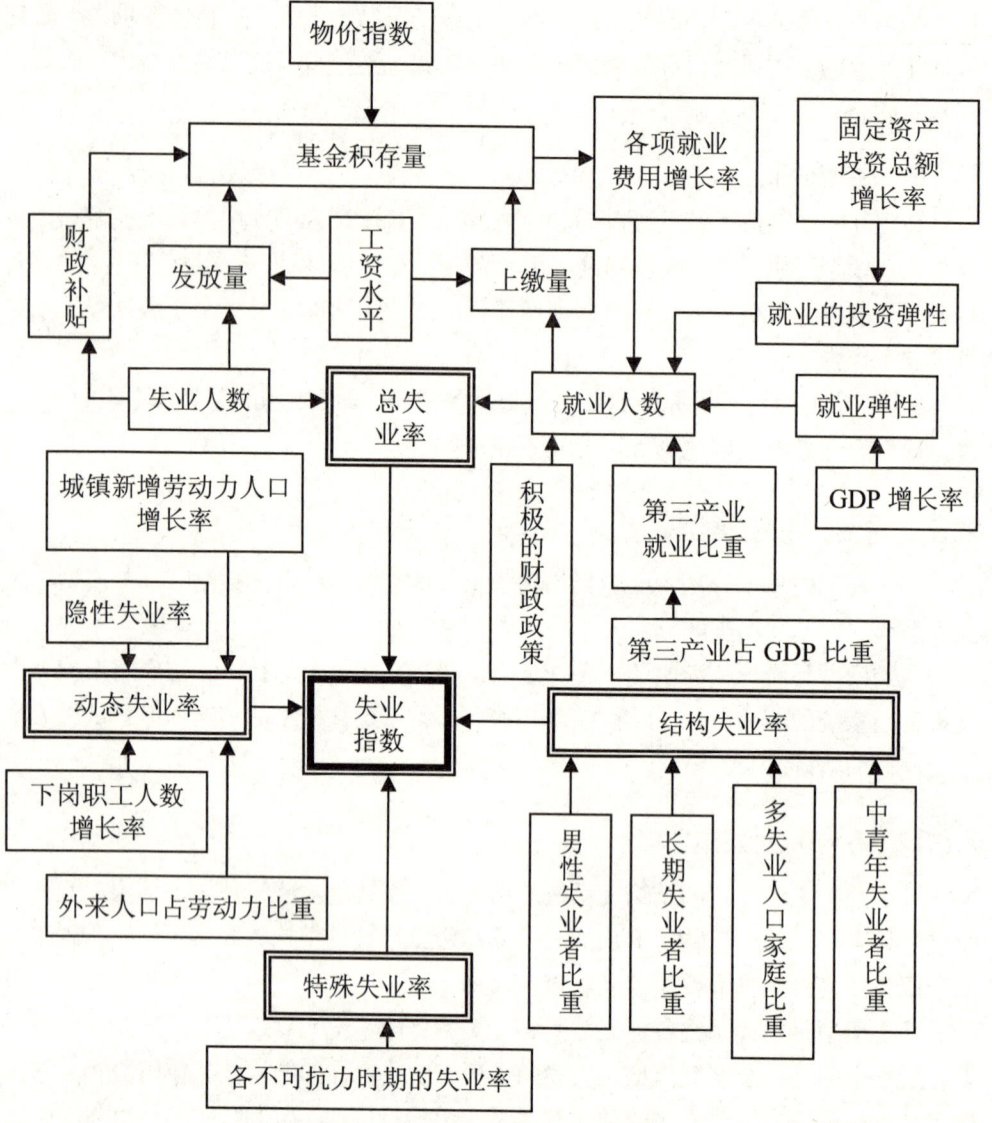

图 2.3.1 失业指数指标体系关系图

根据研究结果,失业指数是反映失业这一社会现象变动情况的指标。失业指数由总体失业率、结构失业率、动态失业率和特殊失业率组成,并通过加权求和而得到的。

$$W = \sum_{i=1}^{4} W_i \alpha_i = W_1\alpha_1 + W_2\alpha_2 + W_3\alpha_3 + W_4\alpha_4 \text{(各权重可由 Delphi 法调查决定,} \sum_{i=1}^{4} \alpha_i = 1\text{)}$$

其中，W 为失业指数；W_1 为总失业率，$\alpha_1 = 0.7$；W_2 为结构失业率，$\alpha_2 = 0.1$；W_3 为动态失业率，$\alpha_3 = 0.1$；W_4 为特殊失业率，$\alpha_4 = 0.1$。

对失业指数指标体系的内容分析如下。

1．总失业率

总失业率反映的是城镇登记失业的总量规模，包括登记失业率和实际抽样调查失业率的综合，是目前我国最主要的失业统计指标，也是国际劳工组织 18 项劳动力市场主要指标之一，在失业指数中权重最大，约为 0.7。

根据公式，总失业率=失业人数/（失业人数+就业人数），所以 W_1 就有两个决定因素，即失业人数和就业人数。

2．结构失业率

结构失业率是对失业程度的结构性因素加以考虑，弥补了失业率只能反映失业的总体规模，而无法反映失业内部结构的不足。这些结构性因素包括失业时间、性别构成、年龄构成、家庭构成等。

$$W_2 = \sum_{i=1}^{4} W_{2i} \alpha_{2i} \quad (各权重由 \text{Delphi} 法调查决定，\sum_{i=1}^{4} \alpha_{2i} = 1)$$

其中，W_2 为结构失业率；W_{21} 为长期失业者比重，$\alpha_{21} = 0.26$；W_{22} 为男性失业者比重，$\alpha_{22} = 0.22$；W_{23} 为中青年失业者比重，$\alpha_{23} = 0.26$；W_{24} 为多失业人口家庭比重，$\alpha_{24} = 0.26$。

3．动态失业率

由于受自然和社会两方面影响，失业人数随着时间的推移总是处于不断的变动之中。失业率指标是按照每年末最后一天的失业数据计算出的静态时点指标，而动态失业率则通过考察劳动力市场供给因素的变化，来求取理论上的失业率。通过该指标，可以了解失业人员在未来一段时期内的增减变化情况，分析失业人数变动的原因和幅度，描述长期的、动态的失业状况。动态失业率弥补了城镇登记失业率只能反映静态失业情况的不足。

$$W_3 = \sum_{i=1}^{4} W_{3i} \alpha_{3i} \quad (各权重由 \text{Delphi} 法调查决定，\sum_{i=1}^{4} \alpha_{3i} = 1)。$$

其中，W_3 为动态失业率；W_{31} 为城镇新增劳动力人口增长率，$\alpha_{31} = 0.3$；W_{32} 为外来人口占劳动力比重，$\alpha_{32} = 0.2$；W_{33} 为下岗职工人数增长率，$\alpha_{33} = 0.3$；W_{34} 为隐性失业率，$\alpha_{34} = 0.2$。

4．特殊失业率

失业率一般是描述正常情况下失业规模的指标，特殊失业率则是描述突发事件对失业造成的影响。如毕业高峰（W_{41}）、重大自然灾害（W_{42}）、战争（W_{43}）、金融危机（W_{44}）、国民经济作出重大调整（W_{45}）等时期的特殊失业情况。

$$W_4 = \sum_{i=1}^{5} W_{4i} \alpha_{4i} \text{（各权重由 Delphi 法调查决定，} \sum_{i=1}^{5} \alpha_{4i} = 1\text{）}$$

例如，2003 年是全国各高等院校扩招学生毕业的高峰时期，有应届毕业生 212.2 万人，比 2002 年增加了 67.1 万人，增长率为 46.2%。然而截至 2002 年 9 月，上届毕业生中仍有 40 万没有签约，除去灵活就业的约 20 万人，实际失业学生人数达到 20 万左右。以此预测，到 2003 年 7 月，待业的毕业生和上届沉淀下来的总共约 100 万人，实际失业会多达 50 万人，这部分人会大大增加青年失业率，从而加重结构失业率和整个失业的情况。

又如，2003 年的一段"非典"时期，对于那些受"非典"影响的行业，特别是人员集中的第三产业，其就业人员由于经营状况的变化，就面临着一定的失业风险，而且为防止"非典"的传播，许多本来可以吸纳就业人员的行业和企业纷纷停止了用人需求，这也造成了一定时期的失业率。

综合以上分析，失业指数的层次结构如图 2.3.2 所示。这个实例仅展现出结构模型的表现形式和分析结果，但模型的形成，除需要定性分析系统的多个因素以外，还需要运用一定的数量方法，并且经过特定的分析过程才能得以完成。而且，结构模型也有多种，下面一小节仅介绍解析结构模型的构建过程。

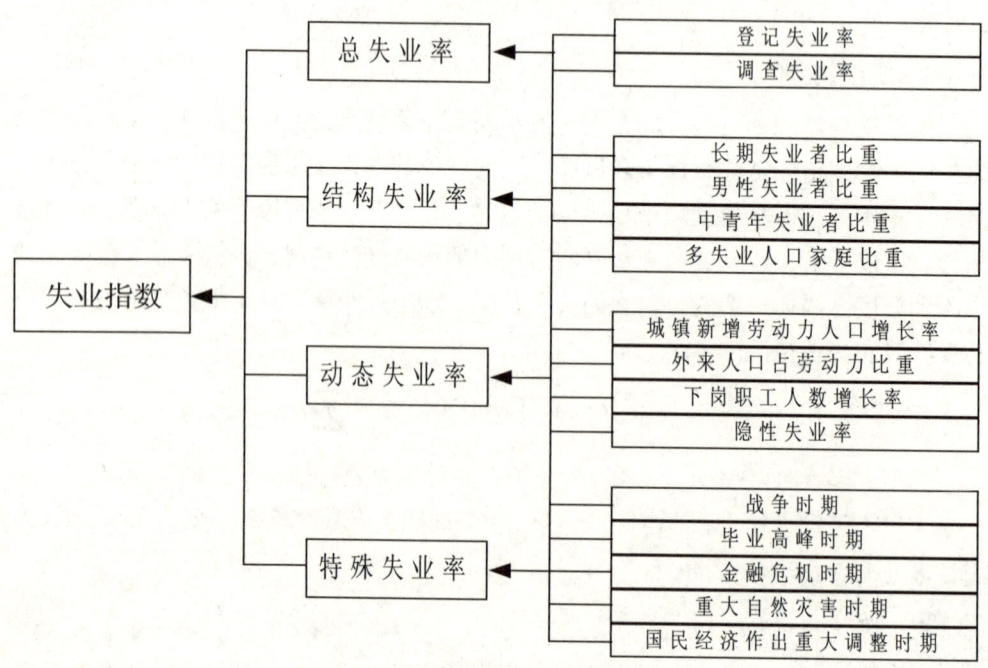

图 2.3.2 失业指数层次结构图

2.3.3 解析结构模型的求解步骤

建立结构模型的方法包括只着眼于系统组成要素间有无关联的解释型结构模型 ISM 方法、用具体数值表示关联度的模糊结构模型 FSM 方法、决策试行和评价试验室 DEMATEL 方法等,其中最具代表性的是 ISM 方法。ISM 方法的建模步骤如下。

1. 画出有向图

ISM 方法建立模型的流程分为画出有向图或生成邻接矩阵、构造可达矩阵、分解可达矩阵、形成系统结构模型等几步。其特点呈多阶级递进形式,采用有向图描述系统的结构关系。有向图是由点(又称节点或顶点)与连接点的枝组成的图形,枝有方向性,用带箭头的线段或弧线段表示,如图 2.3.3 和图 2.3.4 所示。节点代表系统的要素,枝代表要素之间的因果关系或层次关系。

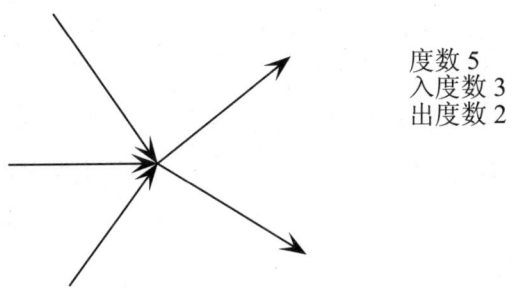

图 2.3.3 节点与枝

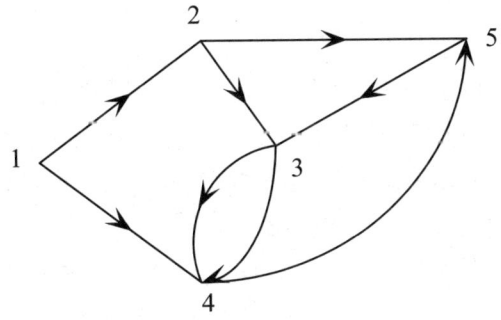

图 2.3.4 简单有向图

生成描述系统的有向图,是在充分了解系统的组成要素 S_i($i=1, 2\cdots n$)的基础上,规定任意两个要素 S_i 和 S_j 之间的关系,规定两项的关系表示为 S_iRS_j,其代表"要素 S_i 对 S_j 存在着关系 R",关系 R 可以是"给予影响""先决条件""重要"等不同的影响程度。

2. 生成邻接矩阵

邻接矩阵与有向图一样，都是描述要素之间的直接影响。它在各个要素之间逐一比较，以输入（施加影响的）要素为行、输出（受到影响的）要素为列，当两个要素之间影响的关系成立时取 1、不成立时取 0，即矩阵中各个元素为

$$a_{ij} = \begin{cases} 1, & \text{有 } i \rightarrow j \text{ 的枝} \\ 0, & \text{无 } i \rightarrow j \text{ 的枝} \end{cases}$$

然后根据两项关系的有和无，归纳表示成邻接矩阵 $A = [a_{ij}]$ 的形式。

3. 生成可达矩阵

邻接矩阵 A 生成后，接下来求其与单位矩阵 I 的和 $A + I$，再对某一整数 n 做矩阵 $A + I$ 的幂运算，直到下式成立为止。

$$M \equiv (A+I)^{n+1} = (A+I)^n \neq \dots \neq (A+I)^2 \neq A+I$$

幂运算是基于布尔代数运算（0、1 的逻辑和、逻辑积）进行的，即

$$1+1=1, \ 1+0=0+1=1, \ 1\times 1=1, \ 1\times 0=0\times 1=0$$

矩阵 $M = (A+I)^n$ 称为可达矩阵，可达矩阵用于描述元素间的所有影响。可达矩阵 M 的元素 m_{ij} 为 1 代表要素 S_i 到 S_j 之间存在一步或若干步可以到达的路径，即可达矩阵完全表征了要素间的直接和间接的关系，它在把握系统的结构方面有着非常重要的作用。

4. 各要素的级别分配

应用可达矩阵 M，对各要素求如下集合

$P(S_i) = \{S_j \mid m_{ij} = 1\}$，

$Q(S_j) = \{S_i \mid m_{ij} = 1\}$。

其中，$P(S_i)$ 称为可达集合，即从要素 S_i 出发可以到达的全部要素的集合，这可以通过寻找可达矩阵 M 的第 i 行上元素值为 1 的列所对应的要素求得。而 $Q(S_j)$ 称为先行集合，即可以到达要素 S_j 的全部要素的集合，这可以通过寻找可达矩阵 M 的第 j 列上元素值为 1 的行所对应的要素求得。

再根据 $P(S_i)$ 和 $Q(S_j)$（$i, j = 1, 2 \cdots n$），求满足下式的要素的集合 L_1。

$$P(S_i) \cap Q(S_j) = L_1(S_j)$$

L_1 中的要素所具有的特征是，从其他要素可以到达该要素，而从该要素则不能到达其他要素，即 L_1 中的要素是位于最高层次（第 1 级）的要素。

然后，从原来的可达矩阵 M 中删去 L_1 中要素所对应的行和列得到距阵 M'，对 M' 进行同样的操作，以确定属于第 2 级的集合 L_2 的要素。以后重复同样操作，

依次求出 L_3、L_4、…，从而将各要素分配到相应的级别上。

归纳以上内容，可得，

令 $M = A + I$，则元素 $m_{ij} = \begin{cases} 0, & 由 i \to j 无法1步内到达, \\ 1, & 由 i \to j 可以1步内到达。\end{cases}$

对于 $M^q (q \leq n-1)$，矩阵元素 $m_{ij}^{(q)} = \begin{cases} 0, & 由 i \to j 无法 q 步内到达, \\ 1, & 由 i \to j 可以 q 步内到达。\end{cases}$

由 n 个要素组成的有向图，显然如果 $i \to j$ 可达的话，至多只需要 $n-1$ 步，否则将是不可达的。

实际上，该步骤是在分解可达矩阵。在多数情况下，需要做三项内容的工作。

（1）区域划分

区域划分的作用是识别出系统中在结构上没有关系的子系统。具体分为以下几个步骤。

① 分别求出各要素的可达集（矩阵每行中结点为1所对应的列元素集合）、前因集（矩阵每列中结点为1所对应的行元素集合）、以及二者的交集；

② 找出交集与前因集对应相等的要素；

③ 根据这些要素的可达集是否不相交划分为不同的区域；

④ 若有区域划分，再根据这些要素的可达集中各要素的可达集是否相交确定各区域所包含的要素。

（2）级别划分

级别划分的作用是确定每一区域的层次。具体分为以下几个步骤。

① 可达集为前因集子集的要素确定为最高层；

② 去掉上一层要素后余下类似进行，依次求得第二、三…层；

③ 前因集为可达集子集的要素为最低层。

（3）连接划分

连接划分的作用是找出各层中紧密联系可以合并的要素。方法是找出具有互为可达且互为前因的强连接子集的要素，选择其中之一作为代表、而去掉其余的要素。

5．生成层次结构图

级别分配结束后，按照区域、级别、连接等要求，调整可达矩阵的行和列，使得可达矩阵 M 的行和列按照级别的顺序排列放置，通过这一操作将 M 化成分块三角阵，最后再分块画图。在最上层放第1级 L_1 的要素，它的下面放第2级 L_2 的要素，依次类推，把各要素从上至下按级别顺序放置。另外，由于可达矩阵 M 中各元素的数值是从有向枝所代表的相邻级别要素间关系以及同一级别要素间关系转化来的，因而可以用有向图的形式来表示系统的层次结构。

2.4 层次分析方法

2.4.1 原理和特点

层次分析方法（Analytic Hierarchy Process，AHP）是美国运筹学家沙旦（T.L.Saaty）于20世纪70年代提出的一种定性分析与定量分析相结合的多目标决策分析方法。

层次分析方法可以对非定量事件作定量分析，对人的主观判断作出定量描述。其采用数学方法描述需要解决的问题，适用于多目标、多因素、多准则、难以全部量化的大型复杂系统，对目标（或因素）结构复杂并且缺乏必要数据的情况比较实用。从具体方法步骤上看，层次分析方法是一种加权求和方法，是求解多目标问题最重要的方法之一。

层次分析方法作为管理方面的系统分析或系统评价方法，首先把分析或评价的对象层次化。根据问题的性质和评价的要求，将评价的问题分解为不同的组成因素或评价指标，并按照这些因素之间的互相关联、相互影响和隶属关系，将各因素以不同层次进行聚集组合，形成一个多层次的、有明确关系的、条理化的分析评价结构模型。对于组成因素或者子系统的评价，实际上是最底层对最高层次的相对重要性权值的确定，或者是构成相对优劣次序的排队问题。

在计算每一层次的所有因素相对于上层次某因素重要性的单排序问题时，又简化成一系列成对因素的判断比较。同时为了判断、比较的定量化，引入1至9比例标度方法，并构成判断矩阵。通过对判断矩阵的最大特征根及相应的特征向量的计算，求出某层因素相对于上层某一因素的相对重要性的权值。这种计算权重的方法，是一种定性分析和定量分析相结合的方法。应用这种方法，决策者通过将复杂的事物或者复杂的问题分解成若干个层次或若干个因素的过程，并在各个因素之间进行简单的判断比较和计算，就可以对不同的对象或方案提供评价，并作出决策。

层级分析方法的特点，一是思路简单明了，将人们的思维过程数字化、系统化，便于接受并容易计算；二是所需要的定量数据信息较少，对于问题本质、包含因素及其内在关系分析得比较清楚；三是可用于复杂的无结构特征问题的分析，以及多准则等各种类型事物的评价与决策。

2.4.2 层次分析的步骤

用层次分析方法解决复杂问题的基本思想是，把决策问题按总目标、子目标、评价标准直至具体措施的顺序分解为不同层次的结构，然后利用求判断矩阵特征向量的方法，求出每层次的各元素对上层次某元素的权重，最后用加权和的方法递阶归并，求出各方案总目标的权重。越重要的因素权重越大，权重值最大者即为最优方案。

根据方法的基本思想，整个分析过程主要包括两个方面的内容，一是各层次目标的权重确定，二是根据最低层次各目标的权重和各方案的属性值对方案做出综合评价。因此，用层次分析方法分析问题，大体经过建立层次结构模型、构造判断矩阵、层次单排序及一致性检验、层次总排序和一致性检验四个步骤。

1. 建立层次结构模型

面对复杂的决策问题，从利于进行决策分析的角度出发，运用层次分析方法进行系统分析时，处理的方法是先对问题所涉及的因素进行分类，即把系统所包含的因素进行分组，每一组作为一个层次，按照最高层、若干有关的中间层和最低层的形式排列起来，构成一个各因素之间相互联结的层次结构模型。

一般情况下，因素可分为三类，一为目标类、二为标准类、三为措施类，即通常将解决问题的总目标作为最高层，而解决实际问题的政策和措施作为最低层，介于这二层之间的是由高至低的若干中间层。也可以将总目标分解为具体的几个目标作为次高层，中间层可以考虑设置达到目标的策略层、评价目标的准则层、目标互相制约的约束层等，如图 2.4.1 所示。这些都要由具体问题的分析而定，没有一个固定的模式。

具体是通过逐层比较多种关联因素，按照目标到措施自上而下地将各类因素之间的直接影响关系排列于不同层次，并构成层次结构图。但多数情况下，对于多个因素组成的系统，或者因素之间关系错综复杂的系统，则运用上一节的方法建立结构模型，确定系统的层次结构。

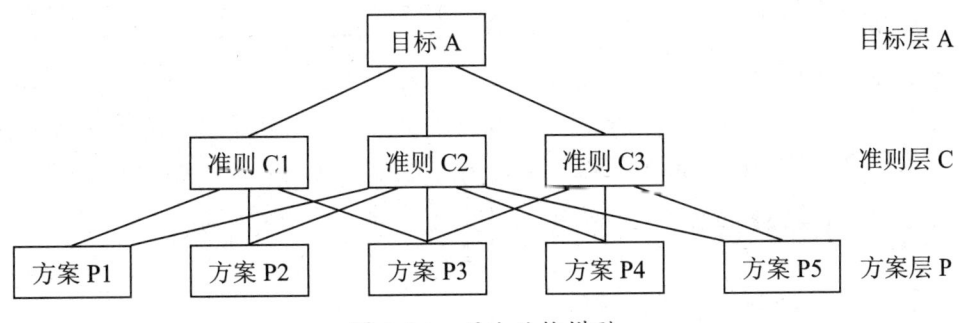

图 2.4.1　层次结构模型

图 2.4.1 中，最高层表示解决问题的目的，即应用 AHP 所要达到的最终目的；中间层表示采用某种措施和政策来实现预定目标所涉及的中间环节，一般又分为策略层、约束层、准则层等，图中采用的是准则层；最低层表示解决问题的措施或政策（即方案）。

图中方框之间的连线表示在不同层次的因素之间存在关系。

2．构造判断矩阵

任何系统分析都以一定的信息为基础，层次分析方法的信息基础主要是人们对每一层次各因素的相对重要性给出的判断。将这些判断用数值表示出来，写成的矩阵形式就是判断矩阵。

判断矩阵中各元素表示针对上一层次某因素而言，本层次与之有关的各因素之间的相对重要性。比较每一个下层相关元素 B_i、B_j 之间对于上层某元素 A_k 的相对重要性，即构成一组多元素的判断矩阵 B。

A_k	B_1	B_2	B_j	B_n
B_1	b_{11}	b_{12}	$\cdots$	b_{1n}
B_2	b_{21}	b_{22}	$\cdots$	b_{2n}
B_i	$\cdots$		b_{ij}	$\cdots$
B_n	b_{n1}	b_{n2}	$\cdots$	b_{nn}

其中，b_{ij} 是对于 A_k 而言，B_i 对 B_j 的相对重要性的数值表示，b_{ij} 是 b_i 与 b_j 的比值，通常用表 2.4.1 所示的 1~9 比例标度法规定量化指标。

表 2.4.1 比例标度法

两元素对上层元素影响比较	相等	稍微重要	明显重要	强烈重要	极端重要
矩阵中对应结点 b_{ij}	1	3（1/3）	5（1/5）	7（1/7）	9（1/9）

实际应用时，相对重要性的数值也可以取 2、4、6、8，其表示的重要程度分别介于和它相邻的数字表示的重要程度之间。取倒数也具有相应的类似意义。

由上述可得，任何判断矩阵都应满足 $b_{ij}=1/b_{ji}$，且 $b_{ii}=1$（i，$j=1,2\cdots n$）。事实上，对于 n 阶判断矩阵，仅需要对 $\dfrac{n(n-1)}{2}$ 个矩阵元素给出数值。

3．层次单排序及一致性检验

层次单排序是将每层内的元素进行排序。它是根据上层某元素的判断矩阵，利用和积法或方根法，计算出某层次的因素之间对上一层某因素的相对重要性的权值，然后根据权值排列次序。它是本层次所有因素相对于上一层次、乃至最高层次重要性进行排序的基础。

层次单排序可以归结为计算判断矩阵的特征值和特征向量的问题。即对判断矩阵 B，计算满足 $BW=\lambda_{\max}W$ 的最大特征值 $\lambda_{\max}$ 和对应的、经过归一化的特征向量

W，其中特征向量 $W=(\omega_1,\omega_2\cdots\omega_n)$，就是 $B_1,B_2\cdots B_n$ 对于上一层次元素 A_k 的单排序的权值，W 的元素和 A_k 的下层各元素是一一对应的。

而最大特征值 $\lambda_{\max}$ 是用来检验判断矩阵 B 的一致性。检验判断矩阵的一致性就是检验其合理性，由于在进行因素的两两比较时的价值取向和定级技巧等原因，可能会出现甲比乙重要、乙比丙重要、丙比甲重要的逻辑错误和重要性等级赋值的非等比性等情况，因此必须对判断矩阵的合理性程度以及可接受性进行鉴别。通常，定义一致性指标

$$CI=\frac{\lambda_{\max}-n}{n-1}。$$

衡量判断矩阵的不一致程度。一般情况下，$CI>0$，即 $\lambda_{\max}>n$。CI 越小，表示一致性越好，即 $\lambda_{\max}$ 稍微大于 n 就是满意的。$CI=0$ 时，则 B 完全一致，这时判断矩阵有最大特征值 n，即满足 $\lambda_{\max}=n$。实际操作中，判断矩阵 B 是否具有一致性，是将 CI 与平均随机一致性指标 RI 进行比较。RI 的值如表 2.4.2 所示。

表 2.4.2　平均随机一致性指标

矩阵阶数	1	2	3	4	5	6	7	8	9
RI	0.00	0.00	0.58	0.90	1.12	1.24	1.32	1.41	1.45

一阶、二阶判断矩阵总是具有一致性，所以不必检验。当判断矩阵的阶数大于 2 时，记

$$CR=\frac{CI}{RI}。$$

为判断矩阵的随机一致性比例。如果 $CR<0.10$，就认为矩阵具有满意的一致性，可根据 $\omega_1,\omega_2\cdots\omega_n$ 的大小将 $B_1,B_2\cdots B_n$ 排序；否则需要调整判断矩阵，重新估计 b_{ij}，再进行检验。

4．层次总排序及一致性检验

当针对上一层次 A 中 m 个因素 $A_1,A_2\cdots A_n$，逐个对 B 层次中的 n 个因素 $B_1,B_2\cdots B_n$ 进行单排序（即进行了 m 次单排序）后，就可以利用这些结果对整个 A 层次得到 $B_1,B_2\cdots B_n$ 的一组权值，作为 B 层次各因素按重要性排序的依据，这就是层次总排序。

层次总排序是逐层间的元素排序，从上到下、顺序逐层，计算同层各元素对于最高层的相对重要性权值。由于最高层就是一个元素，所以最高层下面的一层的单排序就是总排序。

例如，C 层元素通过 B 层元素对 A 元素的重要性可以表示成如下矩阵的形式。

层次B元素 层次B权值	B_1 b_1	B_2 b_2	B_i b_i	B_m b_m	C层总排序
层次C元素C_1	$c_1(1)$	$c_1(2)$	$\cdots$	$c_1(m)$	$\sum_{i=1}^{n}b(i)c_1(i)$
C_2	$c_2(1)$	$c_2(2)$	$\cdots$	$c_2(m)$	$\sum_{i=1}^{n}b(i)c_2(i)$
C_i	$\cdots$		$c_i(i)$权值	$\cdots$	
C_n	$c_n(1)$	$c_n(2)$	$\cdots$	$c_n(m)$	$\sum_{i=1}^{n}b(i)c_n(i)$

对层次总排序也要进行一致性检验。记对 A_k 进行 B 层次单排序的一致性指标是 CI_k，相应的平均随机一致性指标是 RI_k，则定义总排序的一致性指标和总排序的平均随机一致性指标

$$CI = \sum_{k=1}^{m} a_k CI_k, \quad RI = \sum_{k=1}^{m} a_k RI_k$$

如上所述，当 $CR = \dfrac{CI}{RI} \leq 0.10$ 时，认为层次总排序的一致性是满意的。

2.4.3 最大特征值及其特征向量的计算

层次分析方法中的主要计算问题是如何计算判断矩阵的最大特征根 $\lambda_{\max}$ 及其对应的特征向量 W。常采用的计算方法有两种。

1．和积法

和积法的计算步骤如下。

（1）将判断矩阵按列归一化：$\overline{b}_{ij} = \dfrac{b_{ij}}{\sum\limits_{k=1}^{n}b_{kj}}$，$i, j = 1, 2 \cdots n$。

（2）每列归一化后的判断矩阵按行相加：$\overline{W}_i = \sum\limits_{j=1}^{n} \overline{b}_{ij}$，$j = 1, 2 \cdots n$。

（3）对向量 $\overline{W} = [\overline{W}_1, \overline{W}_2 \cdots \overline{W}_n]^T$ 归一化：$W = \dfrac{\overline{W}_i}{\sum\limits_{j=1}^{n}\overline{W}_j}$，$i = 1, 2 \cdots n$。

得到的 $W = [W_1, W_2 \cdots W_n]^T$ 即为所求特征向量。

（4）计算判断矩阵最大特征根：$\lambda_{\max} = \sum\limits_{i=1}^{n} \dfrac{(AW)_i}{nW_i}$。

式中$(AW)_i$表示向量AW的第i个分量。

2．方根法

方根法的计算步骤如下。

（1）将判断矩阵的元素按行相乘：$u_{ij} = \prod\limits_{j=1}^{n} b_{ij}$，$i, j = 1, 2 \cdots n$。

（2）所得乘积分别开n次方：$u_i = \sqrt[n]{u_{ij}}$。

（3）将方根向量归一化：$W_i = \dfrac{u_i}{\sum\limits_{i=1}^{n} u_i}$，即得特征向量$w$。

（4）计算判断矩阵最大特征根：$\lambda_{\max} = \sum\limits_{i=1}^{n} \dfrac{(AW)_i}{nW_i}$，

式中$(AW)_i$表示向量AW的第i个分量。

3．计算举例

用和积法计算下述判断矩阵的最大特征根及其对应的特征向量。

B	C_1	C_2	C_3
C_1	1	1/5	1/3
C_2	5	1	3
C_3	3	1/3	1

（1）按和积法的计算步骤（1），得到按列归一化后的判断矩阵

$$\begin{vmatrix} 0.111 & 0.130 & 0.077 \\ 0.556 & 0.652 & 0.692 \\ 0.333 & 0.217 & 0.231 \end{vmatrix}$$

（2）按和积法的计算步骤（2），按行相加得

$\overline{W}_1 = \sum\limits_{j=1}^{n} \overline{b}_{ij} = 0.111 + 0.13 + 0.077 = 0.317$，

$\overline{W}_2 = 0.556 + 0.652 + 0.692 = 1.900$，

$\overline{W}_3 = 0.333 + 0.217 + 0.231 = 0.781$。

（3）将向量 $\overline{W}$ =[0.317，0.1900，0.781]^T 归一化得

$$\sum_{j=1}^{n}\overline{W}_j = 0.317+1.900+0.781=2.998,$$

$$W_1 = \frac{\overline{W}_1}{\sum_{j=1}^{n}\overline{W}_j} = 0.317/2.998 = 0.106,$$

W_2=1.900/2.998=0.634，

W_3=0.781/2.998=0.261。

则所求特征向量为 W=[0.106，0.634，0.261]^T。

（4）计算判断矩阵的最大特征根 λ_{max}，由

$$AW = \begin{vmatrix} 1 & 1/5 & 1/3 \\ 5 & 1 & 3 \\ 3 & 1/3 & 1 \end{vmatrix} \cdot \begin{vmatrix} 0.106 \\ 0.634 \\ 0.261 \end{vmatrix}。$$

则　$(AW)_1$=1×0.106+1/5×0.634+1/3×0.261=0.320，

　　$(AW)_2$=5×0.106+1×0.634+3×0.261=1.941，

　　$(AW)_3$=3×0.106+1/3×0.634+1×0.261=0.785。

所以，$\lambda_{max} = \sum_{i=1}^{n} \frac{(AW)_i}{nW_i} = \frac{(AW)_1}{3W_1} + \frac{(AW)_2}{3W_2} + \frac{(AW)_3}{3W_3}$

$= \frac{0.320}{3\times 0.106} + \frac{1.914}{3\times 0.634} + \frac{0.785}{3\times 0.261} = 3.036。$

2.4.4　社会保险基金绩效审计评价指标的层次分析

社会保险基金绩效评估指标体系是一个具有多层次、多指标的复合体系，在这个复合体系中，各层次、各指标的相对重要性各不相同，难以科学确定。层次分析法通过构造判断矩阵，先对单层指标进行权重计算，然后再进行层次间的指标总排序，来确定所有指标因素相对于总指标的相对权重，为确定类似指标体系权重提供了一种很好的解决途径。

（1）建立递阶层次结构

建立递阶层次结构首先要对问题所涉及的因素进行分类，构造一个各因素之间相互联结的递阶层次结构。处于最上面的层次一般是问题的预定目标，通常只有一个元素，表示决策分析的总目标，也称为总目标层；中间层的元素一般是准则层和子准则层，包含若干层元素，表示实现总目标所涉及的各子目标；最低层一般是方

案层。社会保险基金绩效评估指标体系分三层，第一层为社会保险基金绩效这一总目标 A；第二层包括经济性 B1、效率性 B2、效果性 B3、公平性 B4、回应性 B5、内部控制有效性 B6 和可持续发展性 B7 共七项指标，每项指标下面又包含若干个子指标项。根据上述原理，建立社会保险基金绩效审计评价递阶层次模型，如表 2.4.3 所示。

表 2.4.3 社会保险基金绩效审计评价递阶层次模型

A 社会保险基金绩效	B1 经济性	C1 基金管理成本
		C2 社保支出占 GDP 比重
		C3 社保支出占财政支出比重
	B2 效率性	C4 社会保险支出效率
		C5 社会保险基金投资收益率
		C6 社会保险基金投资损失率
		C7 风险系数
	B3 效果性	C8 实征率
		C9 社保费用实支率
		C10 社保基金收缴率
		C11 企业参保率
		C12 职工参保率
	B4 公平性	C13 筹集对象的范围
		C14 给付对象的真实性
		C15 给付水平是否一致
	B5 回应性	C16 参保对象的满意度
		C17 社保基金发放的及时性
	B6 内部控制有效性	C18 社保违纪资金率
		C19 社保基金投资违规率
	B7 可持续发展性	C20 社保基金结余率
		C21 社保基金收入增长系数
		C22 社保基金支出增长系数

（2）评价指标两两比较判断矩阵

构建层次结构模型后，决策就转化为待评可行方案关于具有层次结构的目标准则体系的排序问题。对每一层次各因素的相对重要性用数值形式给出判断，并写成矩阵形式，以 A 层指标和 B 层指标为例，构建判断矩阵如下：

A	B_1	B_2	B_3	B_4	B_5	B_6	B_7
B_1	a_{11}	a_{12}	a_{13}	a_{14}	a_{15}	a_{16}	a_{17}
B_2	a_{21}	a_{22}	a_{23}	a_{24}	a_{25}	a_{26}	a_{27}
B_3	a_{31}	a_{32}	a_{33}	a_{34}	a_{35}	a_{36}	a_{37}
B_4	a_{41}	a_{42}	a_{43}	a_{44}	a_{45}	a_{46}	a_{47}
B_5	a_{51}	a_{52}	a_{53}	a_{54}	a_{55}	a_{56}	a_{57}
B_6	a_{61}	a_{62}	a_{63}	a_{64}	a_{65}	a_{66}	a_{67}
B_7	a_{71}	a_{72}	a_{73}	a_{74}	a_{75}	a_{76}	a_{77}

矩阵 a_{ij} 表示相对于 A 层指标而言，B_i 对 B_j 的相对重要性的数值。a_{ij} 的数值通常取 1,2…9 及它们的倒数作为标度，倒数表示相应两因素交换次序比较的重要性其标度含义如表 2.4.4 所示。

表 2.4.4　标度含义列表

1	表示两个因素相比,具有同样的重要性
3	表示两个因素相比,前者比后者稍重要
5	表示两个因素相比,前者比后者明显重要
7	表示两个因素相比,前者比后者强烈重要
9	表示两个因素相比,前者比后者极端重要
2,4,6,8	表示上述两相邻等级的中间值

判断矩阵中的指标数值可以根据调研数据、统计资料或者专家意见综合权衡后得出。此处在构建各层次评价标准权重时，判断矩阵的构建只是举例，在实际运用中，审计人员可以根据其经验和专业判断，构建判断矩阵。在确定 B 层次各评价标准权重时构造判断矩阵:

$$\begin{pmatrix} 1 & 1/5 & 1/4 & 1/2 & 2 & 2 & 1 \\ 5 & 1 & 1/2 & 2 & 8 & 8 & 5 \\ 4 & 2 & 1 & 1/2 & 4 & 4 & 4 \\ 2 & 1/2 & 2 & 1 & 5 & 5 & 2 \\ 1/2 & 1/8 & 1/4 & 1/5 & 1 & 1 & 1/2 \\ 1/2 & 1/8 & 1/4 & 1/5 & 1 & 1 & 1/2 \\ 1 & 1/5 & 1/4 & 1/2 & 2 & 2 & 1 \end{pmatrix}$$

（3）层次单排序和一致性检验

层次单排序是指根据构建的判断矩阵计算针对某一准则下各层元素的相对权重，并进行一致性检验的过程。权重的确定方法如下：首先将判断矩阵的每一列元素归一化，然后将每一列元素都归一化后的矩阵按行相加得向量 W_i，再将向量 W_j 进行归一化处理，那么，得到的向量即是相对于 A 层指标而言，B_i 对 B_j 的相对重要性的数值；对于判断矩阵的阶数 n≥3 的比较矩阵要进行一致性检验。

一致性检验的公式 $CR=CI/RI$。其中，RI 为随机一致性指标，CR 为判断矩阵的随机一致性比率；CI 为判断矩阵的一般一致性指标。若一致性检验 $CR=CI/RI<0.1$，B_i 的不一致程度在容许范围之内，可以用特征向量作为权向量；$CR=CI/RI>0.1$，检验不通过，要重新进行成对比较，或对已有的判断矩阵进行修正。若检验通过，特征向量归一化后即为权向量。由此得出的权向量就是所求的绩效评价的指标权重。

计算各评价指标的权数 ω_i 以准则层即 B 层次的权重设置方法为例。

①将 B 层次按照评价标准构造判断矩阵中的每一列元素相加，即对于所有的 j，计算 $\sum_{j=1}^{n} a_{ij}$；

②矩阵中的每个元素除以相应列的加和值 $\sum_{j=1}^{n} a_{ij}$。使矩阵的每一列归一化，即 $a_{ij}/\sum_{j=1}^{n} a_{ij}$；得到矩阵：

$$\begin{pmatrix} 1/14 & 4/83 & 1/18 & 5/49 & 2/23 & 2/23 & 1/14 \\ 5/14 & 20/83 & 1/9 & 20/49 & 8/23 & 8/23 & 5/14 \\ 2/7 & 40/83 & 2/9 & 5/49 & 4/23 & 4/23 & 2/7 \\ 1/7 & 10/83 & 4/9 & 10/49 & 5/23 & 5/23 & 1/7 \\ 1/28 & 5/166 & 1/18 & 2/49 & 1/23 & 1/23 & 1/28 \\ 1/28 & 5/166 & 1/18 & 2/49 & 1/23 & 1/23 & 1/28 \\ 1/14 & 4/83 & 1/18 & 2/49 & 2/23 & 2/23 & 1/14 \end{pmatrix}$$

③计算归一化矩阵中每一行的平均值 $(\sum_{j=1}^{n}(a_{ij}/\sum_{j=1}^{n}a_{ij})/n)$，得到向量 $\{\omega_i\}$，即为权重。

$$\{\omega_i\} = \begin{pmatrix} 0.0747 \\ 0.3100 \\ 0.2465 \\ 0.2128 \\ 0.0407 \\ 0.0407 \\ 0.0747 \end{pmatrix}$$

即 B 层指标中 B1、B2、B3、B4、B5、B6、B7 的权重分别为 0.0747、0.3100、0.2465、0.2127、0.0407、0.0407 和 0.0747。

最后，进行一致性检验。为证明以上得到的权重分配是否合理，需要对判断矩阵进行一致性检验。公式 $CR=CI/RI$，其中，CR 为判断矩阵的随机一致性比率；CI 为判断矩阵的一般一致性指标，由下式计算得出：

$$CI = (\lambda_{\max} - n)/(n-1), \qquad \lambda_{\max} = \frac{1}{n}\sum_{i=1}^{n}\frac{(A\omega)_i}{\omega_i}.$$

RI 为判断矩阵的平均随机一致性指标，1~9 阶的判断矩阵的 RI 值，参见表 2.4.5。

表 2.4.5 平均随机一致性指标 RI 的值

n	1	2	3	4	5	6	7	8	9
RI	0	0	0.58	0.90	1.12	1.24	1.32	1.41	1.45

当判断矩阵 A 的 $CR<0.1$ 时或 $\lambda_{\max}=n$，$CI=0$ 时，认为 A 具有满意的一致性，否则需调整 A 中的元素以使其具有满意的一致性。

对审计人员构造的判断矩阵进行检验：

AW=

$$\begin{pmatrix} 1 & 1/5 & 1/4 & 1/2 & 2 & 2 & 1 \\ 5 & 1 & 1/2 & 2 & 8 & 8 & 5 \\ 4 & 2 & 1 & 1/2 & 4 & 4 & 4 \\ 2 & 1/2 & 2 & 1 & 5 & 5 & 2 \\ 1/2 & 1/8 & 1/4 & 1/5 & 1 & 1 & 1/2 \\ 1/2 & 1/8 & 1/4 & 1/5 & 1 & 1 & 1/2 \\ 1 & 1/5 & 1/4 & 1/2 & 2 & 2 & 1 \end{pmatrix} \times \begin{pmatrix} 0.0747 \\ 0.3100 \\ 0.2465 \\ 0.2128 \\ 0.0407 \\ 0.0407 \\ 0.0747 \end{pmatrix} = \begin{pmatrix} 0.5422 \\ 2.2571 \\ 1.8961 \\ 1.5666 \\ 0.2990 \\ 0.2990 \\ 0.5422 \end{pmatrix}$$

$$\lambda_{\max} = \frac{1}{n}\sum_{i=1}^{n}\frac{(A\omega)_i}{\omega_i}$$

$$= \frac{1}{7}(\frac{A\omega_1}{\omega_1} + \frac{A\omega_2}{\omega_2} + \frac{A\omega_3}{\omega_3} + \frac{A\omega_4}{\omega_4} + \frac{A\omega_5}{\omega_5} + \frac{A\omega_6}{\omega_6} + \frac{A\omega_7}{\omega_7})$$

=7.3638,

$CI = (\lambda_{\max} - n)/(n-1) = 0.0728$。

由平均随机一致性指标 RI 表中可知,$n=7$ 时,RI=1.32,则 CR=CI/RI=0.0728/1.32=0.0552<0.10。

因此，这一判断矩阵的一致性是可以接受的。

确定 C 层各指标权重的方法同上述方法一样，这里不详细写，计算结果如下：

判断矩阵 B1~Ci（相对于经济性，各指标之间的相对重要性比较）

B1	C1	C2	C3	W
C1	1	2	2	0.491
C2	1/2	1	2	0.312
C3	1/2	1/2	1	0.198

对于此矩阵，计算可得：$\lambda_{\max}$ =3.0536, CI==0.026, RI=0.58, CR=0.0448<0.10。

判断矩阵 B2~Ci（相对于效率性，各指标之间的相对重要性比较）

B2	C4	C5	C6	C7	W
C4	1	2	5	7	0.545
C5	1/2	1	2	2	0.230
C6	1/5	1/2	1	3	0.146
C7	1/7	1/2	1/3	1	0.080

对于此矩阵，计算可得：$\lambda_{\max}$ =4.140, CI=0.0466, RI=0.90, CR=0.052<0.10。

判断矩阵 B3~Ci（相对于效果性，各指标之间的相对重要性比较）

B3	C8	C9	C10	C11	C12	W
C8	1	2	3	4	3	0.401
C9	1/2	1	3	2	2	0.239
C10	1/3	1/3	1	1/2	1/3	0.081
C11	1/4	1/2	2	1	1	0.128
C12	1/3	1/2	3	1	1	0.151

对于此矩阵，计算可得：$\lambda_{\max}$ =5.145, CI=0.036, RI=1.12, CR=0.032<0.10。

判断矩阵 $B4\sim Ci$（相对于公平性，各指标之间的相对重要性比较）

$B4$	$C13$	$C14$	$C15$	W
$C13$	1	2	4	0.5714
$C14$	1/2	1	2	0.2857
$C15$	1/4	1/2	1	0.1429

对于此矩阵，计算可得：$\lambda_{max}=3$，$CI=0$，$RI=0.58$，$CR=0$。

判断矩阵 $B5\sim Ci$（相对于回应性，各指标之间的相对重要性比较）

$B5$	$C16$	$C17$	W
$C16$	1	3	0.75
$C17$	1/3	1	0.25

判断矩阵 $B6\sim Ci$（相对于内部控制有效性，各指标之间的相对重要性比较）

$B6$	$C18$	$C19$	W
$C18$	1	1	0.5
$C19$	1	1	0.5

判断矩阵 $B7\sim Ci$（相对于可持续发展性，各指标之间的相对重要性比较）

$B7$	$C20$	$C21$	$C22$	W
$C20$	1	1/2	2	0.297
$C21$	2	1	3	0.539
$C22$	1/2	1/3	1	0.164

对于此矩阵，计算可得：$\lambda_{max}=3.0092$，$CI=0.0046$，$RI=0.58$，$CR==0.0079<0.10$。

通过对上面矩阵的观察可以发现，各判断矩阵均通过一致性检验。将上一级的权数与下一级的权数相乘，直到最底层的元素，就可以计算对总层次而言本层次所有因素重要性的权值。分别将上面的数据代入公式就可以计算出三级指标 Ci 相对于总指标 A 的权重向量。计算结果如下：

表 2.4.6 基于 AHP 方法的社会保险资金绩效审计评价指标权重表

准则层权重		方案层权重		目标层权重	
B1	0.0747	C1	0.491	$B1*C1$	0.0367
	0.0747	C2	0.312	$B1*C2$	0.0233
	0.0747	C3	0.198	$B1*C3$	0.0148
B2	0.3100	C4	0.545	$B2*C4$	0.1689
	0.3100	C5	0.230	$B2*C5$	0.0713
	0.3100	C6	0.145	$B2*C6$	0.045
	0.3100	C7	0.080	$B2*C7$	0.0248
B3	0.2465	C8	0.401	$B3*C8$	0.0988
	0.2465	C9	0.239	$B3*C9$	0.0589
	0.2465	C10	0.08	$B3*C10$	0.0197
	0.2465	C11	0.128	$B3*C11$	0.0316
	0.2465	C12	0.151	$B3*C12$	0.0372
B4	0.2128	C13	0.571	$B4*C13$	0.1215
	0.2128	C14	0.286	$B4*C14$	0.0609
	0.2128	C15	0.143	$B4*C15$	0.0304
B5	0.0407	C16	0.75	$B5*C16$	0.0305
	0.0407	C17	0.25	$B5*C17$	0.0102
B6	0.0407	C18	0.5	$B6*C18$	0.0204
	0.0407	C19	0.5	$B6*C19$	0.0204
B7	0.0747	C20	0.539	$B7*C20$	0.0403
	0.0747	C21	0.164	$B7*C21$	0.0123
	0.0747	C22	0.297	$B7*C22$	0.0222

上表的各个数值就是社会保险基金绩效审计评价指标权重，它为社会保险基金绩效审计评价指标的量化及社会保险基金绩效审计评价实践的开展提供了前提条件。由表可知，权重值越大，则该项内容对社会保险基金绩效的贡献率越大。

2.4.5 层次分析方法的改进

层次分析方法为解决多目标决策问题提供了很大的方便，在社会、经济、管理中得到了广泛的应用。其关键是由专家给出判断矩阵后计算排序向量。因此，专家给出的判断矩阵是否具有满意的一致性是一个重要的问题，它直接影响排序向量是否能真实的反映各比较项目之间的客观顺序。所以，判断矩阵一致性检验方法的改进是需要深入和拓展探讨的内容。

1. 改进方法的原理

理论上，若判断矩阵 $A=(a_{ij})_{n\times n}$ 元素满足

$$a_{ij}>0,\ a_{ji}=\frac{1}{a_{ij}},\ a_{ii}=1,\ i,j\in\Omega,\ \Omega=\{1,2\cdots n\},$$

则称 A 为正互反矩阵。若此正互反矩阵又满足

$$a_{ij}=\frac{a_{ik}}{a_{jk}},\ i,j,k\in\Omega,$$

则称 A 为完全一致性矩阵。

但是，寻找满足条件 $a_{ij}=\dfrac{a_{ik}}{a_{jk}}$ 的元素的过程是相当繁杂的，而且多数情况下，矩阵 A 未必是完全一致性的。所以，在实际计算中，常常采用一致性指标 CR 进行检验，当 $CR=\dfrac{\lambda_{\max}-n}{(n-1)RI}<0.1$ 时，认为 A 具有满意的一致性。

一般情况下，专家们给出的判断矩阵并不能直接满足完全一致性条件。因此，当判断矩阵不具有满意的一致性时，可再通过征求专家意见的方法，对判断矩阵的元素进行适当调整，从而使判断矩阵达到满意的一致性。但是，这种调整的方法是定性的，而且有较大的盲目性。这里，根据一个定理，提供一种判断矩阵的定量调整方法。

定理 判断矩阵 A 为完全一致性矩阵的充要条件是其诱导矩阵 C 中的元素全部为1，即

$$C=\begin{bmatrix} 1 & 1 & \cdots & 1 \\ & & \cdots & \\ 1 & 1 & \cdots & 1 \end{bmatrix}$$

证明

设 $B=(b_{ij})_{n\times n}$ 为判断矩阵 $A=(a_{ij})_{n\times n}$ 的归一化矩阵，其中 $b_{ij}=\dfrac{a_{ij}}{\sum\limits_{i=1}^{n}a_{ij}}$，$i,j\in\Omega$；$w=(w_1,w_2\cdots w_n)^T$ 为对应的、用和积法求得的排序向量；$C=(c_{ij})_{n\times n}$ 为判断矩阵 A 的诱导矩阵，其中 $c_{ij}=\dfrac{b_{ij}}{w_i}$，$i,j\in\Omega$。

（1）必要性证明

若判断矩阵 A 为完全一致性矩阵，则 A 的每一列向量的归一化向量均相等，即归一化的列向量与其排序向量相等，则有 $b_{ij}=w_i$，$i,j\in\Omega$，

从而 $c_{ij}=1$，即 $C=\begin{bmatrix}1&1&\ldots&1\\&&\ldots&\\1&1&\ldots&1\end{bmatrix}$。

（2）充分性证明

若 $C=\begin{bmatrix}1&1&\ldots&1\\&&\ldots&\\1&1&\ldots&1\end{bmatrix}$，即 $c_{ij}=1$，

则 $b_{ij}=w_i$，$i,j\in\Omega$，所以有各归一化的列向量均相等，从而 A 为完全一致性矩阵。

由定理可知，若 C 中存在某个元素 c_{ij} 不为 1，则说明判断矩阵 A 不为完全一致性矩阵，且 c_{ij} 偏离 1 越大，说明 a_{ij} 对 A 的不一致性的影响越大。当 $c_{ij}>1$ 时，a_{ij} 偏大，应适当减小；当 $c_{ij}<1$ 时，a_{ij} 偏小，应适当增大。由于专家们的判断一般不会出现很大的偏差，因此可以对判断矩阵一致性有较大影响的元素进行适当地微调。具体可以通过对这些元素增加 1 或者减小 1 的方法，使判断矩阵逐步达到满意的一致性。

2．改进方法的过程

通过以上分析，改进判断矩阵 A 的一致性的方法可以按照如下步骤进行。

（1）判断矩阵 A 是否具有满意的一致性，若有则停止，A 即为求得的具有满意一致性的判断矩阵；否则，往后继续进行计算；

（2）计算判断矩阵 A 的按列归一化矩阵 $B=(b_{ij})_{n\times n}$，$i,j\in\Omega$；用和积法求得对应的排序向量 w；

（3）求出判断矩阵 A 的诱导矩阵 $C=(c_{ij})_{n\times n}$；

（4）找出使 $|c_{ij}-1|$ 达到最大值的 i,j，记为 k,l；

（5）若 $c_{kl}>1$，如果 a_{kl} 为整数，则令 $a'_{kl}=a_{kl}-1$，否则令 $a'_{kl}=\dfrac{1}{\dfrac{1}{a_{kl}}+1}$；若 $c_{kl}<1$，如果 a_{kl} 为整数，则令 $a'_{kl}=a_{kl}+1$，否则令 $a'_{kl}=\dfrac{1}{\dfrac{1}{a_{kl}}-1}$；

（6）令 $a'_{lk} = \dfrac{1}{a'_{kl}}$，$a'_{ij} = a_{ij}$，$i,j \in \Omega$，且 $i,j \neq k,l$；

（7）若 $A' = (a'_{ij})$ 具有满意的一致性，则停止计算，A' 即为求得的具有满意一致性的判断矩阵；否则，用 A' 代替 A 返回（1）循环计算。

3．应用举例

设判断矩阵

$$A = \begin{bmatrix} 1 & \dfrac{1}{9} & 3 & \dfrac{1}{5} \\ 9 & 1 & 5 & 2 \\ \dfrac{1}{3} & \dfrac{1}{5} & 1 & \dfrac{1}{2} \\ 5 & \dfrac{1}{2} & 2 & 1 \end{bmatrix},$$

因为 $CR(A) = 0.1720 > 0.1$，则判断矩阵 A 不具有满意的一致性。

计算 A 的按列归一化矩阵

$$B = \begin{bmatrix} 0.065 & 0.061 & 0.273 & 0.054 \\ 0.587 & 0.552 & 0.455 & 0.541 \\ 0.022 & 0.110 & 0.091 & 0.135 \\ 0.326 & 0.276 & 0.182 & 0.270 \end{bmatrix},$$

用和积法求得的排序向量

$$w = \begin{bmatrix} 0.113 \\ 0.534 \\ 0.090 \\ 0.264 \end{bmatrix},$$

从而诱导矩阵 $\quad C = \begin{bmatrix} 0.575 & 0.541 & 2.406 & 0.477 \\ 1.100 & 1.035 & 0.852 & 1.013 \\ 0.243 & 1.233 & 1.015 & 1.509 \\ 1.237 & 1.047 & 0.690 & 1.025 \end{bmatrix}$。

从 C 中看出，偏离 1 最大的元素为 $c_{13} = 2.406 > 1$，且 $a_{13} = 3$ 为整数，因此将 a_{13} 减小 1，即 $a'_{13} = 2$，$a'_{31} = \dfrac{1}{2}$，则得到判断矩阵

$$A' = \begin{bmatrix} 1 & \frac{1}{9} & 2 & \frac{1}{5} \\ 9 & 1 & 5 & 2 \\ \frac{1}{2} & \frac{1}{5} & 1 & \frac{1}{2} \\ 5 & \frac{1}{2} & 2 & 1 \end{bmatrix},$$

因为 $CR(A') = 0.1036>0.1$，矩阵 A' 仍不具有满意的一致性，则需要继续调整。A' 的按列归一化矩阵

$$B = \begin{bmatrix} 0.065 & 0.061 & 0.2 & 0.054 \\ 0.581 & 0.552 & 0.5 & 0.541 \\ 0.032 & 0.110 & 0.1 & 0.135 \\ 0.323 & 0.276 & 0.2 & 0.270 \end{bmatrix},$$

用和积法求得的排序向量

$$w = \begin{bmatrix} 0.095 \\ 0.543 \\ 0.094 \\ 0.267 \end{bmatrix},$$

则 A' 的诱导矩阵

$$C' = \begin{bmatrix} 0.679 & 0.646 & 2.106 & 0.569 \\ 1.069 & 1.016 & 0.920 & 0.995 \\ 0.342 & 1.169 & 1.059 & 1.431 \\ 1.207 & 1.033 & 0.748 & 1.011 \end{bmatrix}。$$

从中看出，偏离 1 最大的元素为 $c'_{13} = 2.106>1$，因此需将 a'_{13} 减小 1，即 $a''_{13} = 1$，$a''_{31} = 1$，从而得到

$$A'' = \begin{bmatrix} 1 & \frac{1}{9} & 1 & \frac{1}{5} \\ 9 & 1 & 5 & 2 \\ 1 & \frac{1}{5} & 1 & \frac{1}{2} \\ 5 & \frac{1}{2} & 2 & 1 \end{bmatrix},$$

因为 $CR(A'') = 0.0292<0.1$，所以判断矩阵 A'' 具有满意的一致性。

这里改进判断矩阵一致性的方法较为简单有效，且符合实际。除了该方法，还有若干种对判断矩阵一致性的改进方法，在此不一一赘述。

思考题和习题

1. 试说明系统建模的不同方法的适用对象和建模思路。
2. 以社会保障系统中的子系统为对象,分别举例说明功能模型、结构模型、计划模型、评价模型等。
3. 层次分析方法的内涵和基本特征是什么?其适合解决什么样的问题?
4. 试运用层次分析方法进行某实际问题的不同方案的筛选工作,并写出研究报告。

第 3 章　系统预测

目标要求

1. 理解预测的概念；
2. 初步掌握逐步回归、逻辑斯谛回归、曲线回归方法的分析过程；
3. 初步掌握随机时间序列方法的分析过程；
4. 初步掌握反向传播神经网络方法的分析过程；
5. 会运用上述分析方法建立简单的预测模型，并能撰写科研小论文。

3.1　系统预测的概述

预测是普遍存在的客观现象，在经济、社会、人口、管理以及其他许多领域，预测有着广泛的应用。系统预测是重要的，系统预测的正确与否，直接影响着系统规划的指向和目标偏离的程度。系统预测是为系统决策服务的，是系统管理与控制的基础，是系统优化的前提条件。本章利用现代的、系统的、定量的方法进行预测，并对预测结果进行评估。

3.1.1　预测的应用领域

了解预测的应用领域，可以了解预测方法的应用对象，弄清预测方法的研究目标，明确预测如何为决策提供服务。

1. 经营管理领域

企业往往会对产品的销售状况进行预测，以便加强对产品库存、销售队伍、生产计划等方面的管理，同时也为产品的定价、广告的开支、产量的增减、市场的开拓等决策提供有力的支持；企业往往也会对生产的投入要素、产品的需求和供给进行预测，根据预测结果决定生产什么、何时生产、何地生产、生产多少等。

2. 社会经济领域

政府机关和政策研究部门对 GDP、失业、消费、投资、价格、利率等方面的宏观经济变量的预测已成为一项常规工作，根据这些预测结果，政府可以制定相应的财政政策和货币政策，进行战略规划。

3. 金融投资领域

在资本市场上，投资商和投机者对股票收益、利率、汇率、商品价格等资本收益及其波动性的预测有着浓厚的兴趣，这也是他们工作中的常规分析内容。但是，对能否成功地预测资本收益及其波动性的争论从来没有停止过。因此，我们不期望开发出金融市场中点石成金的预测方法，只希望能够利用先进的、成熟的技术研究和解释金融数据的变化。

4．人口统计领域

各个国家和地区都会按照年龄、性别、种族等分类定期地对人口进行预测，然而人口数量又往往与出生、死亡、人口流动等因素紧密相关，因此，政府需要依据这些因素进行分析。政府部门根据人口预测的结果，规划在基础设施建设、社会保障、医疗保健、扶贫救助等方面的开支，调整在这些方面的政策。

当然，预测的应用远远不止这些，例如在政府的预算、税收、流行性传染疾病的预报等许多方面，都需要非常准确的预测。

3.1.2 系统预测的概念

系统预测就是根据系统发展变化的实际数据和历史资料，运用科学的理论、方法和各种经验、判断、知识，去推测、估计、分析事物或现象在未来一定时期内的可能变化情况。其建立在对事物历史与现状调查的基础上，以及对主要因素分析的基础上。

预测的实质是充分分析、理解待测系统及其有关主要因素的演变，找出系统发展变化的固有规律，根据过去、现在估计未来，根据已知预测未知，从而推断该系统的未来发展状况。

可以以不同时间序列的社会保障水平为因变量，以人均GDP、失业率、储蓄、投资、消费等因子为自变量，建立社会保障水平与相关经济因素的动态预测模型，衡量各个经济变量与社会保障水平之间的动态变化关系，并预测社会保障水平的未来发展趋势，为社会的可持续、协调发展提供参考依据。

3.1.3 预测方法的分类

由于预测的对象、时间、范围、性质等的不同，预测的技术繁杂多样，预测的方法可以形成多种不同的分类。但预测的核心技术都是由若干工具所构成，且基本原理也无太大差异，因此我们只需关注预测的核心原理。根据预测方法本身的性质特点将预测方法分为三类。

1．定性预测方法

根据人们对系统过去和现在的经验、判断和直觉进行预测，其中以人的逻辑判断为主，仅要求提供系统发展的方向、状态、形势等定性结果。

该方法适用于缺乏历史统计数据的系统对象，利用市场调查、专家打分、主观评价等作出预测。

对长期护理服务专业人员的需求进行预测，在有人员流动的状况下，如晋升、培训、退休或调出等，可以采用与人力资源相结合的方法制定规划。

2．时间序列分析

根据系统对象随时间变化的历史资料，考虑系统变量随时间的变化规律，对系统未来的表现按照时间顺序进行定量预测。主要包括移动平均法、指数平滑法、趋势外推法等。

该方法适用于利用简单统计数据来预测研究对象随时间变化的趋势，例如企业的总产值、商品的销售额、城市的用电量、地区的降雨量等。

时间序列分析常用在国民经济宏观控制、区域综合发展规划、企业经营管理、市场潜量预测、气象预报、水文预报、地震前兆预报、农作物病虫灾害预报、环境污染控制、生态平衡、天文学和海洋学等方面。时间序列分析也常常用于社会保障的各个方面，如对老年长期护理需求规模的预测、对养老服务需求量的预测、对社区医疗卫生服务量的预测等。

3．因果关系预测

系统变量之间存在某种因果关系，找出影响某种结果的几个因素，建立因与果之间的数学模型，根据因素变量的变化预测结果变量的变化，既预测系统发展的方向又确定具体的数值变化规律。一般因果关系模型中因变量与自变量在时间上既可以是同步的，也可以是滞后的。

因果关系预测主要包括线性回归分析、概率统计方法、计量经济学方法、系统动力学仿真、神经网络技术等。

3.1.4 预测的要素

单有科学的预测方法，不一定能够作出高质量的预测结果，除了需要预测人员熟练掌握预测技术、具备应有的综合知识和专业技能以外，还必须有足够丰富、准确的信息作为基础。正确运用预测方法，需具有以下几个方面的要素。

（1）预测对象所处学科领域的理论。

（2）预测方法的理论。

（3）预测对象的历史和现状资料与数据。

（4）采用的计算方法或分析判断方法。

（5）预测方法和预测结果的评价与检验。

尽管预测方法为人们认识未来、了解未来提供了重要的途径，也为人们提供了必要的信息，但是，预测并不是万能的，而是有局限性的。因此，需特别注意以下几点。

（1）预测的结果是在所采用的预测模型假设的前提条件下得出的，只有在这些隐含条件得到满足时，预测的结果才是正确的。另外，不能完全依赖数学计算和计算机运算的结果，它们只是人们使用的工具，必定会包含人类认识问题的局限性。

（2）预测的过程不能脱离概率的思维，需同时考虑必然性和偶然性，未来系统状态出现的可能性，不等于"一定出现"。同时，也不能断言某种系统状态"唯一出现"，应考虑多种可能出现的状态。

3.1.5 系统预测的步骤

预测一般可以分为三个阶段。

1. 确定目标阶段

确定预测的目标和任务，分析预测的对象范围和相关因素，提出基本假设，选择预测的研究方法。

2. 收集资料阶段

对研究对象进行背景调查和环境调查，收集相关资料，并对资料进行分析、处理、提炼和概括，进行数据可信度分析，用模型刻画出预测对象的基本演变规律。

3. 演绎推论阶段

利用得到的基本演变规律，根据对未来条件的了解和分析，计算或推测研究对象在未来时期的可能状况。此过程中，需要综合考虑各种确定因素和不确定因素的影响，采用多种方法处理和修正，进行必要的检验和评价。

预测工作的基本步骤如图 3.1.1 所示。

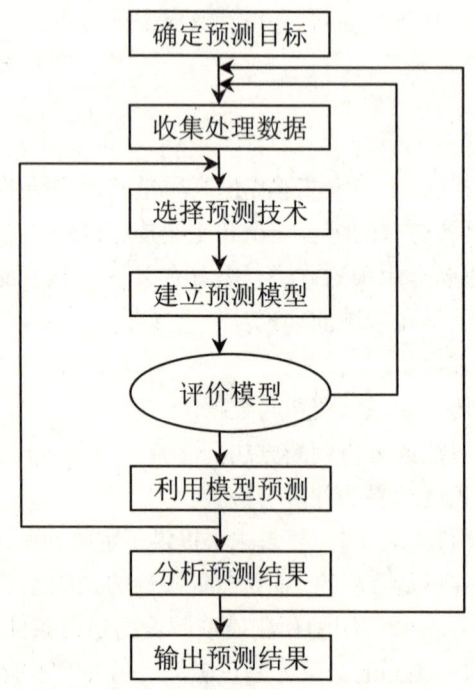

图 3.1.1　预测工作的基本步骤

3.2 逐步回归分析

回归分析是应用最为广泛的定量分析方法之一，既可以用来评价，也可以用来预测。回归分析是一种对变量之间非确定性关系的统计分析方法，它根据现象之间的因果关系和函数关系建立模型，从一种现象的变动估计另一种现象变动的方向和程度，其基本分析过程主要有 4 个步骤。

（1）调查分析，确定相关因素，收集统计资料；
（2）建立回归模型，求解回归方程；
（3）对回归方程进行统计检验，验证方程的合理性；
（4）利用回归方程进行预测，并作出预测精度估计。

3.2.1 多元线性回归的概念

1．回归的概念

把系统中一些因素作为自变量，随自变量变化而变化的变量作为因变量，研究它们之间的非确定性因果关系，以便预测因变量的未来发展趋势。

具体是根据若干观测数据寻找描述因素变量之间的函数或统计相关关系的最佳数学表达式，或者匹配数据之间相关关系的最佳拟合曲线，来表达随机性变量间的规律。

2．回归的方法

进行多元线性回归分析时，如果回归方程中包含自变量过多，则会增大计算和测定的工作量。对因变量作用很小的自变量存在会降低预报精度，影响回归方程的稳定性，因此要挑选对因变量影响显著的因素作为自变量，以形成最优回归方程。

（1）全面比较法

将全部有关因素作为自变量，按照它们的各种可能组合计算相应的回归方程，然后挑选出残差标准差最小、自变量均显著的最优回归方程。

（2）向后剔除法

首先建立一个包括所有自变量的多元线性回归方程，然后进行方差分析和各变量偏回归平方和的显著性检验，剔除偏回归平方和最小的不显著自变量，反复进行，直到只包含显著自变量为止。

（3）向前引入法

首先根据简单相关关系，引入与因变量相关程度最大的一个自变量建立回归方程，进行偏回归平方和检验显著性，如显著则保留，在剩余变量中继续进行，直到没有显著变量为止。

（4）逐步回归法

按自变量对因变量的作用程度从大到小逐个引入回归方程，在每引入一个变量的同时检验方程中各个自变量的显著性，合格保留、不显著剔除，反复进行直到再没有显著的变量可以引入为止。

3. 适用的对象

这种方法适用于有大量观测统计数据又无确定关系形式的黑色系统。应用该种方法需要具备统计学的相关分析、方差分析及其统计检验等基础知识。计算机安装有社会科学统计软件包（SPSS 或 SAS 软件）。

3.2.2 线性回归的基本原理

1. 回归模型的形式

当因变量 y 与其多种影响因素（x_1，$x_2 \cdots x_n$）间基本存在线性关系时，可进行多元线性回归分析。

（1）理论回归方程

$$y = B_0 + B_1 x_1 + B_2 x_2 + \cdots + B_n x_n + \varepsilon \tag{3.2.1}$$

其中 ε 为随机影响因素，$\varepsilon \sim N(0, \sigma^2)$。$y$ 与 $x_1 \cdots x_n$ 有 m 组样本数据值。

（2）经验回归方程

$$\hat{y} = b_0 + b_1 x_1 + b_2 x_2 + \cdots + b_n x_n \tag{3.2.2}$$

其中 b_j 为偏回归系数，表示假设其他自变量不变情况下，某一自变量变化引起因变量变化的比率，通过解方程求得。

解方程常用最小二乘法：使该曲线与各点的纵向垂直距离最小，即观测值 y 与回归计算值 $\hat{y}$ 间的误差平方和 $\sum_{i=1}^{m}(y - \hat{y})^2$ 最小。

（3）系数矩阵形式

$$b = (X^T X)^{-1} X^T Y \tag{3.2.3}$$

式中，$b = [b_0, b_1 \cdots b_n]^T$ 是回归系数向量；$Y = [y_1, y_2 \cdots y_m]^T$ 是因变量 y 的 m 次观测值向量；矩阵 X 是 n 个自变量的 m 次观测值并增加列向量 1 所组成。

2. 模型的假设理论

独立性：给定 x_j 条件下，ε_i 的条件期望值 $E(\varepsilon_i) = 0$，即零均值假设；

等方差：对于所有 ε_i，ε_i 的条件方差同为常数 σ^2，即 $Var(\varepsilon_i / x_j) = \sigma^2$；

正态性：随机误差项 ε_i 服从均值 $\mu = 0$、方差为 σ^2 的正态分布；

不相关性：ε_i 与 x_j 对 y 的影响相互独立；

无自相关：ε_i 的逐次观察值互不相关。

构建回归模型过程中运用多种检验手段，均是为了使模型满足假设理论。

3．方程的检验方法

（1）变量相关性检验

复相关系数 $R = (Q_1/S_{yy})^{1/2} = (1 - Q_2/S_{yy})^{1/2}$。

①复相关系数反映因变量与所有自变量间整体线性关系的密切程度，即曲线的拟合优度。相关系数只能反映变量间密切关系，不能反映变量间因果关系，即拟合效果与预测效果不相同。

其中 $S_{yy} = \sum_{i=1}^{m}(y_i - \bar{y})$ 为 y 的总离差平方和，反映观测值与平均值的离散程度，S_{yy} 越大则表示 y 波动越大，且 $S_{yy} = Q_1 + Q_2$；

$Q_1 = \sum_{i=1}^{m}(\hat{y}_i - \bar{y})^2$ 为 y 的回归平方和，反映估计值与平均值的离散程度，即自变量 x 的重要程度。Q_1 越大表示由 Δx 引起 y 的波动越大，其与回归方程有关；

$Q_2 = \sum_{i=1}^{m}(y_i - \hat{y}_i)^2 = \sum_{i=1}^{m}\varepsilon_i^2$ 为 y 的残差(剩余)平方和，反映观测值与计算值偏差，Q_2 越大表示由其他因素影响引起 y 的随机波动越大，其与回归方程有关。

②实际应用时，必须清除自变量个数和样本数量多少的影响，对 R 进行修正：

$$\text{Adjusted R Square} = 1 - \frac{\sum_{i=1}^{m}(y_i - \hat{y}_i)^2/(m-n-1)}{\sum_{i=1}^{m}(y_i - \bar{y})^2/(m-1)}。 \quad (3.2.4)$$

其中 S_{yy} 的自由度 $f = m-1$，Q_1 的自由度 $f_1 = n$，Q_2 的自由度 $f_2 = m-1-n$；f 为统计量中含独立变量的个数（m 观测量数目，n 自变量数目）。

调整的判定系数 R^2 能解释因变量 y 的波动中由整体 x 引起的百分比率，其值在 0~1 之间，其值越大表明回归方程的拟合优度越好。

（2）回归方程显著性——F 检验

回归方程显著性主要通过方差分析进行。方差分析的作用是检验因变量 y 与自变量 x_1，$x_2 \cdots x_n$ 整体有无线性关系。

统计量 $F = \dfrac{Q_1/n}{Q_2/(m-n-1)}$ 为回归均方差与剩余均方差的比值，F 值越大，则线性方程越显著。

假设 $b_j=0$，当 $F \geq F_\alpha(n, m-n-1)$ 成立时否定假设，认为多元线性回归模型在显著性水平 α 下有显著意义，一般取 $\alpha=0.1$，0.05，0.01。

（3）回归系数显著性——t 检验

回归系数显著性的作用是检验每一个自变量 x_j 对因变量 y 的线性影响。

偏相关系数 $t_j = b_j/S_{bj}$，标准误 $S_{bj} = C_{jj}^{1/2} \cdot S$，$C_{jj}$ 是矩阵 $(X^TX)^{-1}$ 主对角线上相应的第 j 个元素。t_j 表示排除其他变量影响后，某自变量 x_j 与因变量 y 之间的相关程度和方向，其值越大，两变量间线性关系越显著。

假设 $b_j=0$，当 $|t_j| \geq t_{\alpha/2}(m-n-1)$ 成立时否定假设，说明 x_j 对 y 有显著性影响，其中 $\alpha = P\{|t_j| \geq t_{\alpha/2}(m-n-1)\}$。

（4）残差独立性检验

①DW 检验

假设理论中随机误差项 ε_i 之间的无自相关性不一定满足，即可能存在序列相关，则将会使 b_j 不是有效的估计量，因而必须对回归模型进行序列相关检验，以保证预测结果的有效性。

统计量 $DW = \sum_{i=1}^{m}(\varepsilon_i - \varepsilon_{i-1})^2 / \sum_{i=1}^{m} \varepsilon_i^2$。

$D=2$ 时（一般要求 1.5~2.5）残差与自变量互为独立，0<D<2 时相邻两点残差为正相关，2<D<4 时相邻两点残差为负相关。

若 ε_i 之间存在自相关性，则需通过数据变换消除。

②散点图

以预测值 $\hat{y}$ 为横轴，以观测值与预测值的误差 $y_i - \hat{y}$ 为纵轴，作散点图。若散点呈随机分布即残差分布为常数，则认为残差与因变量或自变量间相互独立；若散点呈现明显规律，则可能存在自相关、非线型、非常数方差等，需变换因变量或自变量的数据。

同时，若随机分布的散点大部分落在水平直线 -2 和 2 之间，则可以判断模型的拟合效果比较好。

（5）残差正态性检验

①残差直方图

残差直方图是以一组无间隔的直条图表现残差频数分布特征的统计图，其中每一条形的高度分别代表相应组别的频率。直方图可以展示正态分布曲线及其参数。图形显示越接近标准正态分布越好。

②积累概率图

积累概率图是一种用来判断一个变量分布与一个指定分布是否符合的概率分布图。这里代表残差分布的曲线与代表正态分布的斜线重合程度越高，则两种分布的一致性越好。

（6）自变量共线检验

①共线性是指某个自变量与其他自变量的总体线性相关性。多元线性回归方法中应用最小二乘法估计模型参数的一个必要条件是自变量之间为不完全线性相关，若不满足，则可能出现回归系数值不可靠、回归系数符号与事理意义不符、有用变量被剔除等情况。

②判断共线性使用统计量容许度和方差膨胀因子。

容许度 Tolerance=$1-R_j^2$，其中 R_j 为 x_j 与其他 x 间的复相关系数。容许度值越大，则自变量 x_j 与其他自变量 x 间的共线性越弱，一般要求 $R_j^2 < R^2$。并且使用时要求观测量近似正态分布。

方差膨胀因子 $VIF=1/(1-R_j^2)$ 为容许度的倒数，一般认为，方差膨胀因子小于10是合理的。

③消除共线性有几种常用的方法。

剔除不必要的自变量：从运用相关分析或聚类分析求得的一组高度相关的自变量中，剔除回归系数最小的、或 t 检验值最小的、或系数符号与经济意义不符的变量。

自变量进行数据转换：有数学函数转换、观测值累加、自变量合并等方法，以及增加观测样本值、重新抽取样本数据、寻找新的自变量等方法。

3.2.3 逐步回归过程与内容

逐步回归能够自动剔除作用不显著的变量，在回归方法中使用比较广泛。这里，我们结合上海市社区养老服务需求的预测分析，说明逐步回归模型建立的过程和需要分析的内容。

1. 确定研究对象，定性分析因素

社区养老服务适应人口老龄化和家庭结构变迁，有效整合了政府、社会、家庭的养老资源，满足了老年人个性化的需要。目前，大部分大中城市初步形成了以设施服务、定点服务和上门服务为主要形式，以生活照料、医疗保健、心理保健、文化娱乐、权益保护为主要内容的社区养老服务。但总体来看，社区养老服务水平还比较低，发展不平衡，即使在经济发达地区也难以满足老年人对社区养老服务的需求。

上海在中国的老龄化进程中具有特殊的地位，它是中国户籍人口年龄结构最早进入老年型的城市，也是全国户籍人口老龄化程度最高的地区，同时还是我国最早试点和推行社区养老服务的地区，但目前还较少有对上海市社区养老服务需求的预测研究。通过定性与定量分析社区养老服务需求的影响因素，预测未来上海市社区养老服务需求的变动趋势，进而为相关部门每年应当重点填补的社区养老服务缺口，为社区养老服务提供更多的资源上给予准确的依据。

养老服务需求的影响因素必然与人口、经济、社会等因素密切相关。而各个方面的因素是怎样影响的，影响的程度又如何呢，这里选取了我们认为对上海养老服务需求有明显影响的一些因素，采用从定性到定量、逐步深入的方法进行分析与研究。

（1）人口因素

离休、退休及退职人数增加。近年来，随着上海经济快速发展、科学技术日渐发达，人民物质生活条件和医疗卫生条件逐步改善，生活水平相应提高，人民身体素质、健康状况逐渐增强，人口平均寿命也随着逐步延长。所以，上海已进入人口老龄化社会，这无疑增加了离休、退休及退职的人数。这些人由于没有很高的经济收入来源，无疑给社会带来很大的压力，在家庭养老功能弱化的同时，机构养老的较高收费和较低服务质量也使许多老人不愿意选择机构养老，社区养老就成为解决养老问题的有效途径。

老年死亡人数减缓。老年死亡人数可以从侧面反映现有的老年人口基数，而这部分人是构成选择社区养老服务的主要群体。

（2）经济因素

社区养老服务补贴金额增加。即对社区养老服务的人力、物力、财力的补充，随着社区养老服务设施的完善，老年群体更愿意选择社区养老服务。

人均可支配收入状况。人均可支配收入主要是反映家庭的经济状况，是否有足够的经济实力负担起社区养老所需支付的费用。

（3）其他因素

养老机构的床位数。养老机构的床位分别由政府和社会两部分提供，机构床位数是否充足是影响老年人选择机构养老还是社区养老的关键，如果在经济条件允许的情况下，有些老年人更倾向于选择机构养老，若此时养老机构的床位数充足，则相应地减少了选择社区养老养老的人数，反之，亦然。

2. 设定输入变量，建立数据文件

启动软件后，用鼠标单击数据编辑窗口左下角的变量窗口 Variable View 标签。然后进行每行一个变量及属性的定义。

所有变量及属性定义结束后，单击数据窗口选项卡 Data View，转移到数据编辑窗口，开始输入数据，但数据格式必须与变量定义格式一致对应。

线性回归分析的数据要求所有变量的观测值均应满足 3.2.2 节的假设理论，因变量与自变量应该是数值型变量。变量数据的选取，可用同一对象不同时期或同一时期不同对象的数据，即时间序列数据或截面数据。并且为了便于比较，各个变量数据尽量统一单位，或者转化为无量纲的相对数据。

利用上海市统计年鉴的数据、上海市民政局网站和上海市老龄科学研究中心网站，采集因变量和自变量从 1985 年到 2010 年间历史数据。其中，社区养老服务人数和社区养老服务补贴金额的数据分为两部分，分别是 1985~1995 年和 1996~2010 年两个阶段。由于 1996 年前没有关于社区养老服务的统计数据，因而根据当时养老方式的划分，将家庭养老和机构养老之外的其他社会化养老方式视为社区养老服务的前身，当时选择其他社会化养老方式的老年群体即为第一阶段的样本数据；社区养老服务补贴金额同样分为这两个阶段，即将 1996 年前社会化养老方式的集体供给金额视为第一阶段的样本数据。并将 2009 和 2010 年两年的数据作为检验样本，最后对各个变量数据进行归一化处理。

3. 初建回归模型

设立回归模型　　$Y_t = B_0 + B_1 X_{1t-1} + B_2 X_{1t-2} + B_3 X_{1t-3} + \cdots + B_n X_{mt-4} + \varepsilon$。

其中，Y 为选择社区养老服务的老年人口数（人）；X_1 为离退休人数（人），X_2 为老年死亡人数（人），X_3 为社区养老服务补贴金额（万元），X_4 为人均可支配收入（万元），X_5 为全市养老机构的床位数（张）；B_0 为常数项，ε 为随机误差项，描述变量外的因素对模型的干扰；$t-1$、$t-2$、$t-3$、$t-4$ 等分别为滞后一期、滞后二期、滞后三期、滞后四期变量的下标。

按分析 Analyze—回归 Regression—线性 Linear 的顺序打开主对话框。从左侧的源变量框中选择一个变量作为研究对象进入因变量 Dependent 框，这里选择将选择社区养老的老年人口数作为唯一因变量；选择多个变量作为影响因素进入自变量 Independent 框，这里选择其余五个因素的滞后 4 期的共 20 个变量作为自变量。

还可利用 Previous 和 Next 设定不同自变量的多个模型；选择一个变量进入样本标签 Case Label 框，用其值作为观测量标签；选择一个变量进入参照变量 Selection Variable 框，用其值选择参与回归分析的观测量；选择一个变量进入权重变量 WLS Weight 框，利用加权平方法给观测量不同权重值。

在模型方法 Method 下拉框中选择逐步回归 Stepwise 作为分析方法。为了初步考查与选择社区养老的老年人口数量是否有线性关系的各个自变量，先不进行参数设定，而利用系统默认选项直接单击 OK 运行系统。系统执行后，主要输出的表格有：变量引入剔除表，表3.2.1；模型拟合过程表，表3.2.2；方差分析表，表3.2.3；回归系数表，表3.2.4等。

表3.2.1中，包括模型拟合的步骤编号Model、引入方程的自变量Variables Entered、从方程剔除的自变量Variables Removed、变量引入或剔除的判断依据Method。结果表明：经过逐步拟合，养老机构床位数的两个滞后周期的变量，老年死亡人数的一个滞后周期的变量，社区养老服务补贴金额的两个滞后周期的变量进入回归方程。

表3.2.1 引入/移去的变量表

模型	引入的变量	移去的变量	方法
1	X_{3t-1}	.	步进（准则：F-to-enter的概率 ≤ .050，F-to-remove的概率 ≥ .100）。
2	X_{5t-4}	.	步进（准则：F-to-enter的概率 ≤ .050，F-to-remove的概率 ≥ .100）。
3	X_{5t-2}	.	步进（准则：F-to-enter的概率 ≤ .050，F-to-remove的概率 ≥ .100）。
4	X_{3t-4}	.	步进（准则：F-to-enter的概率 ≤ .050，F-to-remove的概率 ≥ .100）。
5	X_{2t-2}	.	步进（准则：F-to-enter的概率 ≤ .050，F-to-remove的概率 ≥ .100）。

表3.2.2中，包括模型拟合的步骤编号Model、方程的复相关系数R、复相关系数的平方R Square（判定系数）、修正的复相关系数平方Adjusted R Square、估计标准误Std.Error of the Estimate。结果表明：进入回归方程的五个变量整体与因变量选择社区养老服务的老年人口数的线性相关程度达到99.9%。且$DW=2.044$，说明残差与自变量之间的独立性较高，不需要对因变量或自变量的数据进行变换。

表3.2.2 模型汇总表

模型	R	R方	调整R方	标准误	Durbin-Watson
1	.982	.964	.962	10007.227	
2	.995	.989	.988	5635.473	
3	.998	.996	.996	3392.943	
4	.999	.998	.997	2711.147	
5	.999	.999	.999	1923.319	2.044

表 3.2.3 中，包括模型拟合的步骤编号 Model、平方和 Sum of Square（回归 Regression、残差 Residual、总的 Total）、自由度 df、均值平方 Mean Square、方程显著性 F 值、大于 F 值的概率 Sig.。结果表明：随着变量逐步引入，F 统计量随之增大，选择社区养老服务老年人口数的线性方程拒绝养老机构床位数、老年死亡人数、社区养老服务补贴金额的概率小于 0.001，回归方程显著性很好。

表 3.2.3 方差分析表

模型		平方和	df	均方	F	Sig.
1	回归	4.782E10	1	4.782E10	477.522	.000[a]
	残差	1.803E9	18	1.001E8		
	总计	4.962E10	19			
2	回归	4.908E10	2	2.454E10	772.768	.000[b]
	残差	5.399E8	17	3.176E7		
	总计	4.962E10	19			
3	回归	4.944E10	3	1.648E10	1431.533	.000[c]
	残差	1.842E8	16	1.151E7		
	总计	4.962E10	19			
4	回归	4.951E10	4	1.238E10	1684.064	.000[d]
	残差	1.103E8	15	7350316.706		
	总计	4.962E10	19			
5	回归	4.957E10	5	9.914E9	2680.183	.000[e]
	残差	5.179E7	14	3699156.862		
	总计	4.962E10	19			

表 3.2.4 中，包括模型拟合的步骤编号 Model、非标准化回归系数 Unstandardized Coefficients、标准化回归系数、假设偏回归系数为 0 的检验值 t、t 检验的显著性水平值 Sig.。结果表明：进入回归方程的五个自变量与因变量之间的线性关系被拒绝的概率均小于 0.001。其中，社区养老服务补贴金额的两个滞后周期变量均对选择社区养老服务老年人口数正向影响，老年死亡人数对选择社区养老服务老年人口数反向影响，养老机构床位数的两个滞后周期变量对选择社区养老服务老年人数分别呈正向和反向影响。标准化系数比较，社区养老服务补贴金额滞后四年的影响最大，老年死亡人数滞后两年的影响最小。

表 3.2.4 回归系数表

模型		非标准化系数		标准化系数	t	Sig.
		B	标准误			
1	（常量）	4566.836	2467.956		1.850	.081
	X_{3t-1}	14.774	.676	.982	21.852	.000
2	（常量）	-6125.393	2192.472		-2.794	.012
	X_{3t-1}	11.009	.708	.732	15.548	.000
	X_{5t-4}	1.197	.190	.297	6.306	.000
3	（常量）	-4690.909	1345.009		-3.488	.003
	X_{3t-1}	11.426	.433	.759	26.397	.000
	X_{5t-4}	2.853	.319	.707	8.941	.000
	X_{5t-2}	-1.311	.236	-.442	-5.559	.000
4	（常量）	-5679.998	1119.067		-5.076	.000
	X_{3t-1}	7.686	1.229	.511	6.254	.000
	X_{5t-4}	3.175	.274	.787	11.570	.000
	X_{5t-2}	-1.530	.201	-.516	-7.623	.000
	X_{3t-4}	29.055	9.161	.247	3.172	.006
5	（常量）	27254.578	8322.135		3.275	.006
	X_{3t-1}	7.648	.872	.508	8.772	.000
	X_{5t-4}	3.328	.198	.825	16.771	.000
	X_{5t-2}	-1.499	.143	-.505	-10.505	.000
	X_{3t-4}	26.827	6.523	.228	4.113	.001
	X_{2t-2}	-.376	.095	-.048	-3.976	.001

这时，5 个因素 20 个变量中有 5 个变量进入回归模型，分别是 X_{3t-1}、X_{5t-4}、X_{5t-2}、X_{3t-4}、X_{2t-2}。若将非标准化回归系数带入前设方程，得到

$Y=27254.578-0.376X_{2t-2}+7.648X_{3t-1}+26.827X_{3t-4}-1.499X_{5t-2}+3.328X_{5t-4}$。

从多项检验参数看，此回归方程的拟合优度已是相当好。以养老机构床位数、老年死亡人数、社区养老服务补贴金额三个因素的五个变量为自变量，以选择社区养老服务老年人数为因变量建立多元线性方程，应该是可行的。

4. 深入分析因素，转换部分数据

若考虑社区养老服务需求可能不只是受这三个因素的影响，可能存在诸如因素选取、数据整合等方面的问题。加之有些因素之间，由于数据选取不同，函数关系

也不同，或者不直接是线性函数关系而是非线性关系，但经过数据转换可以变成线性函数关系，因而可以研究因素变量之间的非线性函数关系，进一步进行数据转换。见 3.3 节曲线回归分析。

5．重建回归模型，反复试验分析

（1）选择统计和检验参数

按分析 Analyze—回归 Regression—线性 Linear 的顺序打开主对话框后，仍然选择逐步回归 Stepwise 作为分析方法。为了在建立模型的同时检验它的合理性，检验是否符合假设理论，除了进行变量相关性、回归方程显著性、回归系数显著性检验以外，还要进行残差独立性、残差正态性、自变量共线性等方面的检验，这就要进行参数设置。

选择检验参数：在主对话框内，单击统计 Statistics 按钮，打开对话框，选择完毕单击继续 Continue，返回到主对话框。

选择检验图形：在主对话框内，单击绘图 Plots 按钮，打开对话框，选择完毕单击继续 Continue，返回到主对话框。

①Statistics 常用的选择项目有：

回归系数 Regression Coefficients 选项栏中的估计 Estimates 选项是系统默认选项，其输出包括回归系数、标准化回归系数、回归系数检验的 t 值、t 值检验的显著性水平 Sig 等统计量及其检验值。

模型拟合效果选项栏中的模型拟合 Model fit 选项是系统默认选项，其输出包括模型引入和剔除变量、复相关系数、复相关系数及其修正值、回归方程检验的 F 值、F 值检验的显著性水平 Sig 等统计量及其检验值。描述统计 Descriptived 选项的输出包括合法观测量数目、变量的平均数、标准差、相关系数矩阵及其检验的显著性水平矩阵等统计量及其检验值。共线性诊断选项 Collinearity diagnostics 的输出包括容许度和方差膨胀因子等统计量。

残差分析 Residuals 选项栏中的 Durbin-Watson 选项输出的统计量检验残差独立性。一般 D=2 时，残差与自变量互为独立。

②Plots 常用的选择项目有：

选择标准化预测值 ZPRED 进入 X 轴变量框，选择标准化残差值 ZRESID 进入 Y 轴变量框，输出残差散点图用于检验残差独立性。若随机分布的散点大部分落在水平直线—2 和 2 之间，则可以判断残差与因变量之间相互独立。

标准化残差图 Standardized Residual Plots 选项栏用于检验残差正态性。直方图 Histogram 选项输出带有正态曲线的标准化残差的直方图，正态概率图 Normal Probability Plot 选项输出残差的正态概率 P—P 图。若残差分布呈现正偏态，一般需对因变量进行对数转换；若残差分布呈现负偏态，一般需对因变量进行平方根转换。

③有时可根据需要单击保存 Savea 按钮，选择保存到数据窗口的新变量值，其中包括预测值、预测区间、残差值等栏框。单击设置 Options 按钮，选择模型拟合的判断依据，其中包括变量引入剔除、默认值处理等设置。

在探索社区养老服务人数与离退休人数、人均可支配收入等因素的非线性关系时，选择线性、对数、二次、三次、指数等函数关系进行拟合比较。结果显示，因变量与大部分变量呈指数关系，可以考虑对社区养老服务人数进行对数变换，再将转换后的社区养老服务人数对数作为因变量，其余变量作为自变量建立模型。输出如表 3.2.5~表 3.2.8。

表 3.2.5　引入/移去的变量表

模型	引入的变量	移去的变量	方法
1	X_{5t-4}	.	步进（准则：F-to-enter 的概率 $\leqslant$ .050，F-to-remove 的概率 $\geqslant$ .100）。
2	X_{2t-4}	.	步进（准则：F-to-enter 的概率 $\leqslant$ .050，F-to-remove 的概率 $\geqslant$ .100）。
3	X_{2t-1}	.	步进（准则：F-to-enter 的概率 $\leqslant$ .050，F-to-remove 的概率 $\geqslant$ .100）。
4	X_{1t-4}	.	步进（准则：F-to-enter 的概率 $\leqslant$ .050，F-to-remove 的概率 $\geqslant$ .100）。
5	X_{1t-3}	.	步进（准则：F-to-enter 的概率 $\leqslant$ .050，F-to-remove 的概率 $\geqslant$ .100）。

表 3.2.6　模型汇总表

模型	R	R 方	调整 R 方	标准误	Durbin-Watson
1	.982	.965	.963	.15189	
2	.998	.996	.996	.05299	
3	.999	.998	.997	.04306	
4	.999	.998	.998	.03708	
5	.999	.999	.999	.03060	2.769

表 3.2.7 方差分析表

模型		平方和	df	均方	F	Sig.
1	回归	11.519	1	11.519	499.258	.000[a]
	残差	.415	18	.023		
	总计	11.934	19			
2	回归	11.886	2	5.943	2116.514	.000[b]
	残差	.048	17	.003		
	总计	11.934	19			
3	回归	11.904	3	3.968	2139.956	.000[c]
	残差	.030	16	.002		
	总计	11.934	19			
4	回归	11.913	4	2.978	2166.600	.000[d]
	残差	.021	15	.001		
	总计	11.934	19			
5	回归	11.921	5	2.384	2546.616	.000[e]
	残差	.013	14	.001		
	总计	11.934	19			

表 3.2.8 回归系数表

模型		非标准化系数		标准化系数	t	Sig.
		B	标准误			
1	(常量)	2.887	.051		56.732	.000
	X_{5t-4}	6.148E-5	.000	.982	22.344	.000
2	(常量)	1.104	.157		7.034	.000
	X_{5t-4}	5.293E-5	.000	.846	43.505	.000
	X_{2t-4}	2.099E-5	.000	.222	11.441	.000
3	(常量)	.604	.205		2.949	.009
	X_{5t-4}	5.180E-5	.000	.828	49.194	.000
	X_{2t-4}	1.571E-5	.000	.167	6.975	.000
	X_{2t-1}	1.052E-5	.000	.079	3.121	.007
4	(常量)	.411	.192		2.147	.049
	X_{5t-4}	4.560E-5	.000	.729	17.672	.000
	X_{2t-4}	1.092E-5	.000	.116	4.058	.001
	X_{2t-1}	1.351E-5	.000	.101	4.320	.001
	X_{1t-4}	2.272E-7	.000	.122	2.566	.022

(续表)

模型		非标准化系数		标准化系数	t	Sig.
		B	标准误			
5	（常量）	.368	.159		2.316	.036
	X_{5t-4}	4.690E-5	.000	.749	21.532	.000
	X_{2t-4}	1.223E-5	.000	.130	5.392	.000
	X_{2t-1}	1.333E-5	.000	.100	5.165	.000
	X_{1t-4}	5.544E-7	.000	.298	4.056	.001
	X_{1t-3}	-3.534E-7	.000	-.207	-2.833	.013

由此可知，转换变量后的回归模型，引入因素 X_1 离退休人数，剔除 X_3 社区养老服务补贴金额。而由前面因素分析可知，社区养老服务补贴金额对因变量的影响更为重要，对因变量进行对数转换后，却将其剔除并且 DW 的值大于 2.5，则可推断转换后的逐步回归模型的拟合优度相对稍差，因而保留初始模型。

对于初始回归模型，社区养老服务人数的标准化残差直方图表明，标准化残差的正态曲线均值近似为 0，标准差为 0.858，接近标准正态曲线，见图 3.2.1，基本满足随机误差项正态分布的假设理论；正态概率图表明，代表样本残差的数据点基本处在表示指定正态分布的直线上，见图 3.2.2，基本符合残差正态分布的假设理论；残差散点图表明，残差散点分布随机均匀，且大部分落在水平直线-2 和 2 之间，见图 3.2.3，可以判断残差和因变量之间的相互独立性较高，基本满足残差独立的假设理论，模型的拟合效果比较好。

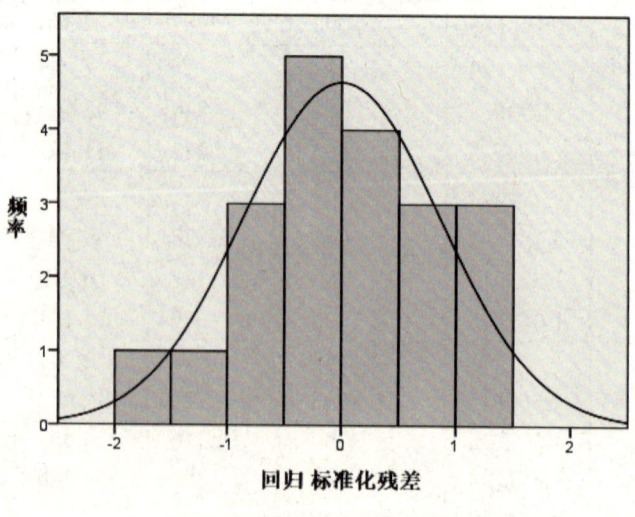

图 3.2.1　直方图

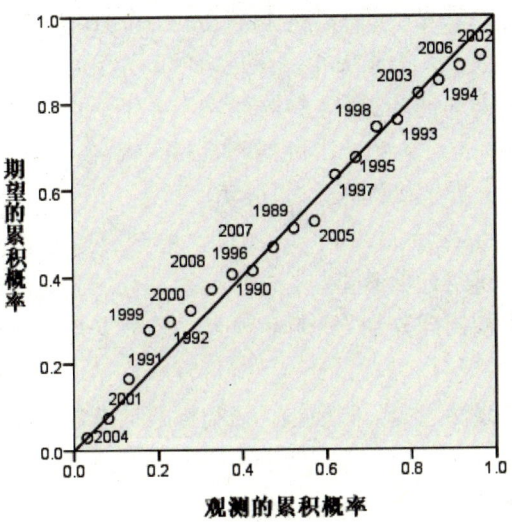

图 3.2.2　正态概率图

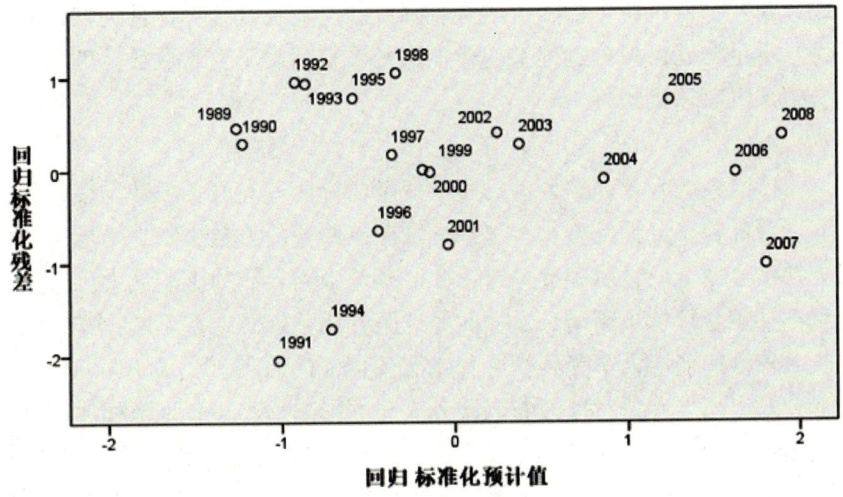

图 3.2.3　散点图

（2）样本检验

选取 2009 年、2010 年两年数据作为检验样本，代入初始模型，得到 2009 年选择社区养老服务的老年人数约为 227294 人，绝对误差为 8294 人，相对误差为 3.79%；得到 2010 年选择社区养老服务的老年人数为 260217 人，绝对误差为 8217 人，相对误差为 3.26%，表明初始多元回归模型的精度较高，可以用来预测。

6. 模型确定与评价

经逐步回归拟合与重建回归模型分析，最终老年死亡人数、社区养老服务补贴金额、养老机构床位数三个因素五个变量进入回归模型。

社区养老服务人数（t）=27254.578-0.376×老年死亡人数（t-2）+7.648×社区养老服务补贴金额（t-1）+26.827×社区养老服务补贴金额（t-4）-1.449×养老机构床位数（t-2）+3.328×养老机构床位数（t-4）。

由此，最终模型中保留的各个变量对社区养老服务人数产生影响的并非同时期，各个因素的影响周期有所不同。X_2 老年死亡人数的影响周期为 2 年，X_3 社区养老服务补贴金额的影响周期分别为 1 年和 4 年，X_5 养老机构床位数的影响周期分别是 2 年和 4 年。

因而，运用多元线性逐步回归模型，研究影响社区养老服务需求的因素，将自变量 X 转换成因变量 Y 前 4 个时期的数据序列，能够评价模型中各个因素对研究对象的影响方向和影响程度的大小，可以预测因变量 Y 在今后 k 个时期的变化趋势。

其中，将影响社区养老服务需求的五个因素分别取 t-1、t-2、t-3、t-4 时期的数据序列，利用 5×4 个自变量建立模型，经逐步回归，最终模型中保留的各个变量未必是同时期的数据序列，从而达到利用不同时期的数据测算研究对象未来变化趋势的目的。而且，通过特定程序对所有观测数据进行统计运算，具有较强的客观性和公正性。不足之处，拟合过程中的样本数量没有远大于变量数目，可能造成模型最终拟合效果没有达到最优。

根据模型：

第一，社区养老服务补贴金额的两个变量与社区养老服务人数均呈正相关，随着社区养老服务补贴金额的增长，选择社区养老服务的人数也随之增加，并且社区养老服务补贴金额 t-4 时期变量对选择社区养老服务人数的影响最大，这是随着社区养老服务补贴金额的不断增长，社区养老服务相关资源也在不断扩充，同时可以使更多收入较低的老年人享受到社区养老服务带来的便利。

第二，老年死亡人数对社区养老服务人数的影响最小，且呈负相关关系，随着老年死亡人数增加，社区养老服务人数反而减少。即随着老年人口减少可以相对缓解社会养老压力，相应的选择社区养老服务的老年人数自然会减少，但由于人口老龄化的加剧，新增老年人会不断补充进入选择社区养老服务的老年人口中，因而作用相对较弱。

第三，养老机构床位数 t-2 时期变量与社区养老服务人数呈负相关，养老机构床位数 t-4 时期变量与社区养老服务人数呈正相关，分析原因，可能是养老机构床位数的多寡造成的，在经济条件允许的情况下，有些老年人倾向于选择机构养老，若此时养老机构的床位数充足，则相应减少选择社区养老养老的人数，反之亦然。

3.2.4 逐步回归模型小结

多元线性回归模型既有评价功能、也有预测功能。若自变量 x 与因变量 y 是同一时期的数据序列，则可以评价模型中各个因素对研究对象的影响方向和影响程度大小；若自变量 x 是因变量 y 前 k 个时期的数据序列，则除了可以评价各个因素对研究对象的影响外，还可以预测因变量 y 在今后 k 个时期的发展变化趋势。

在利用模型预测或评价前，还要检验模型的适用性，因此，需将样本总体分为试验样本和检验样本两部分。首先用试验样本建立模型，然后将检验样本的自变量数据代入模型计算求得预测值，再与对应的实际观测值比较，检验两者的相对误差是否在设定的合理范围内，否则需要重新建立模型。

3.3 曲线回归分析

3.3.1 曲线估计

变量之间有数量关系，但常常无线性关系，因此要研究两个变量之间的简单非线性函数关系，其目的是将它们通过确定的函数转化为线性关系。

按分析 Analyze—回归 Regression—曲线估计 Curve Estimation 的顺序打开对话框。从源变量框中选择一个或多个变量进入因变量 Dependent(s)框，选择一个变量进入自变量 Independent 框，并单选变量项 Variable。

在模型栏 Model 中选择多个常用函数关系进行拟合比较，如线性 Linear、对数 Logarithmic、反比 Inverse、二次 Quadratic、三次 Cubic、指数 Exponential 函数等。也可以在样本标签 Case Label 框中指定标识变量，选定模型图 Plot models 产生拟合曲线图。但因这里仅探索两个变量之间的符合什么函数关系，而非建立确定的非线性模型，所以不选方程包括常数项 Include constant in equation，也不必显示方差分析项目 Display ANOVA table。

在分别探索选择社区养老的老年人数量与离退休人数、人均可支配收入等变量的非线性关系时，选择上述各种选项，结果显示如表 3.3.1~表 3.3.12。

表 3.3.1 模型汇总和参数估计值

因变量：选择社区养老的人口数量 Y									
方程	模型汇总					参数估计值			
	R 方	F	$df1$	$df2$	Sig.	常数	$b1$	$b2$	$b3$
对数	0.557	21.418	1	17	0	-2360841.39	164107.091		
倒数	0.478	15.584	1	17	0.001	183679	-3.18E+11		

（续表）

方程	模型汇总					参数估计值			
	R方	F	df1	df2	Sig.	常数	b1	b2	b3
二次	0.975	316.558	2	16	0	508364.785	-0.534	1.37E-07	
三次	0.985	530.532	2	16	0	123557.225	0	-1.03E-07	3.48E-14
复合	0.939	261.748	1	17	0	4.066	1		
幂	0.905	162.565	1	17	0	1.80E-42	7.2		
S	0.862	106.05	1	17	0	15.877	-1.47E+07		
增长	0.939	261.748	1	17	0	1.403	3.38E-06		
指数	0.939	261.748	1	17	0	4.066	3.38E-06		

自变量：离退休人数 X_{1t-1}。

表 3.3.2　模型汇总和参数估计值

因变量：选择社区养老的人口数量 Y										
方程	模型汇总					参数估计值			
	R方	F	df1	df2	Sig.	常数	b1	b2	b3
对数	0.278	6.55	1	17	0.02	-5572911.71	488763.866		
倒数	0.266	6.165	1	17	0.024	498456.173	-4.45E+10		
二次	0.421	5.815	2	16	0.013	5029422.827	-112.634	0.001	
三次	0.424	5.883	2	16	0.012	1547975.823	0	0	4.34E-09
复合	0.572	22.724	1	17	0	1.32E-07	1		
幂	0.566	22.139	1	17	0	2.18E-116	23.998		
S	0.558	21.486	1	17	0	32.139	-2220016.25		
增长	0.572	22.724	1	17	0	-15.841	0		
指数	0.572	22.724	1	17	0	1.32E-07	0		

自变量：老年死亡人数 X_{2t-1}。

表 3.3.3　模型汇总和参数估计值

因变量：选择社区养老的人口数量 Y										
方程	模型汇总					参数估计值			
	R方	F	df1	df2	Sig.	常数	b1	b2	b3
对数	0.362	9.658	1	17	0.006	12886.22	61617.733		
倒数	0.236	5.239	1	17	0.035	74034.971	-51454.246		

（续表）

方程	模型汇总					参数估计值			
	R方	F	$df1$	$df2$	Sig.	常数	$b1$	$b2$	$b3$
二次	0.784	29.009	2	16	0	65773.554	-141249.542	67442.209	
三次	0.81	21.26	3	15	0	-28208.265	99001.15	-104981.965	36759.045
复合	0.696	38.904	1	17	0	209.297	10.324		
幂	0.652	31.794	1	17	0	2936.143	2.845		
S	0.568	22.319	1	17	0	11.138	-2.75		
增长	0.696	38.904	1	17	0	5.344	2.334		
指数	0.696	38.904	1	17	0	209.297	2.334		

自变量：人均可支配收入 X_{4t-1}。

表 3.3.4 模型汇总和参数估计值

因变量：选择社区养老的人口数量 Y									
方程	模型汇总					参数估计值			
	R方	F	$df1$	$df2$	Sig.	常数	$b1$	$b2$	$b3$
对数	0.568	20.995	1	16	0	-2566669.928	178612.969		
倒数	0.496	15.749	1	16	0.001	200555.318	-3.43E+11		
二次	0.956	164.1	2	15	0	579717.943	-0.62	1.63E-07	
三次	0.96	181.992	2	15	0	138121.569	0	-1.19E-07	4.17E-14
复合	0.921	186.805	1	16	0	3.928	1		
幂	0.891	130.365	1	16	0	1.77E-43	7.379		
S	0.852	92.328	1	16	0	16.205	-1.48E+07		
增长	0.921	186.805	1	16	0	1.368	3.54E-06		
指数	0.921	186.805	1	16	0	3.928	3.54E-06		

自变量：离退休人数 X_{1t-2}。

表 3.3.5 模型汇总和参数估计值

因变量：选择社区养老的人口数量 Y									
方程	模型汇总					参数估计值			
	R方	F	$df1$	$df2$	Sig.	常数	$b1$	$b2$	$b3$
对数	0.22	4.52	1	16	0.049	-5181001.393	454867.402		
倒数	0.214	4.352	1	16	0.053	470712.946	-4.16E+10		

(续表)

方程	模型汇总					参数估计值			
	R方	F	$df1$	$df2$	Sig.	常数	$b1$	$b2$	$b3$
二次	0.27	2.776	2	15	0.094	2948750.178	-67.879	0	
三次	0.27	2.772	2	15	0.095	1811150.751	-31.34	0	1.39E-09
复合	0.493	15.56	1	16	0.001	8.45E-07	1		
幂	0.491	15.43	1	16	0.001	2.63E-108	22.393		
S	0.488	15.243	1	16	0.001	30.783	-2070905.532		
增长	0.493	15.56	1	16	0.001	-13.985	0		
指数	0.493	15.56	1	16	0.001	8.45E-07	0		

自变量：老年死亡人数 X_{2t-2}。

表 3.3.6 模型汇总和参数估计值

因变量：选择社区养老的人口数量 Y									
方程	模型汇总					参数估计值			
	R方	F	$df1$	$df2$	Sig.	常数	$b1$	$b2$	$b3$
对数	0.856	94.787	1	16	0	-106396.783	26855.445		
倒数	0.381	9.837	1	16	0.006	67579.114	-2536776.853		
二次	0.967	218.063	2	15	0	1669.225	46.893	-0.003	
三次	0.99	465.079	3	14	0	-2572.96	75.744	-0.014	8.34E-07
复合	0.542	18.923	1	16	0	3949.492	1.001		
幂	0.97	512.56	1	16	0	57.205	0.943		
S	0.802	64.636	1	16	0	10.629	-121.376		
增长	0.542	18.923	1	16	0	8.281	0.001		
指数	0.542	18.923	1	16	0	3949.492	0.001		

自变量：卫生事业费增长率 X_{3t-2}。

表 3.3.7 模型汇总和参数估计值

因变量：选择社区养老的人口数量 Y									
方程	模型汇总					参数估计值			
	R方	F	$df1$	$df2$	Sig.	常数	$b1$	$b2$	$b3$
对数	0.311	7.23	1	16	0.016	17210.401	60312.851		
倒数	0.224	4.623	1	16	0.047	76977.068	-51381.502		

（续表）

方程	模型汇总					参数估计值			
	R方	F	$df1$	$df2$	Sig.	常数	$b1$	$b2$	$b3$
二次	0.558	9.473	2	15	0.002	59646.842	-134899.935	70478.193	
三次	0.596	6.892	3	14	0.004	-89148.585	271298.184	-247563.853	74945.604
复合	0.573	21.474	1	16	0	305.736	9.661		
幂	0.567	20.985	1	16	0	3877.434	2.685		
S	0.524	17.628	1	16	0.001	11.2	-2.591		
增长	0.573	21.474	1	16	0	5.723	2.268		
指数	0.573	21.474	1	16	0	305.736	2.268		

自变量：人均可支配收入 X_{4t-2}。

表 3.3.8　模型汇总和参数估计值

因变量：选择社区养老的人口数量 Y									
方程	模型汇总					参数估计值			
	R方	F	$df1$	$df2$	Sig.	常数	$b1$	$b2$	$b3$
对数	0.551	19.608	1	16	0	-396648.405	43829.946		
倒数	0.305	7.014	1	16	0.018	66941.341	-4.40E+08		
二次	0.966	214.307	2	15	0	8195.405	-1.388	5.69E-05	
三次	0.972	160.156	3	14	0	21289.268	-3.571	0	-7.05E-10
复合	0.952	314.673	1	16	0	893.376	1		
幂	0.91	161.782	1	16	0	9.58E-05	1.858		
S	0.715	40.076	1	16	0	10.696	-22217.113		
增长	0.952	314.673	1	16	0	6.795	8.42E-05		
指数	0.952	314.673	1	16	0	893.376	8.42E-05		

自变量：65 岁及以上老年人比重增长率 X_{5t-2}。

表 3.3.9　模型汇总和参数估计值

因变量：选择社区养老的人口数量 Y									
方程	模型汇总					参数估计值			
	R方	F	$df1$	$df2$	Sig.	常数	$b1$	$b2$	$b3$
对数	0.28	5.828	1	15	0.029	-5863583.64	514693.533		
倒数	0.269	5.525	1	15	0.033	529229.493	-4.68E+10		

（续表）

方程	模型汇总					参数估计值			
	R方	F	$df1$	$df2$	Sig.	常数	$b1$	$b2$	$b3$
二次	0.394	4.544	2	14	0.03	4660566.076	-105.305	0.001	
三次	0.396	4.591	2	14	0.029	1414254.126	0	0	4.08E-09
复合	0.467	13.16	1	15	0.002	4.46E-06	1		
幂	0.465	13.048	1	15	0.003	5.77E-101	20.934		
S	0.462	12.892	1	15	0.003	29.529	-1935847.493		
增长	0.467	13.16	1	15	0.002	-12.32	0		
指数	0.467	13.16	1	15	0.002	4.46E-06	0		

自变量：老年死亡人数 X_{2t-3}。

表 3.3.10 模型汇总和参数估计值

因变量：选择社区养老的人口数量 Y

方程	模型汇总					参数估计值			
	R方	F	$df1$	$df2$	Sig.	常数	$b1$	$b2$	$b3$
对数	0.882	111.929	1	15	0	-124670.268	32288.81		
倒数	0.438	11.686	1	15	0.004	75713.81	-2807917.017		
二次	0.985	465.615	2	14	0	-2122.436	107.633	-0.015	
三次	0.987	326.262	3	13	0	-3757.334	127.511	-0.032	2.74E-06
复合	0.515	15.946	1	15	0.001	4552.357	1.001		
幂	0.958	341.368	1	15	0	45.869	1.062		
S	0.823	69.724	1	15	0	10.867	-121.423		
增长	0.515	15.946	1	15	0.001	8.423	0.001		
指数	0.515	15.946	1	15	0.001	4552.357	0.001		

自变量：卫生事业费增长率 X_{3t-3}。

表 3.3.11 模型汇总和参数估计值

因变量：选择社区养老的人口数量 Y

方程	模型汇总					参数估计值			
	R方	F	$df1$	$df2$	Sig.	常数	$b1$	$b2$	$b3$
对数	0.252	5.05	1	15	0.04	21850.373	56843.522		
倒数	0.207	3.904	1	15	0.067	79268.576	-50406.318		

（续表）

方程	模型汇总					参数估计值			
	R 方	F	$df1$	$df2$	Sig.	常数	b1	b2	b3
二次	0.295	2.933	2	14	0.086	-4307.291	-9129.698	23938.465	
三次	0.314	1.986	3	13	0.166	141939.994	-429824.814	376346.33	-89435.464
复合	0.433	11.446	1	15	0.004	525.002	7.831		
幂	0.47	13.314	1	15	0.002	5109.771	2.45		
S	0.467	13.16	1	15	0.002	11.219	-2.392		
增长	0.433	11.446	1	15	0.004	6.263	2.058		
指数	0.433	11.446	1	15	0.004	525.002	2.058		

自变量：人均可支配收入 X_{4t-3}。

表 3.3.12 模型汇总和参数估计值

因变量：选择社区养老的人口数量 Y									
方程	模型汇总					参数估计值			
	R 方	F	$df1$	$df2$	Sig.	常数	b1	b2	b3
对数	0.573	20.125	1	15	0	-432707.997	48120.856		
倒数	0.337	7.637	1	15	0.014	73482.02	-4.75E+08		
二次	0.942	112.675	2	14	0	9654.554	-1.734	7.96E-05	
三次	0.946	76.454	3	13	0	24110.986	-4.296	0	-1.05E-09
复合	0.958	340.62	1	15	0	978.875	1		
幂	0.916	164.487	1	15	0	7.03E-05	1.92		
S	0.724	39.28	1	15	0	10.893	-21921.834		
增长	0.958	340.62	1	15	0	6.886	9.65E-05		
指数	0.958	340.62	1	15	0	978.875	9.65E-05		

自变量：65 岁及以上老年人比重增长率 X_{5t-3}。

两个变量之间，某一函数关系的修正 R 值越大，曲线的拟合优度越好；在显著性水平 Sig 小于某一定值前提条件下，F 值越大，曲线方程成立越显著。从表 3.3.1~表 3.3.12 可以看出，两个变量之间实际可以存在多个合理的函数关系，但拟合优度最好的函数关系应是相关系数 R 值最大同时方程显著性 F 值最大的。但有时，可能存在 R 值与 F 值不一致的情况，则需要设定多个函数关系进行对比试验。

经过比较，描述老年死亡人数滞后一期、二期、三期与选择社区养老人数呈指数函数关系，人均可支配收入滞后一期、二期、三期与选择社区养老人数呈指数函数关系，离退休人数滞后二期、65岁及以上老年人比重增长率滞后一期、二期与选择社区养老人数呈指数函数关系，离退休人数滞后一期、卫生事业费增长率滞后二期与选择社区养老人数呈三次函数关系，卫生事业费增长率滞后三期与选择社区养老人数呈二次函数关系等，更加符合规律。

由此，大部分变量与选择社区养老人数呈指数函数关系。因而，可以考虑不用将每个自变量进行指数转换，而单独将因变量进行对数转换即可。

3.3.2 数据转换

因变量与自变量的非线性函数关系确定后，就可以进行函数转换，把它们转化成为线性关系。如果因变量或残差不符合假设条件，也需要进行数据转换。按转换 Transform—计算 Compute 的顺序打开主对话框。

在目标变量框 Target Variable 中输入转化后的新变量名称。在数学表达式框 Numeric Expression 中组合数学表达式，其中数学运算符号和常数可以通过键盘操作或选择计算关系板上相应符号；在右边函数框中选择确定所需要的简单函数，双击或单击向上箭头按钮；在左边原始变量框中选择被转化变量，双击或单击向右箭头按钮，使其代替已选择函数名称后括号中表示自变量的问号。单击 OK 提交系统运行，完成数据转化。

对原始变量进行数据转化的常用函数关系除上述各种以外，还有平方根 SQRT()、对数 LN10()、比率 variable/LAG(variable)、倒数等。究竟采用什么函数关系进行数据转化，有的根据变量之间的非线性估计，有的根据所建模型的参数检验等，总之要经过反复试验才能确定。转换后，再按照 3.2 节逐步回归分析步骤，重新进行分析。

3.4 逻辑斯谛回归分析

逻辑斯谛回归（Logistic regression）模型，属于多重变数分析范畴，是社会学、生物统计学、数量心理学等统计实证分析的常用方法。

3.4.1 基本原理

通常，人们将"Logistic 回归""Logistic 模型""Logistic 回归模型"及"Logit 模型"等称谓相互通用，意指同一个模型，唯一的区别是形式有所不同：Logistic 回归是直接估计概率，Logit 模型是对概率进行 Logit 转换。在 SPSS 软件中，将以分类自变量构成的 Logistic 模型称为 Logit 模型，而将既有分类自变量又有连续自变量的模型称为 Logistic 回归模型。至于是二元还是多元，关键是看因变量类别的多少，多元是二元的扩展。

1. 逻辑斯谛方程推导

当一种新产品或新服务刚面世时，供给方总是采取各种措施促进销售，希望对这种产品或服务的销售速度做到心中有数，以便组织生产、安排进货。

对于描述新产品或新服务推销速度的数学模型，首先要考虑社会需求量。社会需求状况一般依据两个特性确定。第一，对产品或服务需求的饱和水平 a；第二，假设在时刻 t，社会需求量为 $x=x(t)$，需求的增长速度 dx/dt 正比于需求量 $x(t)$ 与需求接近饱和水平的程度 $a-x(t)$ 之乘积，比例系数为 k。

那么，可以建立微分方程：

$$\frac{dx}{dt} = kx(a-x), \quad (3.4.1)$$

分离变量，得

$$\frac{dx}{a-x} = e^{ac}e^{akt} = Ae^{bt}。$$

两边积分，得

$$\frac{x}{x(a-x)} = kdt,$$

其中，$A = e^{ac}$，

从而，通解为

$$x(t) = \frac{aAe^{bt}}{Ae^{bt}+1} = \frac{a}{1+Be^{-bt}}。 \quad (3.4.2)$$

其中，

$$B = \frac{1}{A} = e^{-x}。$$

B 和 b 为正的常数，可由初始条件确定。式（3.4.1）称为逻辑斯谛方程（logistic equation），式（3.4.2）称为逻辑斯谛曲线，逻辑斯谛曲线就是 b 的概率分布函数。逻辑斯谛曲线形式如图 3.4.1 所示。

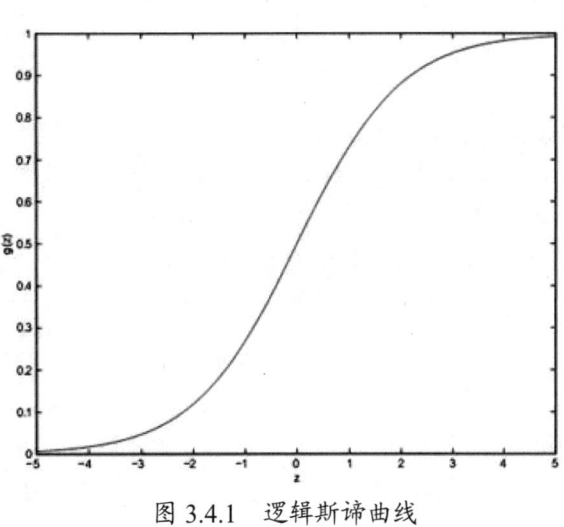

图 3.4.1 逻辑斯谛曲线

2. 逻辑斯谛方程性质

（1）当 $t=0$ 时，$x(t)$ 值 $X_0 = \dfrac{a}{1+B}$；

（2）$x(t)$ 的增长率 $\dfrac{\mathrm{d}x(t)}{\mathrm{d}t} = \dfrac{abBe^{-bt}}{(1+B^{-bt})^2} > 0$，$x(t)$ 是增函数；

（3）当 B 值较大而 t 较小时，Be^{-bt} 将很大，$1 + Be^{-bt} \approx Be^{-bt}$，于是

$$x(t) \approx \dfrac{a}{Be^{-bt}} = \dfrac{a}{b}e^{bt},$$

$x(t)$ 近似于按照指数函数的规律增大；

（4）随着 t 增大，Be^{-bt} 越来越接近于零，分母越来越接近于 1，$x(t)$ 的值接近于 a（饱和值）。

人口增长、信息传播、产品销售等问题都属于逻辑斯蒂方程的应用领域。而且，逻辑斯谛回归能解决多元线性回归遇到的困难，模型的预测概率可能落在[0，1]区间之外、独立变量不是正态分布、因变量的方差不一致等问题。

3. 二分逻辑斯谛回归

Logistic 回归的因变量可以是二分类的，也可以是多分类的，但二分类变量更为常用，也更易解释，它可以在控制其他变量的基础上，有效分析某一自变量对因变量的影响。主要用途有三个，一是寻找危险因素，如寻找某一疾病的危险因素等；二是预测，可以根据已经建立的 Logistic 回归模型，预测在不同的自变量情况下，发生某种情况的概率有多大；三是判别，根据 Logistic 模型，判断属于某种情况的概率有多大。

Logistic 回归处理二分类因变量是"1、0"的情形，表示事件发生和不发生。回归模型得到的结果不是预测样本 X 对应的 y 值，而是 $y=1$ 的概率或 $y=0$ 的概率。y_i 表示 X_i 所属的类别，1 或 0。需要注意，不是对每一个 X_i 都要分别预测出来 $y=1$ 的概率和 $y=0$ 的概率，而是对于一个 X_i，如果它的 $y_i=1$，就映射所对应的概率。所以，逻辑斯谛回归的本质不是用来分类的，而是求概率。

在 Logistic 回归中，X 各个维度的叠加和与 Y 不是线性关系。但可以认为 Logstic 回归也是处理的线性问题，即是求各个维度线性叠加的权重系数。只是，在求得各个维度线性叠加和以后，不是与 X_i 所属的类别进行比较，而是非线性映射到所属类别的概率，因而不能利用最小误差方法计算等，而是用极大化所有样本的最大似然函数法求模型参数。那么，如果用 p 表示事件发生，表达输出变量为"1"的概率，则对 p 做对数变换，它等于 $\log(p/(1-p)$，这时，逻辑斯谛回归方程的形式 $\mathrm{logit}(p) = \log(p/(1-p)) = a + bx$。

4．回归模型评价

（1）系数检验

一般使用基于卡方分布的 Wald 统计量，适用于较大样本的系数的检验。当自由度为 1 时，Wald 等于变量系数与标准误比值的平方。但是，当回归系数的绝对值增大时，对应标准误的值会发生更大的变化，这样 Wald 值会变得很小，常常使得变量的回归系数为 0，使得回归失真。因此，当变量的系数很大时，应该建立包含与不包含要检测变量的两个模型，利用对数似然比的变化值进行假设检验。这时，可以选择向后 LR 方式作为模型选择方法。

（2）模型校对

一般使用 Hosmer 和 Lemeshow 卡方统计量，用于评估观测概率、预测概率与整个概率之间的关系，对观测概率与预测概率之间的距离进行解释。它首先计算每一组中观测数量与预测数量之间的差异，然后计算（观测数量-预测数量）^{2}/预测数量，卡方值是各组中此值的数量和。要求数据量很大。

（3）拟合优度

一般使用对数似然比值乘以-2 进行模型与数据之间相像度的测量，记为-2LL。似然比值越接近 1，-2LL 值越接近 0，模型越好。其中，用 Model 检验除常数项外的模型中所有变量系数为零的假设，用 Block 卡方值检验最后一组变量系数为零的零假设，用 Step 卡方值检验最后一个加入模型的变量系数为零的零假设。

使用 Cox&SnellR^2 和 NagelkerkeR^2 检验拟合效果，它们与线性模型中的 R^2 类似，但 Cox&SnellR^2 的最大值不可能等于 1，NagelkerkeR^2 的最大值可以等于 1。

3.4.2 逻辑斯谛模型建模与分析

以低龄老人选择养老服务岗位意愿的影响因素分析为例。

作为发展中的人口大国，中国正跑步进入老龄社会，需要照护的老人急剧增加，形成了一个数量庞大的老年市场，不仅是公办的养老机构，还有民办的养老机构都急速地发展起来。但目前，养老服务人员数量的不足以及缺乏老年护理、老年疾病、老年心理、老年生理等方面的专业知识，已严重制约着养老机构的发展。在养老服务人员稀缺的现状下，研究"以老养老"的养老模式，从低龄老人的社会参与角度出发，开发低龄老人服务高龄老人的人力资源，既能缓解养老服务人员不足的状况，又能增加低龄退休老人的社会参与，发挥他们的余热，体现他们的社会价值。

通过调查研究健康老年人选择养老服务岗位的影响因素，探寻影响的关键因素，一方面，可以采取有针对性的措施，以增加养老服务岗位的吸引力，先增加岗位需求的人数，再制定政策留住员工，进行培训、完善相关的保障机制，开发低龄老年人这部分群体，为养老服务业的发展注入源源不断的动力。另一方面，养老服务人员的数量和素质直接影响到老年人的生活质量，现在的老年人不仅仅追求基本的生活照料，更主要的是有满足其精神生活的需求，分析影响因素，增加低龄老年人进入养老服务行业，实现以老养老，加强老人之间的情感交流，可以提高高龄老人的生活质量。

1. 研究假设

基于已有的研究以及对养老服务岗位选择意愿的理解，提出假设：

第一，老年人选择养老服务岗位受到个人特征因素的影响，个人特征因素主要包括性别、年龄、受教育程度、健康状况、原职业、个人观念六个方面。

第二，家庭因素影响老年人选择养老服务岗位的可能性，家庭因素选取家人支持和家庭经济状况。

第三，养老服务岗位固有的因素会影响到老年人的选择意愿。老年人的就业目的与其他年龄段人群的不同，老年人退休后选择再就业很大程度上与充实生活有关，岗位因素选取的是岗位的经济待遇和工作强度两个因素。

2. 模型选取与数据来源

研究养老服务岗位的选择意愿，将它作为被解释变量，属于典型的二分变量。通过建立 Logistic 模型，选用调查数据，进行养老服务职位选择影响因素的实证分析。

根据养老服务岗位的性质，从上海市某社区的老年人群（50~70 岁）中抽取样本共发放问卷 120，回收有效问卷 115，其中男性老人 41 人，女性老人 74 人，问卷有效率为 95.8%。经过数据整理，有明确意愿的老年人是 91 位健康老年人，占比 79.13%。而有意愿但由于身体原因不考虑在内。

3. 变量选取与变量解释

（1）因变量：老年人是否愿意从事养老服务岗位。当被调查者选择"是"，赋值为"1"，含义是选择老年照护服务岗位；当被调查者选择"否"，赋值"0"，含义是不选择老年照护服务岗位。

（2）自变量：养老服务岗位选择的影响因素分为三类：个人特征因素、家庭因素和岗位特征因素。这三大类一级指标又细分为二级指标，个人特征因素包括性别、年龄、受教育程度、健康状况、原有职业和个人观念，分布用 $x1$、$x2$、$x3$、$x4$、$x5$、$x6$ 表示；家庭因素包括家人支持和家庭经济状况，分别用 $x7$、$x8$ 表示；岗位特征因素包括经济待遇和工作强度，分别用 $x9$、$x10$ 表示。见表 3.4.1。

表 3.4.1 样本基本信息

影响因素	N	极小值	极大值	均值	标准差	方差
性别	115	1.00	2.00	1.6435	.48107	.231
年龄	115	50	70	62.38	5.547	30.765
学历	115	1.00	4.00	3.1043	.92123	.849
自评健康	115	1.00	3.00	1.6348	.67966	.462
原职业	115	1.00	5.00	3.5043	1.30030	1.691
个人观念	115	1.00	2.00	1.1478	.35648	.127
家人是否支持	115	1.00	3.00	1.7217	.75566	.571
家庭经济状况	115	1.00	5.00	2.9391	1.20879	1.461
经济待遇	115	1.00	5.00	3.0522	1.16109	1.348
工作强度	115	1.00	3.00	2.2435	.69574	.484
有效的 N	115					

（3）样本描述

样本选取男性老人 43 人，占比 37.39%，女性老人 72 人，占比 62.61%。根据表 3.4.2 可见，样本老人的平均年龄是 62.38 岁，平均文化程度为中专或高中水平，健康状况大多是健康状态的，原有职业大多偏向自由职业者；就个人观念而言，85.2%的老年人都认为自己是有用的，希望通过再就业发挥余热，体现自身价值；调查老人的大多数家人也表示支持老年人参与养老服务工作，都认为既能充实老人的生活，排解退休后的孤寂，也可以利用自有价值为社会发挥余力；家庭每月总收入在 3000~4999 元之间，老年人参与社区养老服务工作并不是单纯为了经济报酬，还会考虑到具体岗位上的工作强度等问题。

4．回归分析

（1）调用过程

按照 Anzlyze—Regression—Binary Logistic 顺序打开对话框，选择具有两分属性的变量——老年人是否愿意从事养老服务岗位进入 Dependent 框；选择多个变量作为协变量进入 Covariates 框，如性别、年龄、受教育程度、健康状况、原有职业和个人观念，家人支持和家庭经济状况，经济待遇和工作强度等。

确定一种自变量进入模型的方式。

Enter：全部进入策略，所选解释变量全部强行进入方程；

Forward conditional：向前逐步筛选策略，将变量剔除出方程的依据是条件参数估计的似然比统计量的概率值；

Forward LR：向前逐步筛选策略，将变量剔除出方程的依据是最大偏似然估计的似然比统计量的概率值；

Forward Wald：向前逐步筛选策略，将变量剔除出方程的依据是 Wald 统计量的概率值；

Back conditional：向后逐步筛选策略，将变量剔除出方程的依据是条件参数估计的似然比统计量的概率值；

Back LR：向后逐步筛选策略，将变量剔除出方程的依据是最大偏似然估计的似然比统计量的概率值；

Back Wald：向后逐步筛选策略，将变量剔除出方程的依据是 Wald 统计量的概率值。

（2）输出分析

经过反复试验发现，除 Forward conditional 和 Forward LR 外，其他方法的拟合效果都不理想。这里，显示 Forward LR 方法的输出图表进行分析，如表 3.4.2~表 3.4.9 所示。

表 3.4.3 初始模型分类表，用于比较因变量的预测值和观测值之间的关系，反应模型的拟合情况，给出初次预测的分析结果。可以看到，在只有常数项、没有任何自变量时，91 人愿意且模型预测正确，正确率为 100%；24 人不愿意且模型预测错误，正确率为 0%。模型总的预测正确率为 79.1%。

表 3.4.4 初始模型变量表，显示方程中只有常数项时，回归系数、回归系数标准误、Wald 统计量、自由度、Wald 统计量的概率、相对风险比等数值。这时，模型只解释常量的性质，概率为 0.000，说明常量具有显著性意义。

表 3.4.5 初始模型卡方检验表，显示变量在逐步筛选过程中的对数似然比卡方检验结果，用于回归方程的显著性检验，均通过假设检验。

表 3.4.2 观测量简表

未加权的案例[a]		N	百分比（%）
选定案例	包括在分析中	115	100.0
	缺失案例	0	.0
	总计	115	100.0
未选定的案例		0	.0
总计		115	100.0

表 3.4.3　初始模型分类表 [a,b]

			已预测		
			识别结果		百分比校正（%）
			愿意	不愿意	
步骤 0	识别结果	愿意	91	0	100.0
		不愿意	24	0	.0
	总计百分比				79.1

a. 模型中包括常量。b. 切割值为 0.500。

表 3.4.4　初始模型变量表

		B	S.E.	Wals	df	Sig.	$Exp(B)$
步骤 0	常量	-1.333	.229	33.736	1	.000	.264

表 3.4.5　初始模型卡方检验表

		卡方	df	Sig.
步骤 1	Step	67.377	1	.000
	Block	67.377	1	.000
	Model	67.377	1	.000
步骤 2	Step	17.709	1	.000
	Block	85.086	2	.000
	Model	85.086	2	.000
步骤 3	Step	13.199	1	.000
	Block	98.285	3	.000
	Model	98.285	3	.000
步骤 4	Step	13.981	1	.000
	Block	112.266	4	.000
	Model	112.266	4	.000
步骤 5	Step	5.545	1	.019
	Block	117.811	5	.000
	Model	117.811	5	.000
步骤 6	Step	.000	1	1.000
	Block	117.811	6	.000
	Model	117.811	6	.000

表 3.4.6 最终模型变量表，显示解释变量筛选过程和各个解释变量的回归系数检验结果。Wals 统计量越大，概率越小，对应变量越加重要。最终模型是步骤 3 的

结果，这时，$x7$、$x10$ 的 Wals 统计量较大，显著性水平均小于 0.05，它们与 logitP 的线性关系显著。即低龄老年人选择养老服务岗位意愿主要受家人是否支持、岗位工作强度的影响。从中看出，对于老年人选择养老服务岗位的意愿，家人支持是家人不支持的 23 倍多，岗位工作强度大是岗位工作强度小的约 1/5。

表 3.4.7 最终模型拟合优度检验，显示-2 对数似然值、Cox 和 Snell 的 R 方、Nagelkerke 的 R 方的检验统计结果。对应于步骤 3，最终模型的-2 倍对数似然函数值为 19.5，Cox & Snell R 方和 Nagelkerke R 方的数值分别为 0.575 和 0.896，模型的拟合优度较高。

表 3.4.8 模型 Hosmer 和 Lemeshow 检验，显示 Hosmer 和 Lemeshow 卡方值和对应概率值。对应于步骤 3，概率值为 0.966，接受观测数据与预测数据之间没有显著差异的零假设，可以认为由样本实际值得到的分布与模型预测值得到的分布无显著差异，模型的拟合优度较好。

表 3.4.9 最终模型分类表，显示通过模型不断修正，正确率由步骤 1 的 93.9%，提高到步骤 3 的 96.5%。

表 3.4.6　最终模型变量表

		B	S.E,	Wals	df	Sig.	$Exp(B)$	$EXP(B)$ 的 95% C.I.	
								下限	上限
步骤 1	$X6$	23.768	9748.232	.000	1	.998	21001196518	.000	.
	常量	-26.333	9748.232	.000	1	.998	.000		
步骤 2	$X6$	25.035	8510.199	.000	1	.998	74577855455	.000	.
	$X10$	-2.841	.857	10.986	1	.001	.058	.011	.313
	常量	-22.494	8510.198	.000	1	.998	.000		
步骤 3	$X6$	25.952	7802.942	.000	1	.997	186638880851	.000	.
	$X7$	3.146	1.211	6.746	1	.009	23.233	2.164	249.467
	$X10$	-3.790	1.280	8.770	1	.003	.023	.002	.278
	常量	-28.128	7802.942	.000	1	.997	.000		
步骤 4	$X6$	182.109	10318.778	.000	1	.986	1.227E+079	.000	.
	$X7$	54.857	2690.245	.000	1	.984	6.671E+23	.000	.
	$X9$	-27.429	1345.122	.000	1	.984	.000	.000	.
	$X10$	-68.526	3399.488	.000	1	.984	.000	.000	.
	常量	-127.342	8529.548	.000	1	.988	.000		

（续表）

		B	S.E,	Wals	df	Sig.	Exp (B)	EXP(B) 的 95% C.I.	
								下限	上限
步骤 5	X6	207.751	10515.689	.000	1	.984	1.679E+090	.000	.
	X7	58.333	2776.287	.000	1	.983	2.157E+25	.000	.
	X8	-15.543	1427.577	.000	1	.991	.000	.000	.
	X9	-36.532	1717.179	.000	1	.983	.000	.000	.
	X10	-86.667	4042.429	.000	1	.983	.000	.000	.
	常量	-53.700	7406.405	.000	1	.994	.000		
步骤 6	X1	-21.004	5737.329	.000	1	.997	.000	.000	.
	X6	187.682	10804.300	.000	1	.986	3.230E+081	.000	.
	X7	58.572	2863.898	.000	1	.984	2.737E+25	.000	.
	X8	-15.703	1583.001	.000	1	.992	.000	.000	.
	X9	-36.715	1784.472	.000	1	.984	.000	.000	.
	X10	-86.981	4140.141	.000	1	.983	.000	.000	.
	常量	9.226	19121.240	.000	1	1.000	10154.702		

表 3.4.7 最终模型的拟合优度检验

步骤	-2 对数似然值	Cox & Snell R 方	Nagelkerke R 方
1	50.434[a]	.443	.692
2	32.726[a]	.523	.816
3	19.526[a]	.575	.896
4	5.545[a]	.623	.972
5	.000[a]	.641	1.000
6	.000[a]	.641	1.000

因为已达到最大迭代次数，所以估计在迭代次数 20 处终止。

表 3.4.8 模型 Hosmer 和 Lemeshow 检验

步骤	卡方	df	Sig.
1	.000	0	.
2	.140	2	.932
3	.962	5	.966
4	.000	8	1.000
5	.000	7	1.000
6	.000	7	1.000

表 3.4.9 最终模型分类表

已观测			已预测		百分比校正（%）
			识别结果		
			愿意	不愿意	
步骤 1	识别结果	愿意	91	0	100.0
		不愿意	7	17	70.8
	总计百分比				93.9
步骤 2	识别结果	愿意	91	0	100.0
		不愿意	7	17	70.8
	总计百分比				93.9
步骤 3	识别结果	愿意	89	2	97.8
		不愿意	2	22	91.7
	总计百分比				96.5
步骤 4	识别结果	愿意	90	1	98.9
		不愿意	1	23	95.8
	总计百分比				98.3
步骤 5	识别结果	愿意	91	0	100.0
		不愿意	0	24	100.0
	总计百分比				100.0
步骤 6	识别结果	愿意	91	0	100.0
		不愿意	0	24	100.0
	总计百分比				100.0

切割值为 0.500

5. 结果讨论

选取 50~70 岁老人为调查对象，利用上海市某社区 115 个样本的问卷调查，对影响老年人选择养老服务岗位的因素进行 Logistic 回归分析。结果显示，老年人是否愿意选择养老服务岗位主要受到老年人家人支持、工作岗位强度的显著影响。可能的原因，一是仅仅选取某个社区的调查样本，调查的样本数较少，具有一定局限性；二是选取年龄在 50~70 岁之间，身体大都处于比较健康状态；三是一般 50~70 岁刚退休老年人，不论是男性还是女性都有很强烈的社会参与意愿，但选择在养老服务行业从事服务，还是女性居多、男性偏少；四是老年人居住在社区中，如果可以不出社区就能参与社会,避免退休后的无聊和孤寂生活,这是大多数老年人所理想的,因而受教育程度和原有职业的影响并不明显。

基于研究结论,对于有效促进低龄健康老年人参与养老服务行业,有以下几个方面建议。

第一,完善养老服务岗位的保障机制,维护服务老年人的权益,践行"以老养老"的养老模式,以增强低龄老年人对于实现自身价值的信心;挖掘现有社区内的人力资源。另外,低龄老年人照顾高龄老人,从高龄老人角度来说,更愿意与年龄相仿的同伴聊天,更加贴心;而对低龄老人来说,既可以缓解退休后生活的孤寂和无聊,在为高龄老人服务的同时也可以为自己积累储蓄服务时间。

第二,制定相关政策,结合时间储蓄银行的思想,维持低龄老年人所付出的辛劳,实现代代照顾的理想,等待低龄老人到高龄时可支取服务时间。因此,应多向低龄老人的家人做相关宣传。充分发挥社区积极老年人的带头作用,扩大这种模式的应用范围,较好地应对当前的人口老龄化出现的各种问题,更进一步实现低龄老年人的社会参与活动。

第三,加快发展养老产业,增强养老服务行业的竞争力。开发的低龄老年人不仅仅是从事一线的照护岗位,还可开辟其他具有技术含量的岗位,利用现有社区内具有技术能力的低龄老年人才,发挥他们的才干,发展养老产业。

第四,加大对低龄老年人的人力资源的开发,可以通过增加薪酬、提供有效的激励措施,激发低龄老人积极为社区服务的积极性,倡导为人民服务和乐于助人的精神,形成"小家庭、大社区"的理念,培养团结互助的风气。

3.5 时间序列分析

许多经济、金融、商业等方面的数据都是时间序列数据。时间序列的预测技术相对完善,预测情景也相对明确,时间序列分析方法是重要的系统预测方法之一。

3.5.1 时间序列分析方法概述

时间序列分析方法是一种利用包含有相对清楚而又稳定关系的数据的统计方法,具有前后统计值密切相关的特点,常被用于识别数据是否具有季节性、周期性、趋势性等方面的问题。该方法适合进行短期预测,在相当稳定的状态下,能够作出比较精确的预测。

1. 基本概念

(1)思想含义

预测一个现象的未来变化时,用该现象的过去行为来预测未来。即通过时间序列的历史数据揭示现象随时间变化的内部特有的规律,将这种规律延伸到未来,从而对该现象的未来作出预测并控制其发展变化的方向和轨迹,为自然现象和社会活动提出科学的、理性的判据依据。

(2)研究实质

系统中某一变量的观测值按时间顺序排列成一个数值序列,展示研究对象在一定时期内的变动过程,从中寻找和分析事物的变化特征、发展趋势和规律。

该过程不以任何经济、管理理论为基础,不考虑变量之间相互依存的因果关系,而重点考察变量在时间方面的发展变化规律,以"让数据自己说话"为哲学基础,它是系统中某一变量受其他各种因素影响的总结果。

(3)假设基础

惯性原则:在一定条件下,被预测事物的过去变化趋势总会延续到未来。其暗示着历史数据隐含着某些信息,利用它们可以解释并预测时间序列的现在和未来。

近大远小原理:数据之间的时间间隔越近,其影响的显著性越强。其暗示着随着时间序列数据之间的时间间隔越来越远,先前信息对预测的作用越来越小,即远期预测比近期预测困难得多。

而且时间序列数据需要具有线性关系、常数方差等方面的特征,并去除季节性和趋势性。这几点内容会在后面相关章节中分别加以说明。

2. 变动特点

现实中的时间序列都是非平稳的,其变化受许多因素的影响,有些起着长期的、决定性的作用,使时间序列的变化呈现某种趋势和一定的规律性,有些则起着短期的、非决定性的作用,使时间序列的变化呈现出某种不规则性。时间序列的变化大体可分解为下面几种。

(1)趋势性

某个变量随着时间进展或自变量变化,朝着一定方向呈现出一种比较缓慢而长期的持续稳定的上升、下降、停留的同性质变动趋向或平稳的趋势,但变动幅度可能不相同。

在商业、金融和经济领域,趋势通常指的是技术、制度和人口等的缓慢演化,而线性趋势则往往表现出与增长或减缩相对应的递增或递减趋势。但我们并不要求趋势一定是线性的,只要求它是平滑的,平滑的趋势模型更多采用的是低次的多项式。

(2)周期性

某个因素由于受外部影响随着自然季节的交替而出现高峰与低谷,按某一固定周期呈现出周期波动变化的规律。是序列所表现出来的联系现在与过去、未来与现在的各种动态行为模式的总和。

周期的历史传达了相关的未来信息,而且周期的动态特征也较为复杂,所以了解序列的周期性对建模和预测是非常重要的,但在商业、金融、经济以及政府中的周期波动通常没有固定模式可寻。

(3)随机性

某一现象受偶然因素的影响而呈现出的个别呈随机不规则变动、整体符合某统计分布的规律。

时间序列的实际变化情况具有综合性,一般是几种变动的叠加或组合。了解序列数据的波动特征时,一般设法过滤掉不规则变动,突出反映趋势性和周期性变动。但在建立预测模型时,一般要进行数据变换而除去趋势性和季节性的变动规律。

3. 特征识别

(1)认识时间序列所具有的变动特征,以便在系统预测时采用不同的方法。一般时间序列具有两个基本特征。

随机性:时间序列呈现均匀、无规则的分布,可能符合某统计分布规律。

平稳性:平稳时间序列的随机模拟过程是稳定的,在递推时不出现发散现象,即序列是收敛的。

(2)特征识别利用自相关函数 ACF 和偏自相关函数 PACF。

自相关系数 $\rho_K = \gamma_K / \gamma_0$,其中 γ_K 是 y_t 的 K 阶自协方差,且 $\rho_0 = 1$、$-1 < \rho_K < 1$。偏自相关系数 ϕ_K 是模型中 $y_{t-1} \cdots y_{t-K}$ 对 y_t 进行总体回归时 y_{t-K} 的回归系数。当时间间隔大于 0 时,自相关系数和偏自相关系数可以揭示序列的动态结构。

非平稳时间序列的自相关系数或偏自相关系数下降得非常缓慢,即不收敛。平稳过程的自相关系数和偏自相关系数衰减得很快,最终都会以某种方式衰减趋近于 0,自相关系数测度当前序列与先前序列之间简单和常规的相关程度,偏自相关系数是在控制其他先前序列的影响后,测度当前序列与某一先前序列之间的相关程度。

平稳时间序列的自相关函数在某一固定水平线附近摆动,即方差和数学期望稳定为常数。平稳时间序列的自相关函数只是时间间隔的函数,与时间起点无关,且具有对称性。

实际上,预测模型大都难以满足这些条件,现实的经济、金融、商业等序列都是非平稳的,但通过对数据的趋势性等非平稳成分进行处理,保留其中满足平稳性的成分,则序列可以变换为平稳的。

4. 方法分类

时间序列预测方法分为确定型和随机型两大类。

（1）确定型时间序列预测方法是能用一个确定的时间函数 $y = f(t)$ 来拟合时间序列，不同的变化采取不同的函数形式来描述，不同变化的叠加采用不同的函数叠加来描述。

（2）随机型时间序列分析方法是通过分析不同时刻变量的相关关系、揭示其相关结构，而对时间序列进行预测。

5．预测类型

（1）点预测

点预测就是确定唯一的最好预测数值，其给出了时间序列未来发展趋势的一个简单、直接的结果。但常产生一个非零的预测误差，因此需清楚点预测值的置信度。点预测的不确定程度为点预测值的置信区间。

（2）区间预测

区间预测是未来预测值的一个区间，即期望序列的实际值以某一概率落入该区间范围内。区间的长度传递了预测不确定性的程度，区间的中点为点预测值。

（3）密度预测

密度预测是序列未来预测值的一个完整的概率分布。根据密度预测，可建立任意置信水平的区间预测，但需要额外的假设和涉及复杂的计算方法。

实践中使用最多的是点预测，其次是区间预测，密度预测使用的最少。这是因为点预测容易理解、便于应用，而且建立区间预测和密度预测需要额外的、不一定正确的假设，还涉及更高级、更复杂的计算。

6．基本步骤

（1）分析数据序列的变化特征。

（2）选择模型形式和参数检验。

（3）利用模型进行趋势预测。

（4）评估预测结果并修正模型。

3.5.2 随机时间序列

随机时间序列是指按时间先后顺序排列的数据序列，或者是定义在概率空间上的一串有序随机变量集合。

随机时间序列分析是一种分析处理时间离散数据的方法。它是根据有序随机变量或由观测得到的有序数据之间相互依赖所包含的信息，用概率统计方法定量地建立一个合适的数学模型，并根据这个模型对相应序列所反映的过程或系统作出预测或进行控制。

当系统中某一因素变量的时间序列数据没有确定的变化形式，也不能用时间的确定函数描述，但可以用概率统计方法寻求比较合适的随机模型近似地反映其变化规律时，常常使用随机时间序列分析方法。随机时间序列分析的模型方法有如下几种形式。

1. 自回归AR（p）模型

随机时间序列某时刻的预测值表示为先前的序列观测值和现时刻的随机干扰值的线性组合。

（1）模型形式

$$y_t = \phi_1 y_{t-1} + \phi_2 y_{t-2} + \cdots + \phi_p y_{t-p} + \varepsilon_t , \tag{3.5.1}$$

式中假设：

y_t的变化主要与时间序列的历史数据有关，与其他因素无关；

不同时刻的ε_t互不相关，ε_t与y_t的历史序列也不相关。

式中符号：

p为自回归模型的阶数，其反映滞后的时间周期，通过试验确定；

y_t为当前预测值，与序列自身过去p个时期的观测值$y_{t-1} \cdots y_{t-p}$是同一平稳序列不同时刻的随机变量，其反映序列数据相互间有线性关系，也反映时间序列的滞后关系；

ϕ_1、$\phi_2 \cdots \phi_p$为待定的自回归系数，通过计算得出的权数，其表达y_t依赖于过去的程度，且这种依赖关系恒定不变；

ε_t为随机干扰误差项，是样本值与预测值之差；其应是0均值、常方差σ^2、序列无关的白噪声序列，白噪声序列是典型的平稳序列。

（2）识别条件

实际中，若平稳时间序列的偏自相关系数ϕ_K为p步截尾，即从p阶开始的所有偏自相关系数均为0，同时自相关系数ρ_K呈单边逐步衰减或阻尼振荡而不截尾，则序列是AR（p）模型。

（3）平稳条件

一阶模型：$|\phi_1|<1$。

二阶模型：$\phi_1+\phi_2<1$、$\phi_1-\phi_2<1$、$|\phi_2|<1$。

而且ϕ越大，自回归过程的波动影响越持久。

（4）应用意义

时间序列分析方法仅通过时间序列变量的自身历史观测值来反映有关因素对

预测目标的影响和作用，不受模型变量相互独立的假设条件约束，所构成的模型可以消除普通回归预测方法中由于自变量选择、多重共线性等造成的困难。而且，这种方法的实际应用意义也比较容易理解，其"自己的过去影响自己的现在和未来"的思想始终贯穿时间序列预测方法。

2. 移动平均 MA（q）模型

随机时间序列某时刻的预测值表示为过去的随机干扰值和现时刻的随机干扰值的线性组合，即时间序列中的所有变动是由各种随机干扰产生的。

（1）模型形式

$$y_t = \varepsilon_t - \theta_1 \varepsilon_{t-1} - \cdots - \theta_q \varepsilon_{t-q} \text{。} \tag{3.5.2}$$

（2）识别条件

实际中，若平稳时间序列的自相关系数 ρ_K 为 q 步截尾，即从 q 阶开始的所有自相关系数均为 0，同时偏自相关系数 ϕ_K 呈单边逐步衰减或阻尼振荡而不截尾，则序列是 MA（q）模型。

（3）可逆条件

一阶模型：$|\theta_1|<1$。

二阶模型：$|\theta_2|<1$、$\theta_1+\theta_2<1$。

当满足可逆条件时，MA（q）模型可以等价转换为 AR（p）模型。因此，虽然我们想用自回归方法进行预测，但并不需要一定从自回归模型开始。而我们在建模解模过程中均使用统计分析软件进行，很容易得到模型的参数，两种模型之间转换的算法就不作为本书的重点介绍，有兴趣的读者可以查阅相关资料。

（4）应用意义

当 AR（p）的假设条件不满足时，可以考虑用此形式。且 MA 模型总满足平稳条件，其中参数 θ 取值对时间序列的影响没有 AR 模型中参数 p 的影响强烈，即这里较大的随机变化不会改变时间序列的方向。

因为 MA（q）过程是白噪声随机波动的线性组合，并且白噪声的统计性质简单明了，所以移动平均过程易于理解、易于处理。

3. 自回归移动平均 ARMA（p,q）模型

ARMA 模型是一种随机型时间序列模型预测方法，是一种比较成熟的模型，适于短期预测，其预测精度高于简单的 AR 或 MA 模型。但建立该模型需要大量的观测数据，因为只有当样本量足够大时，样本的自相关函数才非常接近母体的自相关函数。

（1）模型形式

$$y_t = \phi_1 y_{t-1} + \phi_2 y_{t-2} + \cdots + \phi_p y_{t-p} + \varepsilon_t - \theta_1 \varepsilon_{t-1} - \theta_2 \varepsilon_{t-2} - \cdots - \theta_q \varepsilon_{t-q}。$$
(3.5.3)

式中符号：

y_t 是随机平稳、正态分布、零均值的时间序列；

p 和 q 分别是模型的自回归阶数和移动平均阶数；

ϕ 和 θ 均是不全为零的待定系数；

ε_t 是独立的随机误差项。

（2）模型含义

一个 ARMA 过程可能是 AR 与 MA 过程、几个 AR 过程、AR 与 ARMA 过程的迭加，也可能是测度误差较大的 AR 过程。因此，AR 模型和 MA 模型可以分别看成是 ARMA 模型的特例。在实际预测时，采用组合预测模型，但其中 $p+q$ 个数比 AR（p）模型中阶数 p 要小，则可以达到更高的预测精度。

（3）识别条件

平稳时间序列的自相关系数 ρ_K 和偏自相关系数 ϕ_K 在任意位置处均不会出现截尾特征，但会较快地逐步衰减收敛，则该时间序列可能是 ARMA（p,q）模型。实际问题中，多数情况要用到此模型。因此时间序列建模、解模的主要工作是求解 p、q 和 ϕ、θ 的值，以及检验 ε_t 和 y_t 的值是否符合假设条件。

（4）模型阶数

对于 ARMA 模型，不能用自相关或偏自相关函数确定阶数，应采用最佳准则函数法，这里选择使用赤池信息 AIC 准则或施瓦茨信息 SIC 准则作为定阶准则。这两个信息准则是最为重要的模型选择准则，而且通常情况利用这两个准则选择模型的结果是一致的，它们同时给出 ARMA 模型阶数和参数的最佳估计，其适用于样本数据较少的问题。

模型参数用最大似然估计时，AIC=$(n-d)\log\sigma^2 + 2(p+q+2)$；

模型参数用最小二乘估计时，AIC=$n\log\sigma^2 + (p+q+1)\log n$。

式中，n 为样本数，σ^2 为拟合残差平方和，d、p、q 分别为差分、自回归、移动平均的参数。

其中，p、q 范围的下限是 0 或 1，上限是 n 较小时取 n 的比例、n 较大时取 $\log n$ 的倍数。实际应用中 p、q 一般不超过 4。

因为两个准则都是样本外预测均方差的有效估计量，当然是越小越好。所以具体运用时，在规定范围内使模型阶数从低到高，对 p、q 的不同取值分别建立模型，分别计算比较各模型的 AIC 或 SIC 值，最后确定 AIC 或 SIC 值最小的阶数是模型的合适阶数。其目的是判断预测目标的发展过程与哪一随机过程最为接近。但当 AIC 与 SIC 的判定结果不一致时，则往往根据 AIC 准则选择模型。实际上，AIC 或 SIC 信息准则也是选择确定 AR 或 MA 模型的准则。

4．自回归综合移动平均 ARIMA（p,d,q）模型

（1）模型识别

若平稳时间序列的自相关系数 ρ_K 和偏自相关系数 ϕ_K 均不截尾，且缓慢衰减收敛，则该时间序列可能是 ARIMA（p,d,q）模型。

（2）模型含义

该模型形式类似 ARMA（p,q）模型，但数据必须经过特殊处理。特别当线性时间序列非平稳或时间序列具有周期性时，不能直接利用 ARMA（p,q）模型，但可以利用有限阶差分使非平稳时间序列平稳化和去除波动的周期性。

差分处理后的新序列符合 ARMA（p,q）模型，原序列符合 ARIMA（p,d,q）模型。

3.5.3 随机时间序列建模与分析

通过我国就业人数的预测分析，说明时间序列分析方法的模型建立与分析过程。

就业和社会保障是现代社会的两个基本问题，两者之间互相联系、相互影响甚至相互制约。社会保障促进就业，社会保障的发展离不开就业。就业率的提高对于社会保障制度的健全和完善发挥着重要作用。就业为社会保障提供发展和运行的经济和财政支援，社会保障的发展归根到底得益于就业所推动的经济发展。因此，对就业人数进行预测，不仅是对我国就业情况的研究，也能一定程度上对社会保障发展的可持续性做出预测。

就业人员指从事一定社会劳动并取得劳动报酬或经营收入的人员，包括在岗职工、再就业的离退休人员、私营业主、个体户主、私营和个体就业人员、乡镇企业就业人员、农村就业人员、其他就业人员（包括民办教师、宗教职业者、现役军人等）。这一指标反映一定时期内全部劳动力资源的实际利用情况，是研究我国基本国情国力的重要指标。

以 1952~2011 年我国就业人员统计数据作为样本，利用自回归时间序列的方法，对 2011~2015 年我国就业人数进行预测和分析。其中选取最后 6 年数据作为检验样本，前 53 年数据作为估计样本。

1. 整理时间序列数据

预测时,尤其需要关注预测目标可用数据的数量和质量,即时间序列的长度和预测的频率。数据分析往往结合图形进行分析,首先作原始时间序列的时间序列图,以观察数据波动的形态特征,以便对序列的趋势、周期、结构变动、异常值等特性有个初步判断。

输出图形后,观察数据是否具有同方向变化的趋势和周期性、非平稳性。若有,则需对历史记录数据进行处理,包括线性拟合与线性变换、平滑化、零均值化和非平稳序列的平稳化处理等方法。

(1)若数据序列存在周期性波动则需去除周期性,目的是对将随机误差有长久影响的时间序列变成仅有暂时影响的时间序列。方法是按时间周期进行差分,即用本期数据与时间相差为周期数的上期数据相减,作为新的数据值。

若数据序列存在季节性变化,即序列每年表现出一种重复变动的模式,则模型中需要包含季节成分的自变量,或先进行季节调整而消除季节性。按序列数据在一年中变化的时间周期数设立季节虚拟变量数,而每一季节变量在本季节的取值为1、在其他季节的取值为0。

(2)若时间序列具有同方向变化趋势,单调增加或单调减少,则需选择差分运算进行改变。

若数据序列明显有随时间变化而波动的某种确定形式的趋势,则模型中需要有包含趋势成分的自变量,或先进行趋势调整而消除趋势性。一种方法是设立时间虚拟变量,第一期样本取值为 1,第二期样本取值为 2,……,以此类推,然后列出时间序列与时间虚拟变量间的函数关系。另一种方法是利用数据转换 Transform—计算 Compute 所展开的对话框组合数学关系表达式,从而对原时间序列进行某种确定函数关系的变换,常见的有线性趋势、二次趋势、指数趋势、对数趋势等变换。

(3)若时间序列为非平稳性,需对变量进行差分变换,一般需反复变换、比较,直到数据序列的平稳性等达到相对最佳,即随机差分序列平稳为止。

(4)ARMA 模型只能分析 0~1 均值化的时间序列,故需将原始时间序列数据 0~1 均值化。若计算出序列的均值远小于 1 而接近 0,则表明对序列的影响很小,可忽略不计,认为数据已是均值化的。

当时间序列数据收集整理完毕,并录入统计分析软件 SPSS 后,按图形分析 Graphs-时间序列图 Sequence Charts 的顺序进入序列图主对话框。在该主对话框中,将左边备选变量框中的原始时间序列变量(居民消费水平)送入变量 Variables 框中。暂不进行其他项目的选择,以初步观察序列的波动特征。单击 OK,则输出如图 3.5.1 所示的序列图。

从图 3.5.1 中观察到，该时间序列具有明显的单方向增长的趋势特征，并且数据变化有急剧增加的现象，没有短时间的周期性变化特征，也没有明显的波动变化特征，因此需要进行相应的数据转换。根据前面所述对时间序列数据的要求，一般常用的转换有取对数、差分、0~1 标准化等方法。差分是为了消除序列的周期性或趋势性，取对数是为了减小序列的波动幅度，0~1 标准化是为了使序列进入 0~1 均值的范围。多数的情况下，三种转换方法往往结合使用，但使用的先后顺序并无确定的规律。

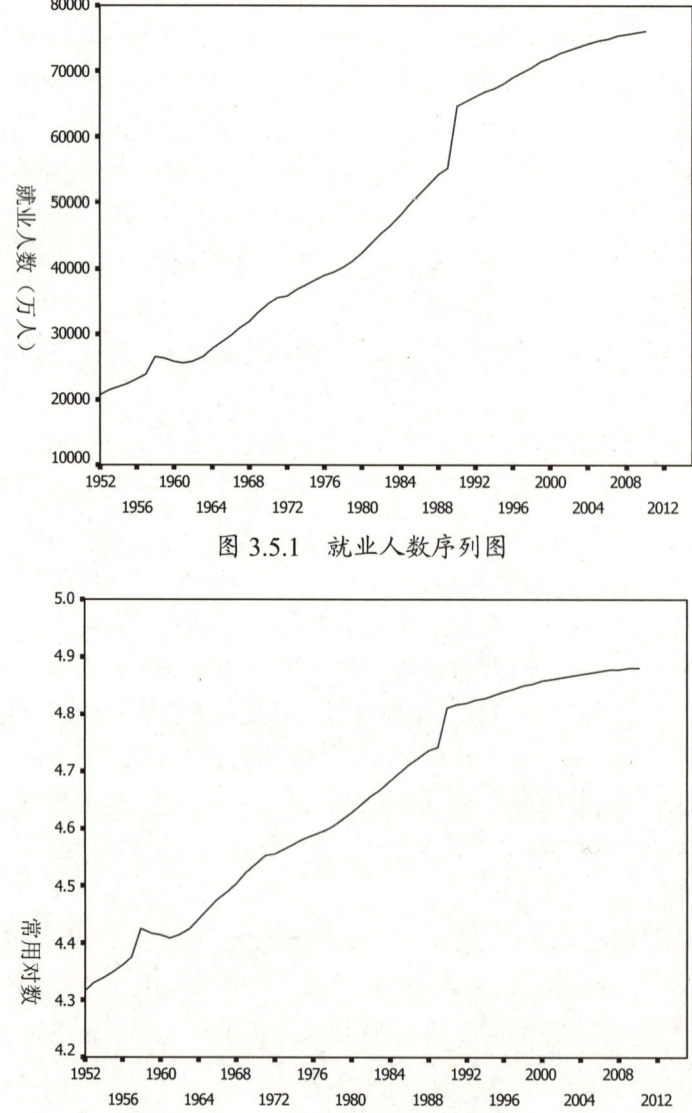

图 3.5.1 就业人数序列图

图 3.5.2 就业人数对数序列图

因为中国的宏观经济变量还没有形成周期性的波动规律，并且近年来均出现大幅度急剧增长的现象，所以为了明显地减小其波动幅度，一般常用的方法有取对数和 0~1 标准化的转换方法。虽然取对数和 0~1 标准化可以大幅度地缩减序列的数据变化幅度，但其变化特征却是与原序列完全一致的，所以在原序列数据不是太大的情况下，为了使观测序列变化的波动性更加明显，这里对原序列进行取常用对数的转换。利用数据转换 Transform—计算 Compute 所展开的对话框常用对数转换后，再输出序列图如图 3.5.2 所示。从图中可以观察到新序列比原序列的波动幅度大大减小，并且观测序列的波动性更加明显，同时序列波动变化的趋势也更加平缓些，可是新序列仍具有单调增加的趋势特征，这就需要进行差分变换以消除序列的趋势性。

差分运算可以选择序列图主对话框中的差分 Difference 来完成，其后面方框中的数字表示差分的阶次数。分别设定差分阶数为 1，2…再进行时间序列的图形输出，得到如图 3.5.3 和图 3.5.4 所示的序列图。从两图中观察到，经过一阶、二阶差分运算能够明显地消除序列的趋势性。但差分的阶数并不是越多越好，究竟需要经过几次差分或者经过什么样的数学变换才能判断出有可能得到比较合适的模型，在这里并不能做到，需要在后面利用相关图进行分析。

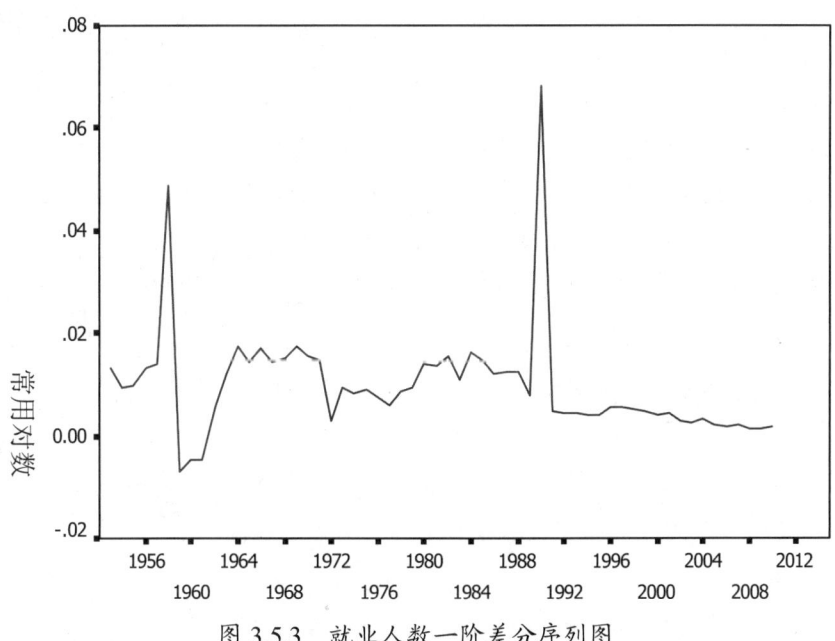

图 3.5.3　就业人数一阶差分序列图

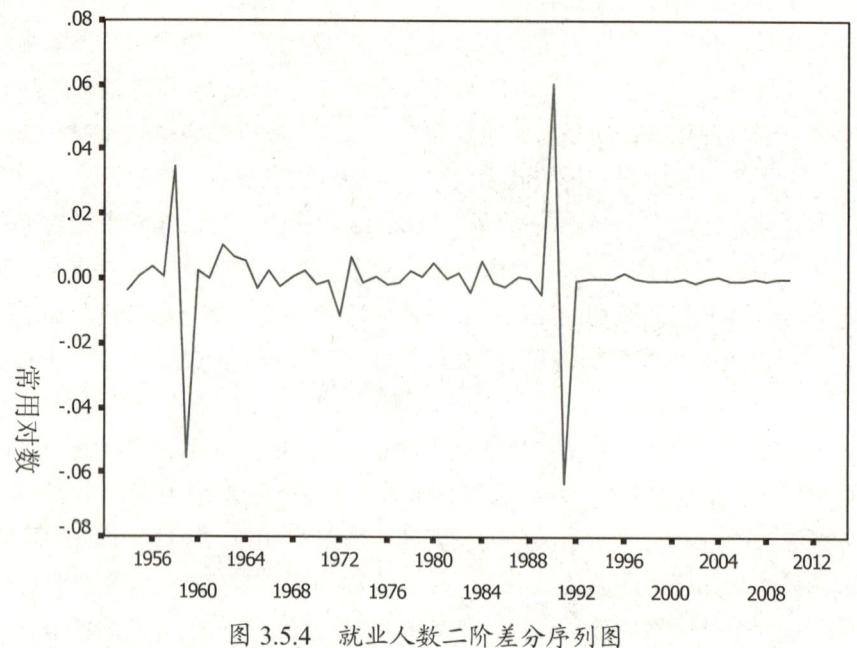

图 3.5.4　就业人数二阶差分序列图

实际上，当时间序列的波动幅度较大时，也可以直接使用自然对数转换的方法使序列的波动曲线平滑些，自然对数转换可以通过选择序列图主对话框中的自然对数转换复选框 Natural log transform 来完成。

数据的检验与后面数据的转换往往结合，反复交替进行。当数据检验完毕，并经过初步的数据转换后，把时间序列数据样本分为两部分：前一多部分数据作为估计样本，以进行建模与解模；后一少部分数据作为检验样本，以检验模型的合理性和精确度。这里将 1978 年至 2010 年的数据作为估计样本，将 2011 年至 2012 年的数据作为检验样本。至此，数据的准备工作完成，可以进入模型识别阶段。

2．建立时间序列变量

（1）定义周期性时间序列的日期型变量

在定义前，需在数据文件中先确定预测的时间长度，在准备预测的时间长度的终止日期所对应的单元格中，输入任意数据作一标记。然后按数据 Data—定义日期 Define Dates 的顺序展开定义日期对话框。

在日期定义对话框中，在样本 Cases Are 栏中选择定义日期变量的时间间隔种类，在起始日期 First Case Is 栏中设定日期变量第一个观测量的值。这里选择日期变量为年 Years，设定第一个样本值为 1978，单击 OK 完成定义。则在数据文件中出现两个日期变量，其中一个变量的类型是作为时间标签使用的字符型。

（2）建立时间序列新变量

无论是哪种模型形式，时间序列总是受自身历史数据序列变化的影响，因此常需将历史数据序列作为一个新的时间序列变量。

一种方法是按数据转换 transform—建立时间序列 Create Time Series 的顺序展开对话框。在新变量 New Variable 框中接受左边框移来的源变量。

在功能 Function 下拉框中选择变量转换的函数，其中：

① 非季节差分 Differences：计算时间序列连续值之间的非季节性差异；

② 季节性差分 Seasonal Differences：计算时间序列跨距间隔恒定值之间的季节性差异，跨距根据定义的周期确定；

③ 领先移动平均 Prior moving average：计算先前的时间序列数值的平均值；

④ 中心移动平均 Centered moving average：计算围绕和包括当前值的时间序列数值的平均值；

⑤ 中位数 Running medians：计算围绕和包括当前值的时间序列的中位数；

⑥ 累积和 Cumulative sum：计算直到包括当前值的时间序列数值的累计总数；

⑦ 滞后顺序 Lag：根据指定的滞后顺序，计算在前观测量的值；

⑧ 领先顺序 Lead：根据指定的领先顺序，计算连续观测量的值；

⑨ 平滑 Smoothing：以混合数据平滑为基础，计算连续观测量的值；

以上各项主要用在生成差分变量、滞后变量、平移变量，并且还要关注差分、滞后、平移的次数，以便在建立模型、进行参数估计时，使方程达到一致。

在名称 Name 框中定义新变量的名称，但必须单击改变 Change 方能成立。在顺序 Order 框中填入在前或在后的时间序列数值间隔的数目。单击 OK 运行系统，在原数据文件中出现新变量列。

另一种方法是利用数据转换 Transform—计算 Compute 所展开的对话框组合数学关系表达式，从而进行线性、指数、对数、二次等函数的变换。常用的是线性转换、二次转换和对数转换。这是主要是源于以下几个原因。

① 线性趋势往往表现出与增长或减缩相对应的递增或递减趋势。

② 平滑的趋势模型更多的采用低次的多项式。

③ 当序列表现为非线性趋势时，其对数值的变化却常常表现为线性趋势，如商业、金融和经济领域中的许多经济变量往往以几乎不变的速率长，就表现为这种特性。而且取对数还可以使序列的波动趋于平稳。

3．模型初步识别

对于预测模型，首先要找到与其拟合最好的模型形式或类型，那么阶数的确定和参数的估计是模型辨识的关键。

模型识别是根据理论自相关函数或偏自相关函数是否截尾来进行的。实际中，所能得到的观测数据只是一个有限长度的样本值，由这样的一段样本观测值计算出的样本自相关函数和样本偏相关函数，作为时间序列模型相应的自相关函数和偏相关函数的估计值。因为当样本量足够大时，样本的自相关函数非常接近母体的自相关函数。模型的类型和阶数的确定正是借助于对样本观测值的这种统计量的计算，然后利用 AIC 或 SIC 准则确定。

作出经过数据变换后的时间序列的自相关函数图和偏自相关函数图，既检验其平稳性、周期性，也初步判别可能的模型形式和阶数。值得说明的是，只是 ARMA 模型需要检验时间序列的平稳性，若该序列的偏自相关函数具有显著性，则可以直接选择使用 AR 模型。若时间序列为非平稳时，需对变量进行差分，直至随机差分序列平稳为止。

（1）识别操作

按图形 Graphs—时间序列 Time Series—自相关 Autocorrelations 的顺序打开自相关主对话框。

将估计样本数据送入变量 Variable 框。系统自动默认选中输出自相关函数图 Autocorrelations 和偏自相关函数图 Partial Autocorrelations。一般情况下，暂不选择数据转换 Transform 项，以初步判别估计样本序列的可能模型。但若估计样本数据的两个图形不能明显地判别出结果，则可能需要分别选择对数变换 Natural Log Transform 和差分变换 Difference，或同时选择这两项进行数据变换。因为前面已经知道，需要进行差分运算才能初步消除序列的趋势性，所以这里选择多阶次的差分变换。然后单击设置项 Options，出现自相关设置对话框。

因为一般要求时间序列样本数据 $n>50$，滞后周期 $\sqrt{n}<K<n/4$，所以在自相关设置对话框中，控制最大滞后数值 Maximum Number of Lags 设定为 12，也可适当增加。标准误差计算方法 Standard Error Method 一般采用系统默认的独立模式 Independence model。单击继续 Continue 返回自相关主对话框后，单击 OK 运行系统，输出估计样本的自相关图和偏自相关图，如图 3.5.5~图 3.5.7 所示分别为无差分、一阶差分、二阶差分的自相关函数图和偏自相关函数图，其中（a）图为自相关函数图，（b）图为偏自相关函数图。

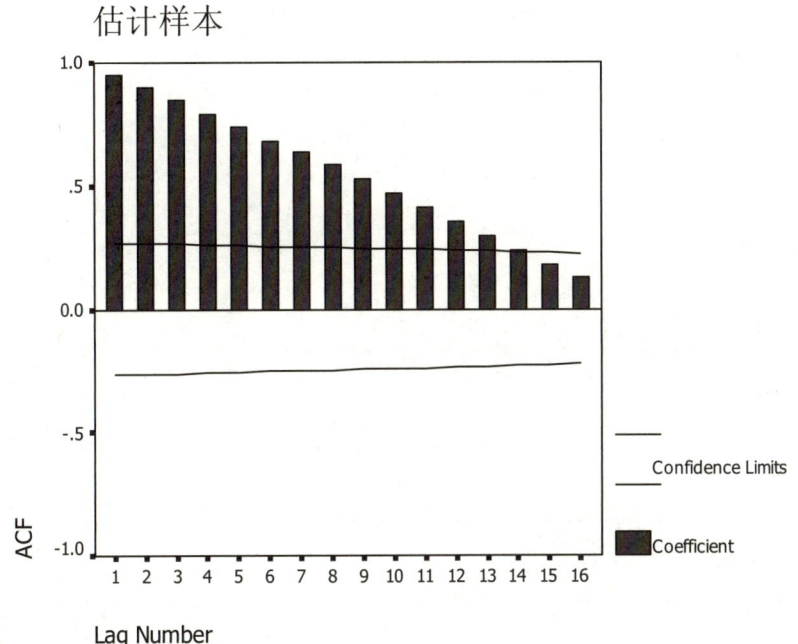

图 3.5.5（a）无差分数据的自相关图

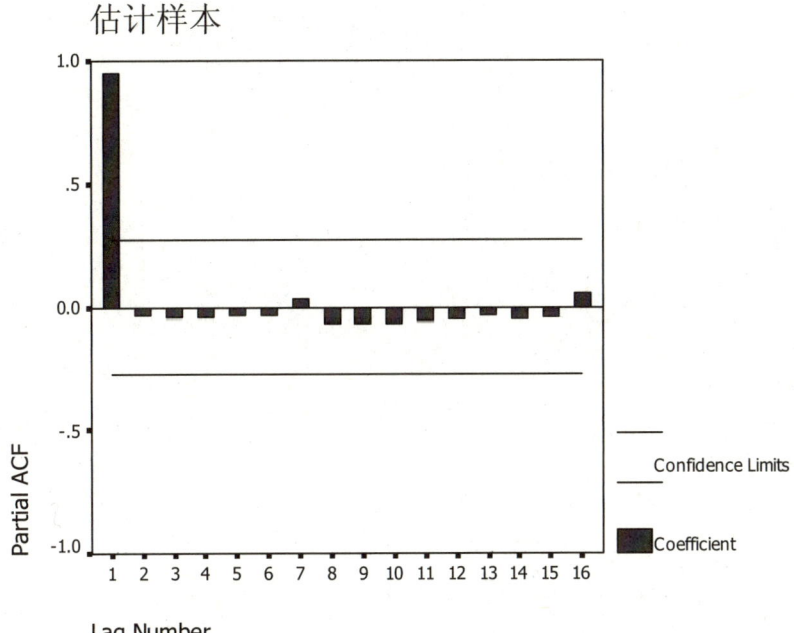

图 3.5.5（b）无差分数据的偏自相关图

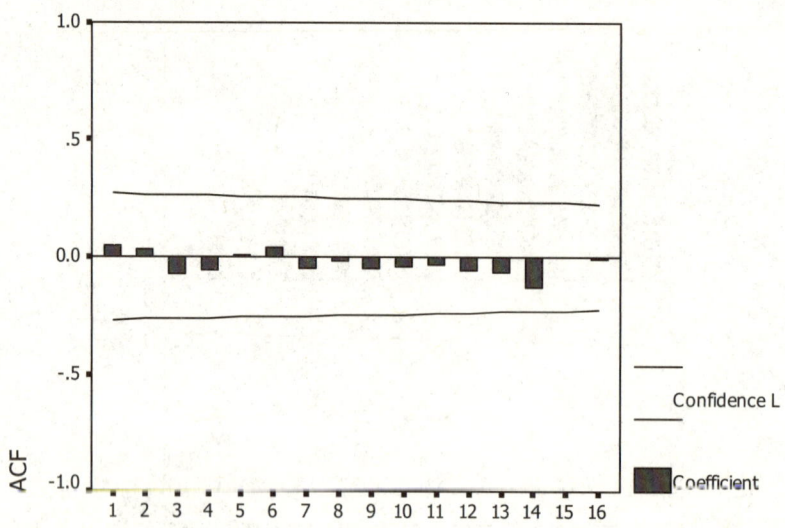

图 3.5.6（a）一阶差分数据的自相关图

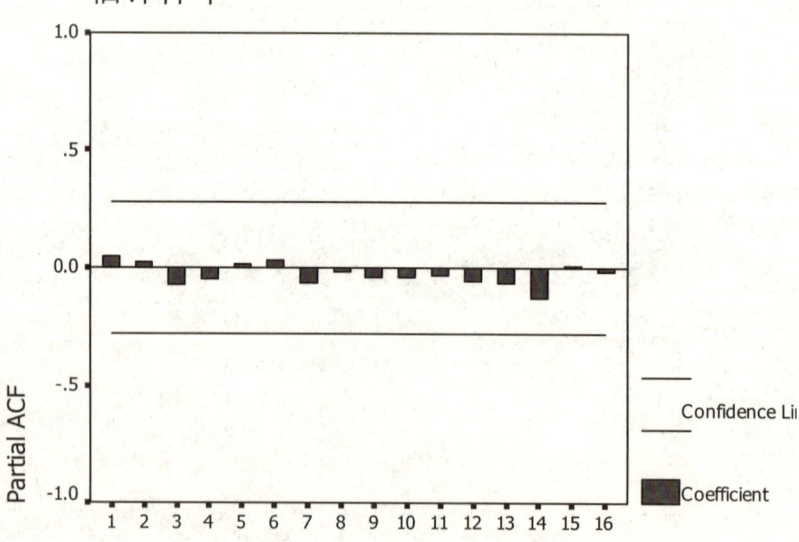

图 3.5.6（b）一阶差分数据的偏自相关图

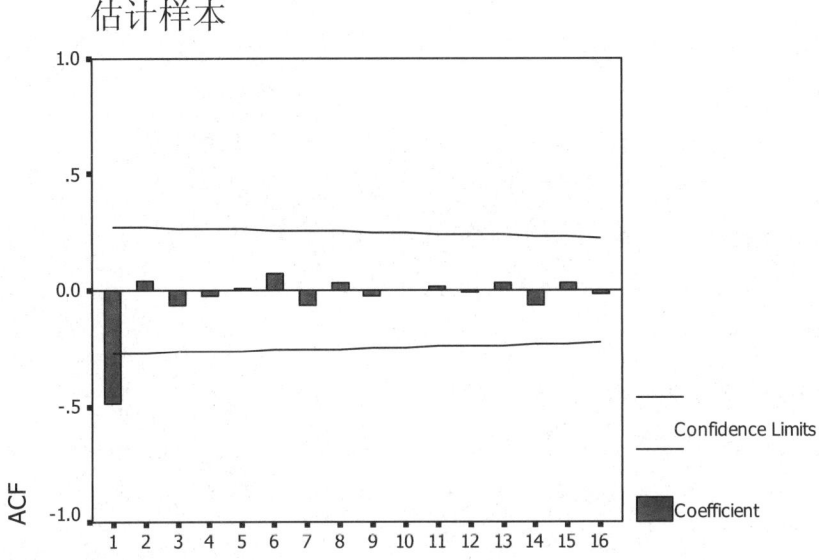

图 3.5.7（a）二阶差分数据的自相关图

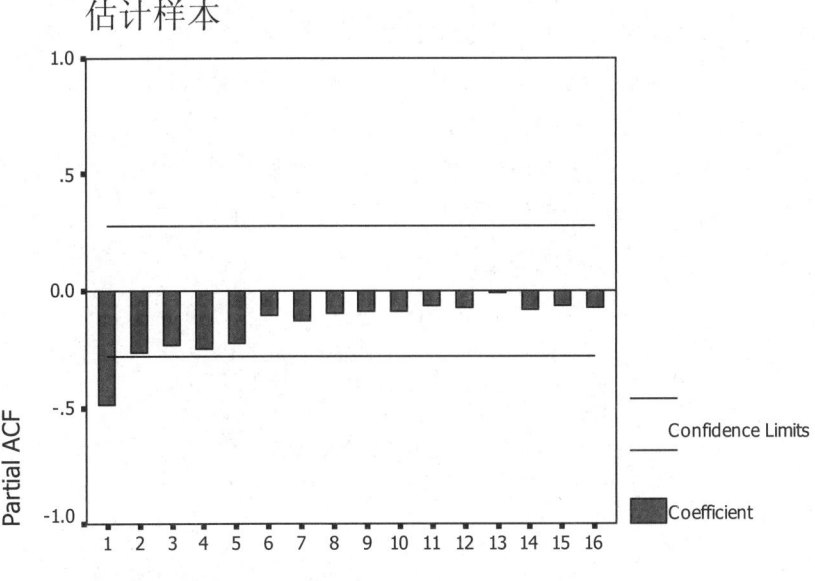

图 3.5.7（b）二阶差分数据的自相关图

（2）识别分析

对于 AR 模型，偏自相关函数 ϕ_K 是截尾的。对于 p 阶的 AR 模型，其偏自相关函数 $\phi_K = 0 (K > p)$。当求出 $\phi_K = 0$ 时，可以判断模型的阶数为 $K-1$。

对于 MA 模型，自相关函数 ρ_K 是截尾的。对于 q 阶的 MA 模型，其自相关函数 $\rho_K = 0$ （$K > q$）。当求出 $\rho_K = 0$ 时，可以确定模型的阶数为 $K-1$。

对于 ARMA 模型，不能用自相关或偏自相关函数确定阶数，应采用最佳准则函数法，一般选择最小 AIC 准则作为定阶准则。

从图 3.5.5 中看出，在设定滞后周期的范围内，自相关函数 ρ_K 呈指数单调递减，而且当 $K > 1$ 时，偏自相关函数 ϕ_K 的取值都在 $[\frac{-2}{\sqrt{48}}, \frac{2}{\sqrt{48}}]$ 内，并且近似收敛到零，所以根据定阶准则，经过标准化处理后的时间序列好象应该符合 AR（1）模型。但是，这个序列是包含有趋势成分的序列，是还没有经过差分消除趋势性的序列。

从图 3.5.6 中看出，序列的自相关函数 ρ_K 和偏自相关函数 ϕ_K 的取值都比较小，而且自相关函数 ρ_K 和偏自相关函数 ϕ_K 的取值都基本分布在误差带 $[\frac{-2}{\sqrt{48}}, \frac{2}{\sqrt{48}}]$ 的范围内，并呈无规则分布状态，所以这时序列近似具备序列无关的白噪声序列的特征。样本序列数据的自相关系数在某一固定水平线附近摆动，且按周期性逐渐衰减，所以该时间序列基本是一平稳序列。因而，初步判定选取一阶差分。

在图 3.5.7 中看出，经过取对数处理并二阶差分后的时间序列呈现过度差分的状况，其中部分相关系数的数值不十分小，有的超出了误差带的范围。所以，基本断定选取一阶差分。

那么，究竟哪个序列可以构造比较合适的模型呢？实际上，具体应用自相关函数和偏自相关函数的图形进行模型选择时，在观察自相关函数 ACF 与偏自相关函数 PACF 时，还应注意的关键问题有：函数值衰减的是否快；是否所有 ACF 之和小于 -0.5，即进行了过度差分；是否 ACF 与 PACF 的某些滞后项显著和出现容易解释的峰值等。有时候，仅依赖 ACF 和 PACF 的图形进行时间序列的模型识别是比较困难的，就需要运用参数估计进行模型识别。因而，设立模型：

$$y_t = \phi_1 y_{t-1} + \phi_2 y_{t-2} + ... + \phi_p y_{t-p} + \varepsilon_t - \theta_1 \varepsilon_{t-1} - \theta_2 \varepsilon_{t-2} - ... - \theta_q \varepsilon_{t-q}。$$

4. 选择确立模型

模型选择是一个极为重要的问题。对于模型预测，首先要找到与其拟合最好的预测模型的类型形式，那么阶数的确定和参数的估计是模型辩识的关键。这里采用最大似然估计或最小二乘估计等方法估计 ϕ、θ 参数值，并进行显著性检验。

按分析 Analyze—时间序列 Time series—ARIMA 模型的顺序展开主对话框。

（1）主对话框设置

根据模型初步识别的情况，选择原时间序列变量或已建立的新时间变量进入因变量框。根据需要，可以选择一个或多个趋势变量或季节变量进入自变量框。这里先选择一阶差分序列进入自变量框。

一般来说，利用自相关函数与偏自相关函数初步识别的模型类型与阶数有相当的误差，因此根据模型初步识别的结果或实验的思路，分别设定 p、(d)、q 的值，进行多个模型的比较。应用时（p,q）往往从（1，0）、（0，1）开始试验，一般到（$m,m-1$），其中 $m=p+q=\sqrt{n}$，逐个计算比较它们的 AIC 值或 SIC 值，取其值最小的确定为模型。但实际中，m 往往不超过 4。

根据样本的数量和前面自相关函数图、偏自相关函数图的初步识别，这里先设定（p,d,q）的值为（1，1，1），后面再进行两个方向的试验。一是控制自回归和移动平均的阶数不变，寻找相对合适的差分阶数；一是控制差分阶数不变，寻找相对合适的自回归和移动平均的阶数。

暂时不再进行因变量的数据转换。也可以不选择模型中包含常数项。

（2）保存设置

在主对话框中单击保存按钮，展开保存对话框。

在建立变量 Create Variable 栏，选择新建变量结果暂存原数据文件 Add to file 项，也可选择用新建变量代替原数据文件中计算结果 Replace existing 项。

在设定置信区间百分比%Confidence Intervals 下拉框中选择 95，在研究精度要求不高时也往往选择 90。

在预测样本 Predict Cases 栏，选择根据周期和历史样本给出预测结果的方法。单击 Continue 返回主对话框。

（3）输出设置

在主对话框中单击设置按钮，展开设置对话框。

在收敛标准 Convergence Criteria 栏，选择迭代次数 Maximum iterations、参数变化精度 Parameter change、平方和变化精度 Sum of squares change，当运算先达到其中一个参数的设定，则迭代终止。

在估计初始值 Initial Values for Estimation 栏，选择由过程自动选择 Automatic 或由先前模型提供 Apply from previous model，一般默认为前者。

在预测方法 Forecasting Method 栏，选择无条件 Unconditional 或有条件最小二乘法 Conditional least squares。

在输出控制 Display 栏，选择最初和最终参数的迭代摘要 Initial and final parameters with iteration summary 或详细资料 details、或只显示最终参数 Final parameters only。

单击 Continue 返回主对话框。

（4）输出信息分析

在各种统计分析软件的输出信息中，各个输出统计量都有相类似的报告结果，所以我们必须了解它们的基本含义。

常数项：认为是取值恒为 1 的常数变量，其系数就是自变量为 0 时因变量的最优预测值，也称为预测基准值。

变量系数：反映自变量对因变量影响的权重。

标准误差：表明样本数据的可靠性。在（残差）参数近似服从正态分布条件下，估计的系数加减两倍的标准误差近似等于总体参数 95%的置信区间。其值越小，置信区间越窄，并且其对于系数的相对值越小（一般要求比值<15%），估计结果越精确。

t 统计量：估计系数与标准误差的比值，检验变量的不相关性。一般给定 5%显著水平，则拒绝原假设的 0 值位于 95%的置信区间外，其绝对值必大于 2。

t 概率值：其值越小，则拒绝原假设不相关性的证据越充分。其值接近 0.05 与 t 统计量接近 2 相对应。

残差平方和：残差平方和是许多统计量的组成部分，孤立考察无太大价值。而且模型中包含的变量越多，其值越小而 R^2 越大，但模型中增加过多的变量不一定会提高样本外预测效果，只会使模型更好地拟合了历史数据。

回归标准误：度量回归方程随机干扰项的离散程度，用于评估模型的拟合优度和预测误差的大小。其值越小，模型的拟合效果越好，相应的预测误差也越小。并且其对于因变量均值的相对值越小（一般要求比值<15%），估计结果越精确。

信息准则：信息准则 AIC 和 SIC 样本外预测误差方差的有效估计量，用于模型的比较选择，其值越小的模型的拟合优度越好，但它们受自由度的约束较为严重。

校正的 R^2：R^2 是模型中自变量对因变量变动的解释比例，度量方程预测因变量的成功程度，其是回归标准误差与因变量标准差比较的结果。校正的 R^2 包含了对自由度的调整，抵消了拟合优度的膨胀，克服了 R^2 的递增性。

变量标准差：度量变量的离散度，传递随机变量的规模信息。

变量均值：度量变量的集中度，传递随机变量的位置信息。其可以根据方程中的常数项和各变量的系数计算得来。

F 统计量：检验预测模型中所有解释变量作为一个联合整体是否具有预测价值，其值的大小表明变量包含预测成分的程度。

LN 似然：对数似然是 AIC 和 SIC 信息准则的变形，它用于模型比较和假设检验，其值越大的模型的拟合优度越好。

DW 统计：用于检验随机误差项是否存在序列相关，其值应在 2 附近。但仅适用于一阶序列。

输出主要信息经整理后，对比如表 3.5.1 所示。其中，需要用赤池信息准则确定阶数，分别设定 p、d、q 的值，进行多个模型的比较。根据选取数值最小的确定为相对最合适的模型的原则，选取模型为 ARIMA(1,1,1)。

表 3.5.1 不同自回归和移动平均阶数的模型比较

	(0,1,1)	(0,1,2)	(1,1,1)	(1,1,0)	(2,1,0)	(2,1,1)	(1,1,2)
Standard error	0.0144	0.0138	0.0118	0.0136	0.0130	0.0119	0.0119
Log likelihood	147.0119	149.7286	156.8857	149.9871	152.6673	156.9641	156.9656
AIC	-292.0238	-295.4571	-309.7714	-297.9741	-301.3346	-307.9282	-307.9311
SBC	-290.0726	-291.5546	-305.8689	-296.0229	-297.4321	-302.0745	-302.0774

5．模型求解与模型检验

按照前面选定的模型进行运算，得出结果如下：

FINAL PARAMETERS:

Number of residuals   52
Standard error   .01180944
Log likelihood   156.88568
AIC   -309.77137
SBC   -305.86888

Analysis of Variance:

	DF	Adj. Sum of Squares	Residual Variance
Residuals	50	.00729392	.00013946

Variables in the Model:

	B	SEB	T-RATIO	APPROX. PROB.
AR1	.99890840	.00600654	166.30339	.0000000
MA1	.95739786	.11165583	8.57454	.0000000

所以，$y_t = 0.9989 y_{t-1} + \varepsilon_t - 0.9574 \varepsilon_{t-1}$

即数据序列中前一年的数据和随机干扰对后一年的数据的影响是较为显著的，系数分别为 0.9989 和 0.9574，正向影响较大。

根据相关系数、统计检验 t 值以及 F 值等可知，样本数据可靠、聚集结果比较准确，模型具有一定预测价值。但需分别用序列图检验残差自相关、相关图检验残差独立性、检验样本检验相对误差，如图 3.5.8、图 3.5.9、表 3.5.2 所示。根据图，序列图无趋势性，说明残差不自相关；相关图呈无规则分布状态，并在误差带范围内，说明残差独立性好。模型相对误差小于 0.05，可以认为模型比较合理。

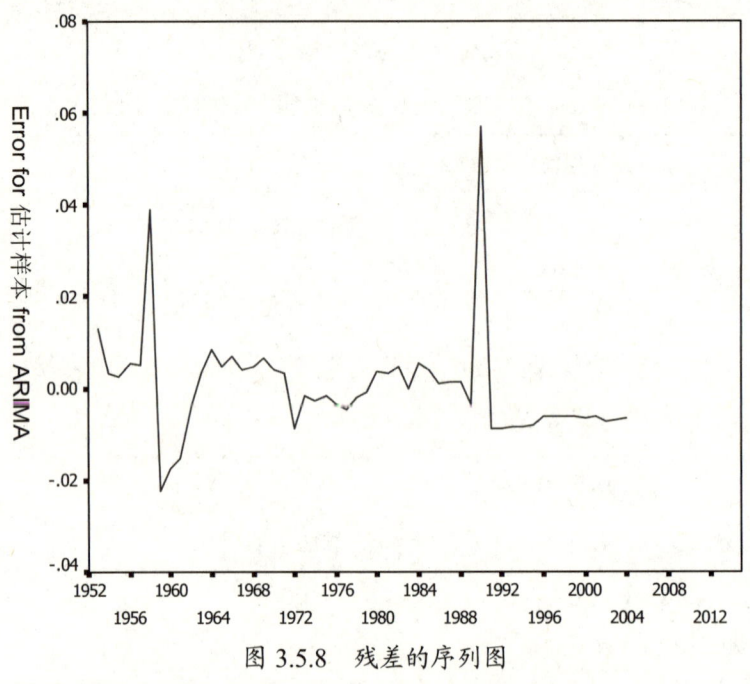

图 3.5.8 残差的序列图

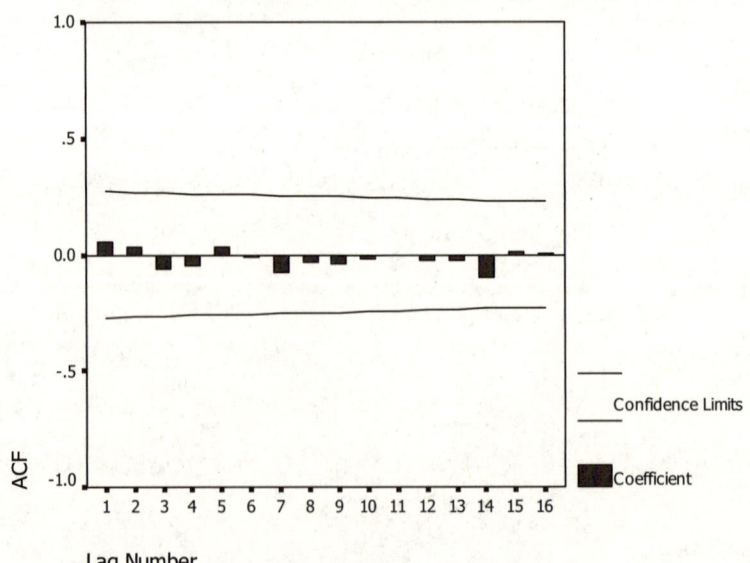

图 3.5.9（a） 残差的自相关图

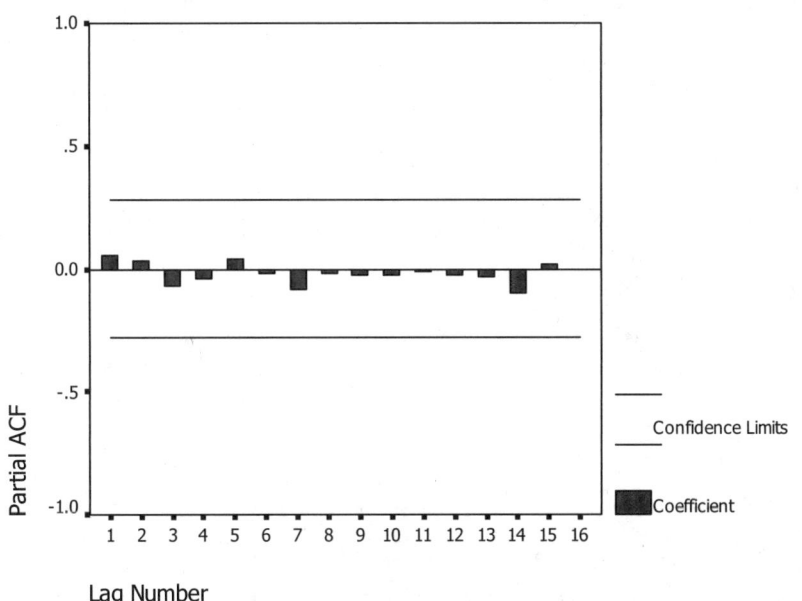

图 3.5.9（b） 残差的偏自相关图

表 3.5.2　预测误差的统计结果

年份	实际值	预测值	绝对误差	相对误差	平均相对误差
2005	4.87301	4.87994	-0.00693	-0.00142	
2006	4.87493	4.88958	-0.01465	-0.00301	
2007	4.87692	4.89936	-0.02244	-0.00460	-0.00553
2008	4.87831	4.90924	-0.03093	-0.00634	
2009	4.87983	4.91911	-0.03928	-0.00805	
2010	4.88141	4.92907	-0.04766	-0.00976	

6．趋势预测

通过样本值和拟合值的时间序列图，见图 3.5.10，从整体了解到模型的拟合效果及预测的结果。预测数值，见表 3.5.3。

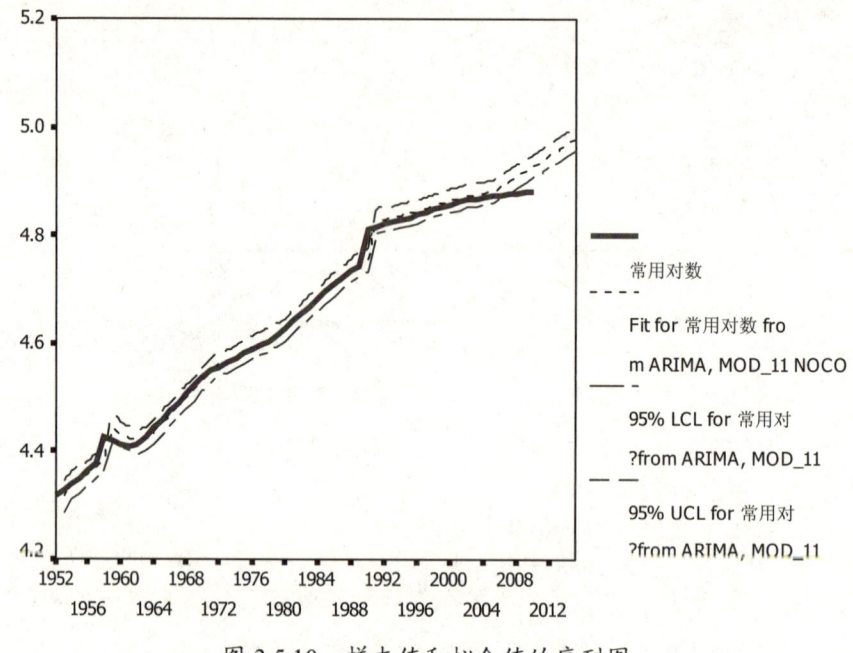

图 3.5.10　样本值和拟合值的序列图

表 3.5.3　预测数据

预测年份	2011	2012	2013	2014	2015
样本预测值	4.93927	4.94904	4.95878	4.96847	4.97856
实际返回值	79593	80320	81040	81752	82459

根据预测图表，1958 年和 1990 年的原数据略高于上限，且这两个时期的预测值与原始值也有出入。究其原因，可能是由于 1958 年我国处于"大跃进"时期，大力发展经济，工业飞速提升，带来了较大幅度的就业增长。在 1962 年又呈现明显的回落趋势，可能是由于我国遭受三年自然灾害，经济发展受到影响，就业人员有所减少，之后又恢复正常，在 20 多年中呈现出一个持续稳定的增长的过程。而在 1990 年，我国正处于改革开放初期，经济出现腾飞发展，农民离乡外出就业平均每年以 500 万人左右的规模迅速增加。此外，20 世纪 90 年代后，中国政府在一些地区实施农村劳动力开发就业试点项目，探索不同的自然、经济和社会条件下农村劳动力就业的具体途径、实现方式和政策措施，建立与各种就业方式相配套的社会化服务体系和组织管理形式，研究政府统筹管理城乡就业的政策、法规和宏观调控办法，促进农村劳动力就业，提升全国就业人数。此后，就业人数一直稳定增长。21 世纪，中国进入全面建设小康社会的新时期，由于受到人口基数、人口年龄结构、人口迁移及社会经济发展进程等诸多因素的影响，就业人数仍在并将持续增长。但是，从

2007年开始,预测值与原始值发生偏离,尤其到了2008年以后,原始数据甚至低于下限,这与中国及世界经济的发展状况是直接相关的。众所周知,2008年,爆发了全球性的金融危机,国内经济也大为受挫,众多企业减缩规模或倒闭,直接导致了就业人数骤减,所以说,至少在21世纪前20年,中国仍然面临较大的就业压力。

3.5.4 应用随机时间序列建模时需要说明的几点

1. 预测是一个不断改进的过程

因为模型识别、参数估计、检验修正三个过程之间相互作用、相互影响,有时需要交叉进行、反复实验,才能最终确定模型形式。

2. 数据分析往往结合图形进行分析

图形分析有助于揭示数据的样式、识别数据的异常、进行数据的比较。但是,只有当数据的维数较低时,图形分析才更有作用。并且在比较多个变量时,尽量使用相同量纲。

3. 三种模型描述了不同特征的自相关行为

在模型的选择方法中,AIC和SIC信息准则是更系统、可重复的模型选择准则,而自相关函数、偏自相关函数和相关的诊断统计量是通过一些基本图形概括出时间序列数据的动态变化。但这两种方法是相互补充,而不是相互替代。

4. 选择模型使用递归估计的方法可以增加准确度

先截取一定量的数据作为小样本开始估计模型,然后增加观测值再次估计模型,重复这个过程直到用完所有的估计样本。其目的是,使得每次的估计模型和模拟数据都误差不大,即参数的估计值随着样本容量的增大是稳定的,或者预测估计值都在标准误差的带宽内,这样得出的模型是比较稳定的模型。因此,递归估计的方法是检测和评估模型稳定性的有效方法。

5. 确立模型一定要包含交互确认的过程

观测数据中一定要留出一小部分作为检验样本,利用样本外预测误差来直接估计样本外预测的准确性。它是利用没有使用过的观测值来评价模型的预测能力,而不是利用估计模型的观测值来评估模型的预测能力。

6. 向前 q 步的最优预测误差至多是 MA($q-1$) 的

MA(q)过程具有短暂的记忆特征,是不可以预测超过向前 q 步的。而且,到达 q 水平时,用以预测 MA(q) 过程的所有动态特征都将消失。这一点也可以从其自相关函数中得到反映。

3.6 人工神经网络技术

随着计算机科学技术的高速发展，人工神经网络理论在各个前沿研究领域都取得了成功的应用。人工神经网络作为一种黑箱建模工具，以人的大脑生理变化过程为基础、模仿大脑的结构和功能，在无须了解市场内在动力机制情况下，就可对其未来行为进行预测。人工神经网络有较强的非线性函数逼近能力，可以使得网络整体具有近似函数的功能，其以较强的适应能力、学习能力和出色的多输入多输出系统模型，在应用领域取得了令人瞩目的进展。它可用于预测、分类、模式识别、过程控制等各种数据处理场合，相对于传统的数据处理方法，它更适合处理模糊的、非线性、含有噪音及模式特征不明确的问题。

虽然目前已有大量的预测方法，但人们还是经常选用人工神经网络来进行预测，这是因为：一是人工神经网络不需要建立数学模型，只是把已有的数据交给网络，网络将选择自己的模型，而且一般都能很好地解决问题；二是人工神经网络比其他方法更能容忍噪声，而时间序列的变量往往伴随有大量的噪声。

人工神经网络具有以下四方面的特点。

（1）在处理方法上，由于人工神经网络具有广泛的互联非线性动力学特性，因此更擅长于处理联想记忆，也更适合做表象的、浅层的经验推理和模糊推理。

（2）人工神经网络的特性取决于网络结构中结点的连接权值及其互联模式，其计算处理过程是从输入到网络内传播、再调整至平衡的过程，这表明其总特性是分布记忆和并行计算，具有知识存储简化和运行效率高的特点。

（3）人工神经网络具有自组织和自学习的能力，通过有导师和无导师的学习，可以方便记忆有关知识，这有利于各种专业分析与设计中的知识获取和表达。

（4）人工神经网络表现有良好的容错性，即使问题表述出现部分错误时，通过它也能得到较好的预测或评价效果。

3.6.1 BP 神经网络的方法原理

应用最多也是运用最成功的人工神经网络模型是反向传播网络模型，它是一种由输入层、输出层以及若干隐层节点互相连接而成的一种多层次网络，是由多层神经网络模型的反向传播学习方法所形成的前馈型网络，简记为 BP。它是以有向图为拓扑结构的动态系统，是以期望输出与实际输出间的误差最小为学习目标，通过对连续或断续的输入作状态响应而进行大规模信息处理。它解决了多层前向人工神经网络的学习问题，证明多层人工神经网络具有很强的学习能力，可以完成许多学习任务、解决许多实际问题。

1. 网络结构

采用 BP 方法的多层前馈网络是至今为止应用最广泛的人工神经网络,一般包括输入层、隐含层和输出层,如图 3.6.1。

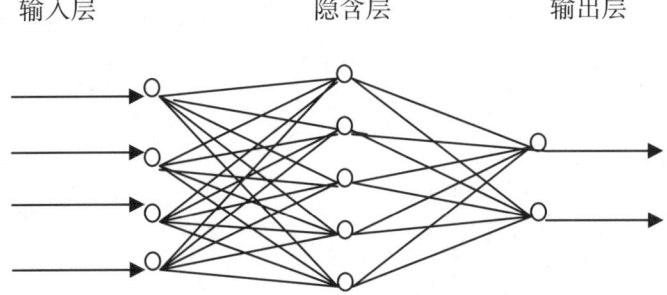

图 3.6.1　BP 神经网络模型

网络结构中,每个神经元为信息处理元,同层的各神经元之间没有任何连接,相邻层的各神经元之间完全连接。计算过程中,输入信息经过激活函数计算后,通过传递函数变换的权值将输出以单向传播的方式向前传播到下层的各神经元,并且每个神经元都有一个可变阈值,以此类推,最后给出输出结果。这种方法的学习过程由正向传播和反向传播组成。在正向传播过程中,输入信息从输入层经隐含层逐层处理而传向输出层,每一层神经元的状态只影响下一层神经元的状态。如果输出层得不到期望的输出,则转入反向传播,将误差信号沿原来的连接通道返回,通过修改各层神经元的权值,使得误差信号最小。

2. 网络的计算公式

BP 神经网络的多层结构,包括了输入层、隐层、输出层三部分组成,各层之间通过传递函数联系,并根据期望输出和网络计算输出的误差调整网络。

传递函数可以是任何可微函数,一般输入层和隐层经常使用产生(0,1)输出的对数 S 形函数

$$\log sig(x) = \frac{1}{1+e^{-x}}, \quad (3.6.1)$$

或者是产生(-1,1)输出的正切 S 形函数

$$tagsig(x) = \frac{1-e^{-x}}{1+e^{-x}}, \quad (3.6.2)$$

输出层则经常使用产生任意大小输出的线性函数

$$purelin(x) = cx, \quad (3.6.3)$$

这样的 BP 神经网络就可以逼近任何连续函数,如果隐含层包含足够多的神经元,它还可以逼近任何具有有限个断点的非连续函数。

设输入层节点 j 与隐层节点 i 间的网络权值为 w_{ij},隐层节点 i 与输出层节点 l 之间的网络权值为 T_{li}。神经网络的学习是通过对网络权值(w_{ij},T_{li})的修正与阈值 θ 的修正,使误差函数 E 沿梯度方向下降。

误差函数(对第 p 个样本误差计算公式)为

$$E_p = \frac{1}{2}\sum_l (t_{pl} - O_{pl})^2, \tag{3.6.4}$$

其中,t_{pl}、O_{pl} 分别为期望输出和网络的计算输出。

当输出层节点的期望输出为 t_l 时,BP 网络模型的计算公式有如下几个。

(1)输出层节点的输出 O_l 计算公式

输入层节点的输入:x_j,

隐含层节点的输出:$y_i = f(\sum_j (w_{ij} x_j) - \theta_i)$, (3.6.5)

输出层节点的输出:$O_l = f(\sum_i (T_{ij} y_i) - \theta_l)$。 (3.6.6)

(2)输出层(隐含层节点到输出层节点间)的修正公式

输出层节点的期望输出:t_l,

若设 p 为样本数,n 为输出层的节点数,k 为迭代次数,则误差控制如下:

所有样本误差:$E = \sum_{K=1}^{p} e_K < \varepsilon$, (3.6.7)

其中一个样本误差:$e_K = \sum_{l=1}^{n} \left| t_l^{(K)} - O_l^{(K)} \right|$, (3.6.8)

误差公式:$\delta_l = (t_l - O_l) \cdot O_l \cdot (1 - O_l)$, (3.6.9)

权值修正:$T_{li}(k+1) = T_{li}(k) + \Delta T_{li} = T_{li}(k) + \eta \delta_l y_i$, (3.6.10)

阈值修正:$\theta_l(k+1) = \theta_l(k) + \eta' \delta_l'$。 (3.6.11)

(3)隐含层(输入层节点到隐含层节点间)的修正公式

误差公式:$\delta_i' = y_i(1 - y_i)\sum_l (\delta_l T_{li})$, (3.6.12)

权值修正:$w_{ij}(k+1) = w_{ij}(k) + \Delta w_{ij} = w_{ij}(k) + \eta' \delta_i' x_j$, (3.6.13)

阈值修正:$\theta_i(k+1) = \theta_i(k) + \eta' \delta_i'$。 (3.6.14)

3. 网络的模拟过程

人工神经网络通过对已知信息的反复学习训练，运用根据误差来逐步调整与改变神经元连接权重和神经元阈值的方法，使得相似的输入有相似的输出，从而达到处理信息、模拟输入输出关系的目的。

根据 BP 方法的基本思想，学习过程由信号的正向传播与误差的反向传播两个过程组成。正向传播时，输入样本从输入层传入，经各隐层逐层处理后，传向输出层。若输出层的实际输出与期望输出（教师信号）不符，则转入误差的反向传播阶段。误差反向传播是将输出误差以某种形式通过隐层而逐层传向输入层，并将误差分摊给各层的所有单元，从而获得各层单元的误差信号，此误差信号作为修正各单元权值的依据。这种信号正向传播与误差反向传播的各层权值调整过程，是周而复始地进行的，即权值不断调整的过程，就是网络的学习训练过程。此过程一直进行到网络输出的误差减少到可接受的程度，或进行到预先设定的学习次数为止。

简单来说，就是 BP 方法把网络的学习过程分为两个阶段：第一阶段（正向传递过程），给出输入信息通过输入层经隐层处理并计算每个神经元的实际输出值；第二阶段（反向传递过程），若输出层未能得到期望的输出值，则逐层递归的计算实际输出与期望输出的误差，以便根据此误差调节各层神经元之间联系的权值。具体分为 9 个步骤。

（1）读入样本、设定初始权值和阈值；

（2）设定参数；

（3）计算隐含层输出；

（4）计算输出层输出；

（5）计算输出值与期望值的误差；

（6）判断误差是否小于设定值，是则结束；

（7）调整隐层到输出层的权值和阈值；

（8）调整输入层到隐层的权值和阈值；

（9）返回计算隐含层输出。

3.6.2 建立模型的方法步骤

一般来说，运用基于 BP 的方法构建模型时，通常要经过五个步骤。

1. 对于历史数据的采集、整理和预处理。

由于网络学习的数据必须是客观、真实、有效的数据，所以在对数据进行整理时，必须剔除由于非客观因素影响而产生的数据。在进行数据预处理时，普遍采用比值法、专家打分法等将定性的内容数量化、将数据依照函数条件规范化的方法。

2. 选取合理的学习数据集以及测差数据集。

预处理后,将形成取值在(0,1)范围的数据构成矩阵,该矩阵的每一行向量表示一个因素,每一列向量表示一个样本。将该矩阵随机分成两个数据连续的矩阵,其中之一作为网络学习用的数据集,另一个作为测量误差数据集。

3. 神经网络模型的构造和学习。

首先确定输入层、隐层、输出层的神经元数目,其中隐层的神经元数目的选择兼顾网络的学习能力和学习数度。然后选取适当的激活函数,一般为 S 型函数。

4. 通过对网络模型中隐层阈值和输出层阈值的反复调整,使该模型对于学习数据集中的所有样本均稳定。

5. 通过测差数据集检验神经网络模型。

在神经网络模型生成后,利用测差数据集中的样本作为检验样本,将学习数据集通过模型模拟产生对测差数据。将对比数据集与参照样本集进行对比检验,当检验结果在误差允许范围内的时候,认为模型建立成功。当检验结果超出误差允许范围的时候,可以通过改变隐层数、目标误差等方法重新构建模型,直至获取满意的结果。

3.6.3 BP 网络的学习过程

运用数学分析软件——矩阵实验室(MATLAB)进行。

1. 网络的学习过程

(1)读入样本

输入样本名=[输入样本集];目标样本名=[期望输出样本集];

说明:预测一般用一维数组,样本数大于输入元数,根据预测周期数确定。评价一般用多维数组,数组维数等于输入元数,根据影响的因素确定。

要求:多个变量用分号分隔,同一变量样本数据间隔空格或逗号。即矩阵的一行为一个变量的数据,矩阵的一列为一组样本的数据。

(2)数据处理

一般对输入数据进行预处理,使输入数据尽可能在 0~1 之间,训练过程则可以大大提高网络的收敛速度。数据处理往往运用标准化的方法,常用的有以下 4 种。

标准化[-1,1]:每个数值/变量数值的范围。

标准化[0,1]:(每个数值-最小值)/变量数值范围。

标准化均值为 0、标准差为 1:(每个数值-均值)/标准差。

数学转化:求环比或求相对比率等方法。

(3)创建网络

网络名=newff(PR, SN, TF, BTF, BLF, PF);

其中：

PR=[输入取值范围]，取值范围一般以区间形式或函数形式 minmax(p)，多个变量用‘；’号分隔。

SN=[每层神经元数]，网络层数与传递函数数应该一致对应，输入元数由预测周期或影响因素确定，输出元数由研究对象确定。

TF={'每层传递函数'}，一般使用对数 S 形 logsig，或正切 S 形 tansig，或线性 purelin。

BTF='网络训练函数'，常用的有普通训练 traingdm：需设定学习速率、动量系数；快速训练 trainlm：默认，网络训练的收敛速度较快。

BLF='网络权值阈值学习函数'。

PF='网络性能函数'，默认 mse 为网络输出和目标输出的均方误差。

（4）设定参数

神经网络的学习过程涉及到多项参数，这些参数控制了模型的学习速度、学习要求和学习方式等，参数的选择直接影响到模型能否达到预期的目标。在诸多参数中，MATLAB 都为其设定了默认值，这些默认值来源于长期的实验，具有普遍性。在模型调试过程中，这些参数应该根据模型的实际情况进行调整。

网络名．init；或者网络名=init（网络名）；初始化网络权值和阈值。通常这项参数命令在创建网络前首先使用，也可以不设定。

网络名．trainparam.show=显示学习训练状态的间隔幅度；在间隔一定的学习次数后显示 mse 的变化曲线，用以判断模型学习的过程是否合理。

网络名．trainparam.lr=学习速率；主要用于普通学习函数，需要手动设定学习速率，以确定权值和阈值的调整幅度。

网络名．trainparam.mc=动量系数；用于普通学习函数，以确定权值和阈值改变的重复幅度。

网络名．trainparam.epochs=学习次数；学习次数是重要参数之一，网络学习的次数会影响到 mse 的值，普通学习函数的学习次数通常要几百次，快速学习函数的学习次数只要几十次就能达到目标。对于同一模型，学习次数也会因为其他参数的改变而改变。虽然实际学习次数很小，但调整设定对结果有较大影响。

网络名．trainparam.time=学习时间（秒）；当学习时间达到该参数的设定值时，学习停止。

网络名．trainparam.goal=误差精度；即 mse 的目标值，网络学习过程中达到 mse 的目标值时网络的学习会自动停止。但精度并不是越小越好，需要双向调整试验。

以上参数中，当人工神经网络模型在学习过程中达到学习次数、学习时间、误差精度中的任何一项参数值，网络训练都会自动停止并保存当前网络模型。

（5）训练网络

网络名=train（网络名，输入变量名，目标变量名）；

在学习过程中将以性能函数的目标值为依据，反复调整各层的权值和阈值，以减小性能函数的值，直至达到预先设定的误差精度。训练过程会通过文字和图表显示出来。

（6）模拟输出

网络学习完成后，要利用生成的网络模型对输入样本使用函数 sim（ ）进行模拟输出：

sim（网络名，输入样本名）

模拟输出完成可以使用图形输出函数 plot 作出模型拟合输出曲线：

plot（横坐标，纵坐标，'参数'）

模拟输出完成可以使用查看函数观察模型的权值和阈值：

权值：网络名．iw{层序号}

阈值：网络名．b{层序号}

（7）模型检验

使用与学习样本无关的检验样本对网络进行检验，能够更客观地反映出网络的优劣。具体是通过比较相对误差判断模型的优劣，比较误差的标准差判断模型的稳定性。但检验样本与学习样本来自同一的数据源。

一种比较方法是设模拟输出结果为 simA=sim(net，A)、观测样本集为 B，则生成相对误差数组 simB=(simA－B)./B；误差数组 simB 中的误差为正值或负值，在计算平均误差值时要对 simB 数组作绝对值处理 abs(simB)。

相对误差的标准差能够反映出模型的稳定性，使用 std(sim_B)指令可以方便得出相对误差的标准差，并可以用散点图显示误差分布情况。

另一种比较方法是运用 MATLAB 的作图功能，对观测值和拟合值的波动曲线进行比较。该方法更为直观，能反映出拟合曲线的波动特点，也能反映出观测值 B 的±5%波动区间。

（8）调整参数

参数的调试是运用 BP 进行建模的关键步骤，这里要观测比较模型的精度误差、观测值、拟合值等，然后依次对学习函数、输入层节点数、隐层节点数、传递函数、误差精度、学习次数、学习时间等参数进行调整。

参数调整的方法常采用控制变量法，即分别控制其他参数固定不变，只针对一个参数进行调整。需要调整的参数主要有以下几个。

学习函数：MATLAB 的 BP 神经网络默认使用 Levenberg-Marquardt 算法，该算法避免了直接计算赫塞矩阵，减少了训练中的计算量和内存需求，且矩阵形式便于计算。实证过程中对比了普通学习函数和快速学习函数，证明了上述优点，因此采用默认算法 trainlm。

输入层节点数：随着输入层节点数的增加，表示了预测期的增加。由于受到样本数据量和学习样本容量的限制，实验中输入层节点数的调试范围定为 1 至 40 的自然数，MATLAB 的运算也随之占用更多的系统时间和内存空间。

隐层节点数：隐层节点数的调试过程与输入层相似。实际学习时由于模型中样本数据量较大，隐层节点数对于模型的改变没有输入层的影响明显。为了便于更快捷方便的学习网络，将隐层节点数设置为输入层节点数附近。

传递函数：根据人工神经网络学习的经验，在前两层使用正切 S 形 "tansig" 或对数 S 形 "logsig"，在输出层使用线形 "purelin"。在 MATLAB 中，输出层默认使用线形函数，其他各层默认使用正切 S 形。

误差精度：是控制训练终止的条件。一般设定较小的误差精度，可以使得网络多次循环学习训练，以便达到较为稳定的网络结构。但是，有些情况下设定过小的误差精度，反而会使得输出误差增大。

学习次数：是控制训练终止的条件。一般设定较大的学习次数，可以使得网络多次循环学习训练，以便达到较为稳定的网络结构。但是，设定过大的学习次数，有时反而会使得输出误差增大。学习次数比误差精度对网络训练结果的影响要明显。

学习时间：在一般人工神经网络模型的学习中，由于受到误差精度和学习次数的影响，且运算量比较大，学习过程需要占用大量时间，因此对学习时间不加限制。

学习速率：其值越大，网络的权值和阈值的调整幅度越大。但如果学习速率太大，则会使网络的稳定性大大降低。

动量系数：其值在 0~1 之间，当其为 0 时，权值和阈值的改变量就由此时计算出的负梯度来确定；当其为 1 时，权值和阈值的改变量就等于它们前一时刻的改变量。

（9）仿真预测

当网络固定后，输入新的样本集，进行模拟输出。

以上过程中，有几个关键问题需特别注意：①一定要对样本数据进行处理，这是进行网络学习的基础；②选择学习速率要适当小，以保证学习过程的稳定性；③输入层单元数确定时，要参考输出变化规律与影响因素，并且必须运用试验的方法；④选择确定隐层的单元数，是网络设计最灵活、最关键的部分，要综合考虑多种条件；⑤观察输出曲线时，注意误差曲线斜率在训练次数较大的区间内变化较小。

2. 模型的学习方法

在构造神经网络模型时,一个不可忽视的环节是选取合适的网络学习方法,这一点将关系到模型运行的效率和准确性。MATLAB 的神经网络工具箱在这方面提供了多种算法,使得网络的学习过程可以根据参数的调整而改变,还可以根据选择的不同算法达到不同的目的。在 BP 的普通学习函数中,MATLAB 提供了批梯度下降学习函数(traingd)和动量批梯度下降函数(traingdm)两种学习方法。

学习函数 traingd 有 7 个参数:epochs、show、goal、time、min_grad、max_fail 和 lr。lr 是网络学习速率,它越大,权值和阈值的调整幅度也越大。但是如果学习率太大,会使网络的稳定性大大降低。Show 用于显示每次学习的状态,如果它的值是 NaN,学习状态将不会被显示。如果网络的学习次数大于 epochs,网络的性能函数小于 goal 或者学习时间超过了 time 秒,网络的学习都将停止。而参数 max_fail 的值则与初期终止技术有关。

函数 traingdm 类似于函数 traingd,不同之处在于多了 2 个参数 mc 和 max_perf_inc。动量系数 mc 的值在 0 到 1 之间,当 mc 为 0 时,权值和阈值的改变量就由此时计算出的负梯度来确定;当 mc 为 1 时,权值和阈值的改变量就等于它们前一时刻的改变量。如果在某个循环内,网络的性能函数值超过了参数 max_perf_inc 的值,mc 的值将自动设置为 0。

3. 模型的评价方法

在完成网络的学习之后,要对形成的网络模型进行评价。衡量网络模型优劣的一项重要标准是样本观测值与模型拟合的比较,但是在比较过程中,需要同时考虑多个指标参数。

(1) 网络性能目标参数 goal 值

BP 学习过程中,网络的权值和阈值被反复调整,以减少网络性能函数 performFcn 的值,直到达到预先的要求。神经网络的 net.performFcn 的默认值是 mse——网络输出和目标输出的均方误差。通过调整合适的网络性能目标参数 goal,可以使形成的网络模型逼近预期的误差。

(2) 样本观测值与模型拟合值的相对误差

模型学习完成后,模型的网络性能通常已经接近设定的目标。但是,在使用样本数据模拟波动趋势的时候,模型拟合值与样本观测值之间的误差与网络输出和目标输出的均方误差是有明显区别的。利用公式

$$误差 = \frac{模型拟合值 - 样本观测值}{样本观测值},$$

求出平均误差后,再对模型进行评价。

（3）模型的稳定性

通过学习构成的网络模型虽然具有高度拟合的特性，但是由于网络模型模拟产生的数据与观测值之间存在误差，误差值的波动也会影响到整个模型的评价。在衡量模型时，通过比较误差的标准差，可以反映出模型本身的稳定性。

利用以上标准并根据研究的目的，对构建的网络模型进行评价的过程中，要进行网络实际性能与目标性能的比较、不同输入层节点和隐层节点对误差的影响的比较和误差及稳定性的比较。

（1）网络实际性能与目标性能的比较

一般来说，网络实际性能应该到达与目标性能同一数量级。在实际操作过程中，如果出现网络实际性能与目标性能出现较大差异，应该调整模型中的各项参数反复模拟，也可通过调整目标性能参数使模型的实际性能逼近目标性能。

（2）不同输入层节点和隐层节点对误差的影响的比较

实验证明，不同的输入层节点和隐层节点对网络性能会产生较大的影响，合理的输入层节点数和隐层节点数可以较大幅度改善网络的性能。

（3）误差及稳定性的比较

样本观测值和模型拟合值之间的相对误差及模型的稳定性直接影响到了模型的应用。模型的稳定性通过比较误差的标准差来评价，误差和稳定性的比较同样通过调整网络模型的参数实现。

3.6.4 基于 BP 的失能老人规模预测

以上海市失能老人数量的预测为例。

随着我国老龄化程度的加剧，失能老人的数量呈现加速增长趋势，需要大量的照护资源，传统以家庭为单位的照护供给渐见困乏，亟需国家调配资源，以减轻失能老人及其家庭的经济负担。这部分主要运用 BP，预测到"十二五"期末时，上海市生活不能自理的老年人口数量，即失能老人的数量，为政府调配资源进行照护服务奠定基础。

1. 样本数据选择和预处理

关于失能老人的数据，使用上海市老龄科学研究中心发布的上海市历年户籍老年人口信息表（1996~2010 年），计算出 1996 年到 2010 年上海市各年龄段老年人口数，再根据上海不同年龄组人口生活自理状态的比重，计算出各年龄组生活部分不能自理的老年人数量（即半失能老人数量）和生活完全不能自理的老年人数量（即全失能老人）。

在 BP 中，由于其传递函数是基于 S 型的函数，输入范围在区间[0, 1]。因此，在进行神经网络预测之前，为避免原始数据过大造成网络麻痹，使得网络的收敛速度过慢，甚至无法收敛，要对原始数据进行归一化处理。归一化的算法很多，其中，运用最为广泛的的算法是：

$$x_i' = \frac{x_i - x_{\min}}{x_{\max} - x_{\min}},$$

其中，$x_{\min}$ 和 $x_{\max}$ 分别为原始数据中的最小值和最大值。本部分归一化方法更为简单，计算方法是：$x_i' = \frac{x_i}{X}$，其中 X 为略大于 $x_{\max}$ 的常数。本部分，对失能老人的预测分为两块，先对半失能老人数进行预测，再对全失能老年人数进行预测。归一化时，两组数据所选取的 X 不同，如半自理组的 $X=50$，完全无法自理组的 $X=15$。

2. 模型的输入和输出的确定

首先将样本序列分组，每 $m+1$ 个值为一组，前 m 个值作为网络的输入，后一个值作为输出结点的期望值。由于数据样本比较少，只做输入层节点数分别为 2、3 和 4 时预测，选取训练样本平均误差和检验样本平均误差度最小时的节点数。结果如表 3.6.1 所示。

表 3.6.1 设置多个输入层节点的网络输出结果

输入层节点数	训练平均误差	训练方差	检验平均误差	检验方差
2	0.15%	0.15%	0.8%	1.85%
3	0.097%	0.074%	0.07%	0.11%
4	0.07%	0.073%	0.18%	0.28%

由表 3.6.1 可看出，当输入层节点数为 3 时，训练样本和检验样本的误差率最小，因此可以确定输入层的节点数为 3。对数据划分的依据是每 4 年数据作为一组，前 3 年的数据作为输入，后 1 年的数据作为输出的期望值。

3. 隐含层节点数的确定

网络隐层结点数的确定是一项重要而又困难的问题：如果隐含层结点数过少，网络不具有必要的学习能力和信息处理能力；如果隐含层结点数过多，会增加网络结构的复杂性，会使网络的学习速度变得很慢。因此，隐含层的节点数通常要经过反复试算决定，通过试算得出当隐层结点数为 8 时，网络收敛较好，且训练样本和检验样本的误差率最小，如表 3.6.2 所示。

表 3.6.2 设置多个隐含层节点数的网络训练结果

输入层节点数	训练平均误差	训练方差	检验平均误差	检验方差
4	0.13%	0.12%	0.34%	0.14%
5	0.13%	0.13%	0.056%	0.076%
6	0.13%	0.15%	0.19%	0.14%
7	0.11%	0.13%	0.09%	0.15%
8	0.11%	0.097%	0.04%	0.03%
9	0.14%	0.13%	0.06%	0.06%
10	0.12%	0.13%	0.09%	0.10%
11	0.14%	0.13%	0.15%	0.23%
12	0.13%	0.13%	0.18%	0.29%
13	0.14%	0.14%	0.32%	0.47%
15	0.12%	0.13%	0.48%	0.63%
18	0.13%	0.14%	0.69%	0.88%
20	0.5%	0.6%	0.09%	1.02%%

4．输出结果及分析评价

反复进行 BP 的训练、模拟以及预测。

由于 3 层 BP 可以以任意精度逼近任意映射关系，且随着隐含层的增多，网络结构会复杂，使网络学习速度慢，局部误差较大，所以选择结构相对简单的 3 层 BP 神经网络。基于建模原理，网络结构模型的输入层结点为 3，隐含层节点数为 8，输出层节点数为 1。训练样本 20 组，检验样本 1 组。且 BP 神经网络模型选择的隐含层传递函数为 tansig，输出层的传递函数为 purelin，训练方法为 trainlm，最大训练次数为 500 次，训练目标为 10^{-6}。网络对前 9 组训练样本数据进行训练，后 3 组检验样本进行检验，对网络的输入层与隐层、隐层与输出层之间的连接权值以及各层神经元的阈值进行调整，最后得到比较合理的数值。半失能老人组的训练过程见图 3.6.2。

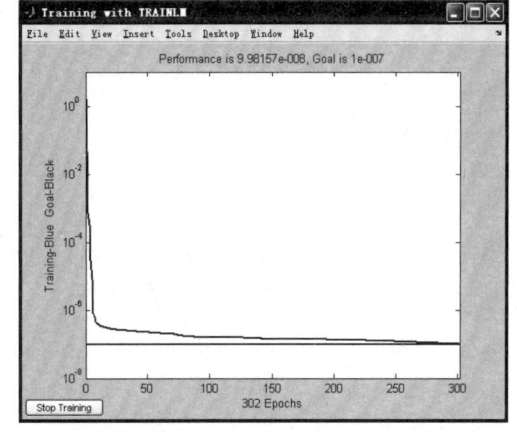

图 3.6.2 网络训练过程

网络对训练样本数据的拟合情况见图 3.6.3，对检验样本的拟合情况见图 3.6.4。从图中可以看出网络对上海市历年的半失能老年人数量的拟合较好。

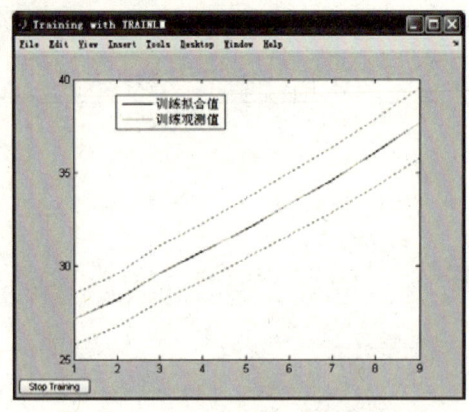
图 3.6.3 网络训练样本的拟合图
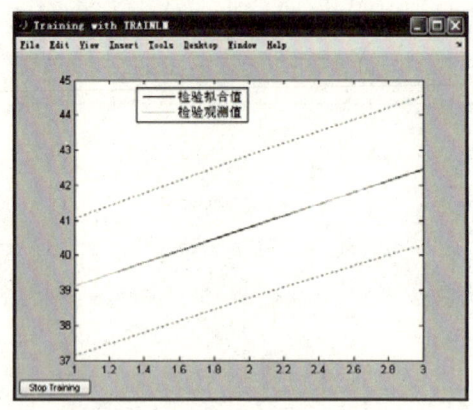
图 3.6.4 网络检验样本的拟合图

将预测的结果通过反归一化处理后,计算预测结果的相对误差见表 3.6.3。由图 3.6.3、图 3.6.4 和表 3.6.3 可看出,模型的预测是非常精确的,预测数据和原始数据的绝对误差很小,网络拟合精度很高,因此,该网络可以用来预测。将数据带入模型可以预测,到"十二五"期末时,上海市生活半失能老人数量则为 49.25 万。

表 3.6.3　　上海市半失能老人数量预测　　　　单位: 万人

年份	原始数据	预测数据	$|\Delta k|$
1996	24.13		
1997	24.83		
1998	26.03		
1999	27.19	27.1935	0.0035
2000	28.19	28.188	0.002
2001	29.58	29.5785	0.0015
2002	30.73	30.7395	0.0095
2003	32	32.0085	0.0085
2004	33.32	33.3225	0.0025
2005	34.62	34.5915	0.0285
2006	36.02	36.0585	0.0385
2007	37.67	37.6515	0.0185
2008	39.11	39.114	0.004
2009	40.83	40.824	0.006
2010	42.43	42.4305	0.0005
2011		44.0505	
2012		45.495	
2013		46.87	
2014		48.125	
2015		49.245	

参照预测上海市生活半失能老人的步骤,可测算出上海市生活全失能老人数量,预测结果如表 3.6.4 所示。

表 3.6.4 上海市完全失能老人数量预测　　　　　单位:万人

年份	原始数据	预测数据	$|\Delta k|$
1996	5.09		
1997	5.27		
1998	5.51		
1999	5.75	5.751	0.001
2000	5.98	5.982	0.002
2001	6.27	6.2775	0.0075
2002	6.57	6.5775	0.0075
2003	6.87	6.8535	0.0165
2004	7.19	7.1835	0.0065
2005	7.49	7.5105	0.0205
2006	7.84	7.8555	0.0155
2007	8.25	8.226	0.024
2008	8.61	8.616	0.006
2009	9.05	9.0585	0.0085
2010	9.48	9.477	0.003
2011		9.9015	
2012		10.37	
2013		10.805	
2014		11.21	
2015		11.639	

根据预测,到"十二五"期末,上海市将有半失能老人数 49.245 万,全失能老人 11.639 万,这就意味着,到 2015 年,有 60.884 万的失能老人需要不同形式的长期照护服务。而上海市专为老年人提供护理服务的社会机构和设施严重不足,现有的养老机构的服务项目和服务内容也不齐全,服务人员总体素质和服务质量不能满足老年人的需要。根据上海市统计年鉴数据显示,截至 2009 年底,上海市共有养老机构数 615 家,养老床位 89859 张。养老床位即使以每年 1 万张的速度增长,到"十二五"期末,也只有 15 万张,而面对 60 万的失能老人,仍然显得过少,这就要求政府在"十二五"规划中所讲的一样:"加大各级财政投入,以优化布局、床位供给和提高服务水平为重点增强养老服务能力,鼓励支持社会力量参与养老服务领域,积极探索异地养老等新方式、新机制。逐步建立健全多层次老年护理制度,加强老年护理服务队伍建设",以解决庞大的失能老人群体的养老问题。

3.6.5 神经网络方法的优缺点

1．网络优点

（1）强大的数据处理能力

若设定合适的隐层神经元数，经过数次复合后，可以逼近任意闭区间内的任意复杂的连续非线性函数。它不需知道输入输出间的确切关系和很多参数，仅需知道输入输出数据或能引起输出变化的非恒定性因素参数。在处理随机性、非线性数据，多输入、多输出系统等方面较优越。

（2）低误差的拟合效果

从网络模型的学习和检验过程中可以发现，参数的调整尽管对模型的稳定性和仿真能力产生了一定的影响，但是模型的拟合程度始终可以维持在 5%以内较低的误差水平。

（3）灵活的预测能力

在预测过程中，预测期是一个变量，通过修改预测期可以反映出不同预测期对系统产生的不同影响，预测期的调整有助于发现预测对象的波动规律性。

（4）快速的模型建立和学习过程

网络模型的建立和学习是通过近 10 条指令完成的，需要重复的权值和阈值调整都是通过神经网络工具箱中的相关程序完成，它充分利用了计算机运算速度快、结果准确和 MATLAB 在矩阵运算上的优势。

（5）方便的参数调整控制

通过键盘输入的方式，可以方便地修改预测周期、隐层数、学习次数等参数，能够利用循环语句直接产生多个参数变化后的拟合结果。

2．缺点与不足

（1）学习收敛速度仍然较慢，且不能保证收敛到最小点；

（2）网络隐层的层数和单元数的选取无理论指导，一般根据经验和实验确定；

（3）网络学习和记忆具有不稳定性；

（4）参数调整过程中，误差随预测期的递增呈上升趋势，输出模型的仿真程度也随之大幅降低。

思考题和习题

1. 系统预测的实质是什么？
2. 多元线性回归分析的几种检验方法有什么异同？
3. 时间序列分析方法的基本特征是什么？举例说明它的识别方法。
4. 在多元线性回归和时间序列分析方法中，哪些统计量是越大越好，或越小越好，请说明原因。
5. 各种预测方法的适用情况是怎样的？
6. 通过互联网和统计年鉴，收集养老保障、医疗保障、失业保障等某方面的数据资料，建立预测模型并分析，撰写出研究论文。

第 4 章　系统评价

> **目标要求**
> 1. 理解评价的基本概念和指导思想，了解评价指标体系的建立原则和组成；
> 2. 了解几种简单的定性和定量评价方法；
> 3. 初步掌握主成分方法和聚类方法的分析过程；
> 4. 会运用上述分析方法建立简单的评价模型，并能撰写科研小论文。

4.1　系统评价概述

系统评价是对系统的价值进行评估。系统评价是系统工程中的一种基本处理方法，也是系统分析中的一个重要环节。系统评价作为对客观事物进行评定，明确其应用价值的处理方法，已经在社会经济发展、工程技术研究、企业经营管理等各个方面得到了广泛应用。

当系统为单目标时，评价工作容易进行。当系统为多目标复杂系统时，因为多个目标往往不能同时达到，并且多种因素相互影响，有的甚至是相反作用，这时需运用特定的评价方法进行评价工作。

4.1.1　系统评价的基本概念

1. 含义与意义

系统评价是按预定的系统目标，在系统调查和可行性研究的基础上，对研究对象的功能进行数量化描述，对研究对象的结构进行间接描述。它是系统决策中的基础性工作。

它从社会、政治、经济、技术等方面的观点，通过建立指标体系来综合评价系统的各种方案，为系统决策选择最优方案提供依据，以达到最终为决策服务的目的。

涉及每一研究对象的评价指标至少有几十种，精确的量化不等于评价的准确，因此应选取尽量少的指标，反映最主要和最全面的信息，并且每项指标应具有独立性、可量化和通用性。所以在建立指标系统过程中，往往遵循一定的原则。

要对一个国家或地区的社会保障水平进行客观的综合评价时，所选取的评价指标必须全面，不仅要从当地人们参与各类社会保险的状况进行考察，还要从当地的经济发展水平、人口结构、人们的物质生活状况、生活环境等多角度刻画当地社会保障发展水平。

2. 目标和任务

在对某个系统进行评价时，要从明确评价目标开始，通过评价目标来规定评价对象，并对其功能、特性和效果等属性进行科学地测定。

系统评价的目的是为了进行正确的系统决策，即系统评价是系统决策的前提条件，系统评价是方案选优和决策的基础，系统评价的质量影响着系统决策的水平。

4.1.2 系统评价的指导思想

系统评价的思想是利用控制论和系统工程的观点，对系统整体进行评价。

任何评价方法都有其评价的目标（指标）和内容，而这些目标和内容的提出、问题的确定又都取决于评价的思想原则。评价思想的差异必然导致评价内容和方法的不同，同时环境的演变、社会和科学的发展也对评价思想的确立起着巨大的影响或制约作用。总的来说，评价的指导思想注重以下几方面。

1. 追求单一目标的思想原则

早期的评价方法大多具有这种思想的痕迹。人们在评价时，注重系统的某一方面目标的实现，而将其他目标放在次要地位。

2. 追求经济利益的思想原则

理论上认为，人类的劳作是有理性的，发展是主题，而经济又是发展的主要方面。因此人们在评价时，注重系统的投入与产出，希望以最小的投入取得最大的产出。

3. 综合评价的思想原则

这种思想原则的确立，一是与系统的规模越来越大，涉及范围越来越广，影响愈来愈复杂有关；二是与人类的生存环境越来越恶化有关；三是与科学技术方法、系统方法为评价提供了有力工具有关。人们开始注重对事物的全面评价，即从政治、经济、社会、技术、风险、自然与生态环境、组织和个人等多方面复杂系统问题进行综合评价。在评价时，不仅重视直接的效益和影响，而且重视间接的影响；不仅重视近期效益，而且重视长远利益；不仅重视定量指标的评价，而且重视软指标的评价。

4. 系统规划的思想原则

为了减少盲目性，人们对决策活动的事先评价越来越重视，不断地寻找能科学地、全面地、客观地反映决策活动特征的评价指标体系。不仅重视项目自身的经济效益、技术性能等的评价，而且把项目纳入国民经济大系统中进行规划。

4.1.3 系统评价的分类

系统的评价工作可以分阶段进行，特别是对于复杂大系统的研究，各个重要环节都要进行评价工作。系统评价可以按以下方式分类。

1．按照评价的项目对象划分

可以分为目标评价、方案评价、设计评价、计划评价、规划评价。

2．按照评价的时间顺序划分

（1）事前评价。在着手系统定量研究之前进行的评价，是为了提高研究成果，从而合理决定计划的有效方法。

（2）中间评价。在定量研究过程中进行的评价，是在研究过程中用来判断是否有必要变更目标和及时采取对策而进行管理的有效手段。

（3）事后评价。在定量研究之后进行的评价，是在定量地掌握已经达到目标的成果同时，确认目标以外成果的良好方法。

社会保障政策评价是社会保障管理和实施的重要环节，也是社会保障政策调整的基础。从社会保障政策评价的发生阶段看，社会保障政策评价可分为事前评价、中间评价和事后评价。社会保障政策事前评价，是在社会保障政策执行前所进行的一种预测性评价，它包括对社会保障政策实施对象变化趋势、社会保障政策可行性和效果的预测等。社会保障政策中间评价是对社会保障政策实施过程进行的系统分析和评价。社会保障政策事后评价是对社会保障政策效果的评价，它是社会保障政策评价的主要方式，其主要内容包括评价社会保障政策的全部结果；分析社会保障政策运行优劣的具体原因；探讨实现社会保障政策最佳效果的途径等。

（4）跟踪评价。是用来研究真实过程及效果，对整个系统进行评价的一种方法。

在研究社会保障对国家储蓄的影响时，就需要运用到跟踪评价，这需要跟踪在一定时期内，社会保障状况以及国家储蓄之间的变化情况，找出两者之间的关联之处，对这一时间内的社会保障状况对储蓄的影响做出实时评价，以便及时调整相关的社会保障政策。

3．按照评价的内容范围划分

（1）技术评价。技术评价是围绕系统功能进行的，用来评定系统方案能否实现所需的功能及实现程度。

（2）经济评价。经济评价是围绕经济效益进行的，内容主要是以成本为代表的经济可行性分析。

（3）社会评价。社会评价是针对系统给社会带来的利益或影响而进行的评价。

（4）综合评价。是在上述三个方面评价的基础上，对系统方案价值大小所做的综合评定。

对社会保险系统进行评价时，对参保人来说，其关心的评价项目主要有各类社会保险应缴纳的保险费、养老金的计发比例、医疗保险的待遇支付、相关经办机构的服务水平等；而对政府社会保障部门来说，其评价项目主要有社会经济发展状况、社会保障的适度水平、社会保障的覆盖面等；从企业的角度来说，则主要考虑本企业的人力资源状况、企业的盈利状况、企业总共应缴纳的社会保险费等评价项目。如果要对系统进行综合评价，那么就要选择上述一些主要的评价项目构成一个综合评价的项目体系。

4.1.4 指标体系建立的原则

系统评价是一些归类的指标按照一定的规则与方法，对评判对象从其某一方面或多方面或全面的综合状况做出优劣评定。评价指标体系的建立应遵循以下原则。

1. 整体性原则

建立的指标体系应该能从系统目标所涉及的各个不同侧面反映系统的现有特征和状况，能够体现系统的未来变化发展趋势。

政府社会保障职能包括政治职能、经济职能和社会职能，对社会保障部门进行绩效评估，也要考虑政府社会保障的政治绩效、经济绩效和社会绩效，因此社会保障评估指标要从这三方面绩效着手，构造一套整体的指标体系。

2. 客观性原则

保证评价指标体系的客观公正，保证评价资料以及数据来源的全面性、可靠性、准确性和可行性，以及评估方法的科学性。

对社会保障部门进行绩效评价，要强化客观评估标准，社会保障具体政策的是小效果，要由社会公信来决定，由实际需要与社会效果判定，通过民情民意判定，政府的自我评价要遵循社会需求进行合理规制。

3. 科学性原则

指标的选择与指标权重的确定，定量指标和定性指标的协调，数据的选取、计算与合成等，必须以公认的科学理论为依据。

建立社会保障绩效评估指标体系，要将客观存在和相互联系的社会保障现象的若干指标，科学地加以分类和组合形成指标体系，反映国家社会保障的整理实力与发展状况。

4．非线性原则

评价对象往往是一个复杂的系统，评价指标选取应遵循非线性原则，实现指标体系的结构最优化。

5．实用性原则

评价工作的意义在于分析现状，认清系统变化所处阶段和发展中存在的问题，寻找影响系统运行的主要方面，更好地指导实际工作，因此尽量选取日常统计指标或容易获得的指标，以便直观、简便地说明问题。

建立社会保障绩效评估指标体系时，评估指标本身要由可操作性，在实习评估工作中，能够成分利用现有的统计信息资源，便于社会保障统计信息的组合、筛选与加工，在评估中这些指标易于计算和理解。

4.1.5　评价体系的指标组成

系统是由若干单项评价指标组成的整体，各个指标是研究对象某些方面的客观属性变量。各属性变量是关于研究目的的框架结构，它由系统的性质、目标要求、特殊问题等，以及问题的规模、重要性等概括确定。评价指标一般包括以下几个方面。

（1）政策性指标：包括政府的方针、政策、法令、规划等。

（2）技术性指标：包括产品的性能、寿命、可靠性等，工程的设备、设施、运输等。

（3）经济性指标：包括方案的成本、利润、资金、周期等。

（4）社会性指标：包括社会的福利、发展、就业、环境等。

（5）资源性指标：包括工程的物资、人员、能源、土地等。

（6）时间性指标：包括工程的进度、时间等。

在选择确定评价指标的过程中，还要注意以下几个问题。

1．指标的大类和数量问题

若选择的指标范围宽、数量多，不同方案间的差异就明显，则有利于判断和评价，但确定指标大类及其重要程度就困难，则造成歪曲方案本质特性的可能就大。

2．指标间的相互关系问题

单项指标间要尽量相互独立，若有交叉则必须明确划分和规定该指标的属类。

3．指标的提出和确定问题

指标的提出要广泛征求意见，反复交换信息。指标的确定要归纳综合，必要时进行统计处理。

4．指标量化和归一化问题

指标体系选择中由于各因素的不可共性和矛盾性，因此首先要对原始指标的属性值进行初始化，进行量纲一元化或无量纲化处理。当不同方案难以取舍时，用"归一化"处理。

4.1.6 系统评价的步骤

系统评价的步骤是有效地进行评价工作的保证。它一般包括以下几个步骤。

1．明确系统目的，熟悉系统方案

为了进行科学的评价，必须反复调查、了解系统的目的，熟悉所提出的系统方案，进一步分析和讨论已经考虑到的各种因素，并简要说明各个评价方案。

2．分析系统要素，确定评价项目

根据系统目的，集中收集有关的资料和数据，对组成系统的各个要素及性能特征进行全面的分析，找出进行系统评价的项目，规定一组评价指标。

3．确定评价指标体系

确定评价指标体系中单项和大类指标的组成。指标是衡量系统总体目标的具体标志。对于所评价的系统，必须建立能对照和衡量各个方案的统一尺度，即建立评价指标体系。

评价指标体系必须科学地、客观地、尽可能全面地考虑各种主要因素。选用不同指标进行对比和评价是决定方案取舍的标志。指标体系的选择要视被评价系统的目标和特点而定。指标体系可以通过在大量的资料、调查、分析的基础上得到，它是由若干个单项评价指标组成的整体，它应反映出所要解决问题的各项目标要求。

4．制定评价结构和评价准则

在评价过程中，如果只是定性地描述系统达到的目标，而没有定量的表述，就难以做出科学的评价。因此，要对所确定的指标进行定量化处理，以确定各个单项和大类指标权重，分析评价各个单项指标的实现程度。

每一个具体指标可能是几个指标的综合，这是由评价系统的特性和评价指标体系的结构所决定的，因此在评价时要制定评价结构。由于各指标的评价尺度不一样，对于不同的指标，很难在一起比较，因此必须将指标体系中的指标规范化，制定出评价准则，根据指标所反映要素的状况，确定各指标的结构和权重。

5．确定评价方法

评价方法根据对象的具体要求不同而有所不同。总的来说，要按系统目标、系统分析结果与效果的测定方法、评价准则等确定。

6. 单项评价

单项评价是就系统的某一方面进行详细评价，以突出系统特征，是综合单项指标求得大类指标的价值。单项评价不能解决最优方案的判定问题，只有综合评价才能解决最优方案或方案优先顺序的确定问题。

7. 综合评价

按照评价标准，在单项评价的基础上，从不同的观点和角度对系统进行全面的评价。综合评价就是利用模型和各种资料，从系统的整体观点出发，综合分析问题，对比各种可行方案，权衡各个方案的利弊得失，选择适当而且可能实现的优化方案。即综合各个大类指标价值求得总价值。

4.1.7 简单的评价方法

由于评价对象涉及的因素较多、复杂程度较高，因此，要求评价按照严格、精确的方法进行还有不少困难。目前，主要的还是依靠定性与定量相结合、客观统计资料与主观描述资料并重的手段。

1. 定性方法

（1）专家评价法

专家评价法就是邀请有关专家，采取会议形式或非会议形式，由他们对系统对象的各个方面给出评分，并按一定的权数综合出个人的价值，然后采用平均的方法综合各个专家意见，最后确定系统总体的平均得分及等级。该方法的运用过程与一般过程评价基本一致，专家个人的评价总有可能存在一定的偏差，通过平均的方法就可以消除偶然性误差的影响，显示专家评价的一般水平。尤其是在专家人数众多的情况下，采用平均数指标能够较好地集中大家的智慧，准确地评价出系统的总体水平。

专家评价法优点有两点：一是把定性问题定量化，既便于横向比较，又便于动态比较，具有可操作性；二是有利于集中大家的智慧，消除偶然性因素带来的偏差。该方法也存在一定的局限性：一是合适的专家难寻；二是评价的主观性较强，专家选择不同，评价结论也会发生差异。用平均值对其进行估计存在偏差的可能性，尤其是存在平均谬误的可能性，即各项目得分经平均后出现了几乎相同的现象，而实际上各项目之间的确存在较大差异。当然，如果专家数量足够多，代表具有广泛性，这种偏差出现的可能性会被减小。

（2）体操计分法

体育比赛和文艺大奖赛中的许多计分方法是用体操计分法，它也可以应用到系统评价工作中。体操计分法是请若干位专家（一般为奇数）各自独立地对评判对象按十分制或百分制评分，得到若干个评分值，分别去掉一个最高分和一个最低分后，将剩余的中间若干个分数取平均值，就得到某个评价指标的数值。按此方法，可以求得系统全部的各个评价指标的最后得分。

但是，上述这些方法主要是定性的，缺少定量的因素，受主观因素的影响较大。而主观方法因受到人为因素的影响，往往会夸大和降低某些指标的作用，导致排序结果不能完全真实地反映事物间的现实关系。所以，在系统分析评价过程中，往往运用定量评价方法。

2．简单定量方法

（1）连环比率法

连环比率法是一种确定得分系数或加权系数的方法。对于多指标的评价或者多方案的选择，此方法可以分成以下三个步骤进行。

①填写暂定分数列

由上而下逐个进行，两两指标对比，填写相互倍数，最后一个数据设定为1。

②填写修正分数列

由下而上逐个进行，最后一个数据设定为1，依次交叉相乘，修正暂定分数。

③计算得分系数

f_i=某一指标的修正分数/所有修正分数之和

f_i即为各个指标的权系数。

（2）模糊综合法

通过模糊数学提供的方法进行运算，模糊综合法可以用来对人、事、物等多因素系统进行全面的、定量的评价。该方法往往对单个对象进行评价、对多个对象进行决策，其运用过程可以分为以下几个步骤。

①确定评价因素集合U：n个；

②确定评语等级集合V：m个，常常用类似"好、较好、一般、较差、差"的方式表达；

③给出评价因素权重的模糊集合A：n维模糊行向量（U中，单层次），对多层次结构则分层次进行；

④给出从U到V的模糊关系R：$R = n \times m$模糊评价矩阵，其中元素r_{ij}为第i个单因素第j种评语的可能程度；

⑤建立模糊评价模型B：$B = A \cdot R$，它是一个m维模糊行向量（V中）；

⑥综合评价：模糊关系合成——与（积）"取小"、或（加）"取大"；

⑦归一化：得出模糊综合评价结果。

模糊综合评价方法根据各指标间的相关关系或各指标的变异程度确定权重，避免了人为因素的偏差，但从评价本身意义上看，并不必然体现指标在系统评价中的实际地位。

在养老服务满意度评价过程中，往往存在"亦此亦彼"的状况，评价主体对评价标准的掌握、对评价对象性质的认识均带有不同程度的模糊性，为了较好地处理这些模糊现象，对养老服务中的各种现象做出符合实际的评价，提高评价的准确性，模糊综合评价法具有其独特的应用价值。

定性和定量的评价方法有很多种，有的适用于单项指标评价，如两两比较法、体操计分法、连环比率法等，有的适用于整体综合评价，如模糊综合法、层次分析法等，这里不一一列举。下面结合实际案例分析，重点介绍几种可以使用统计分析软件或数学分析软件作为处理工具的系统综合评价方法。

4.2 因子分析方法

系统分析与系统决策的进程可划分为四个阶段：一是对系统进行描述性分析，二是对系统进行解析性分析，三是对系统进行预测性研究，四是进行系统决策。

因素分析方法在统计学中称作因子分析，其作为探索系统内部运动规律的重要工具之一，目前已经被广泛地应用到经济学、社会学、管理科学、系统科学等各个领域，并均取得了显著成效。

因素分析方法属于描述性分析，它能够保证在数据信息损失最小的前提下，从大规模的原始数据群中，迅速将重要的信息提取出来，将高位的数据集合进行降维处理，迅速地揭示系统中的因子结构。从而使人们对该系统达到尽可能充分和全面的认识，大大地提高决策者的洞察能力和分析效率。

4.2.1 因子分析的概念

1. 含义和作用

因子分析是通过变量（或样本）的相关（或相似）系数矩阵内部结构的研究，找出能控制所有变量（或样本）的少数几个随机变量去描述多个变量（或样本）之间的相关（或相似）关系。也就是把观测变量分类，将相关性较高的——联系比较紧密的、包含重复信息较多的变量分在同一类中，使不同类的变量之间的相关性较低，那么每一类变量实际就代表了一个本质因子或一个基本结构。因子分析就是寻找系统中这种不可观测的因子或结构的方法。

因子分析的实质就是在存在相关关系的变量之间，探讨是否存在不能直接观察、但对观测变量的变化起支配作用的、不可测的潜在因素。其主要是寻找潜在的、起支配作用的因素,以便将多个变量综合为少数几个因子;通过建立模型,再现原始变量与因子之间的相关关系。

因子分析最终用较少的综合指标分别综合存在于各个变量中的各类信息,对原始变量进行分门别类地综合评价。这些综合因子往往不能直接观测得到,但更能反映事物的本质。

2. 模型的形式

因子分析不是对原始变量的重新组合,而是对原始变量进行分解,分解为公共因子与特殊因子两部分。在因子分析过程中,可以将每个公共因子表示为变量的线性组合,进而用变量的观测值来估计各个因子的值(即因子得分)。原始观测变量 x_i 与潜在因素 z_i 之间的关系表示为:

$$\begin{aligned} x_1 &= b_{11}z_1 + b_{12}z_2 + \cdots + b_{1m}z_m + e_1, \\ x_2 &= b_{21}z_1 + b_{22}z_2 + \cdots + b_{2m}z_m + e_2, \\ &\cdots \\ x_m &= b_{m1}z_1 + b_{m2}z_2 + \cdots + b_{mm}z_m + e_m。 \end{aligned} \quad (4.2.1)$$

其中,$x_1 \cdots x_m$ 为原始观测变量;$z_1 \cdots z_m$ 为潜在共性因素;$e_1 \cdots e_m$ 为潜在个性(特殊)因素,且共性因素与特殊因素相互独立。

3. 目的和任务

因子分析的目的是寻求变量基本结构、简化观测系统,即达到减少变量维数、用一个变量子集来解释整个问题。即主要目的是研究一种假设的结构,用 m($m < p$)个假设的公共因子来解释和说明 p 个变量之间的相互依赖结构及其复杂关系。

其任务的关键是寻找共性因素,但建立因子分析模型的目的不仅是找出主因子,更重要的是知道每个主因子的意义,以便对实际问题进行分析,所以计算出结果后还要探讨其实际意义并给予命名。

4. 统计与计算

在模型的建立与分析过程中,需要计算与解释的统计量主要有以下几个。

(1)因子载荷:反映某个公共因子对某观测变量的影响程度。

其表征公共因子与原有指标之间的关联程度,因子载荷值越高,表明该因子包含的原有指标的信息量越多。

(2)共性方差:用某个公共因子占总方差的百分比说明共性因素对观测变量总体的作用大小。

公共因子个数的选择应尽量兼顾以下几点，因子所能解释的方差比率或贡献率、与利用有关专业知识所得结果的合理一致性、通过这几种途径和手段对研究结果给予合理解释的可能性和可靠性，这样才能够使所研究的问题具有一定的深度和广度。

并且由于因子分析法是以由原始变量组成的每个主因子的方差贡献率作为权重来构造综合评价函数，所以使得评价结果具有很强的客观合理性。

（3）因子得分：用观测变量表示共性因素的数值。

因子得分是各个样本在公共因子上的投影值或坐标值，是将原始的全部变量信息集中到几个公共因子上。在进行更深入的定量分析时，可以把样本的因子得分当作初始变量进行进一步的分析。

（4）因子旋转：初始共性因素进行坐标变换，获得新的共性因素，重新分配因子载荷，以便容易命名和解释共性因素的实际意义。

为了使因子旋转后的结果达到更易于解释的目的，应使旋转后的因子负荷矩阵尽可能具有简单结构：每一列上的负荷大部分应是很小的，且尽可能接近于 0；每一行中尽可能只有少数几个，最好只有一个较大的负荷值；每两列中大负荷和小负荷的排列模式应当不同。

5．方法的特征

（1）因子分析模型中的公共因子包含原始变量的绝大部分信息；
（2）因子分析模型中的公共因子是不可观测的潜在变量；
（3）因子分析模型中的公共因子个数是未知的，是需要估计的；
（4）正交因子分析模型中的公共因子之间是相互独立的。

从提取公共因子的方法，即估计因子载荷矩阵的角度看，因子分析主要分为以下几种：主成分分析、主因子分析、α 因子分析、未加权最小二乘法、映象因子分析、广义最小二乘法和最大似然法。

在因子分析中，主成分方法对总体的分布情况没有什么假定，其他方法一般要求总体服从某特定分布规律，如最大似然法要求总体 X 服从 p 维正态分布；在计算过程中，其他方法不能像主成分分析法那样可以一次计算因子载荷成功，如主因子法往往需要经过多次尝试，才能得到因子载荷矩阵；只有用主成分分析法求解因子载荷时可以选择与原始变量个数相等的因子变量个数，其他方法都必须满足因子变量个数小于原始变量个数。因此在通常情况下，主要采用主成分分析方法。

4.2.2 主成分分析方法

主成分分析法具有理论和实践的简洁性、所得结果的客观性等特点，并且其降维的思想与多指标评价指标序化的要求非常接近，所以近年来该方法被广泛地应用于社会、经济、管理等领域中众多对象的综合评价中，逐渐成为一种独具特色的多指标评价技术，并成为最常用的排序方法之一。

1. 基本思路

在研究多因素问题时，多因素问题的每个指标都在不同程度上描述和反映了所研究问题的某方面信息，但指标之间往往存在一定的相关性，所得统计数据反映的信息在一定程度上有重叠，并且因素太多会增加计算量和分析问题的复杂性，难以客观地反映被评价对象的相对地位。

多因素问题涉及的多指标之间既然有一定的相关性，就必然存在着起支配作用的共同因素。人们自然希望在进行定量分析的过程中，找到这些共同因素，使得设计的指标较少，而得到的信息量又较多。

主成分分析方法利用降维的思想和信息浓缩的技术，以较少的主成分综合代替原来较多的评价指标，使综合指标为原来变量指标的线性组合，并使这些主成分能尽可能地反映原来指标的信息，而且彼此之间相互独立，使得我们在研究复杂问题时容易抓住主要矛盾。

利用该方法进行评价，包含了两个层次的线性合成。第一层次将原始指标通过恰当的线性组合而成主成分，按累计方差贡献率不低于某个值的原则确定前几个主成分。第二层次是各主成分以各自的方差贡献率为权重，通过线性加权求和得到各个样本的评价值。

2. 模型形式

潜在因素 z_i 与原始观测变量 x_i 之间的关系表示为：

$$\begin{aligned} z_1 &= a_{11}x_1 + a_{12}x_2 + \cdots + a_{1m}x_m, \\ z_2 &= a_{21}x_1 + a_{22}x_2 + \cdots + a_{2m}x_m, \\ &\cdots \\ z_m &= a_{m1}x_1 + a_{m2}x_2 + \cdots + a_{mm}x_m. \end{aligned} \quad (4.2.2)$$

（1）模型的假设：原始变量是潜在因素的纯线性组合，特殊因素的作用忽略不计。因为这种线性变换不具备改变样本空间中样本点散布状态的功能。

（2）模型的条件：第一成分有最大方差，后续各主成分的方差逐次递减。其中 n 个新变量能解释原始数据大部分方差所包含的信息，公因子数根据累计贡献率尽量大的原则确定。

3. 统计计算

在模型的建立与分析过程中，需要计算与解释的统计量主要有以下几个，其中部分统计量与因子分析中的计算方法和含义是相同的。

（1）特征方程根：是确定主成分数目的根据，反映原始变量的总方差在各个成分上重新分配的结果。$S_i = \dfrac{\sum_{i=1}^{n}(Z_i - \overline{Z}_i)^2}{n-1} = \lambda_i$，$\sum_{i=1}^{n}\lambda_i = m$，即特征值的和等于特征值方差和。

（2）成分贡献率：各个成分所包含信息占总信息的百分比，用方差作为变量包含的信息。$\lambda_i / \sum_{i=1}^{n}\lambda_i = \lambda_i / m$。

（3）积累贡献率：前 n 个成分的累计贡献率，$\sum_{i=1}^{n}(\lambda_i / \sum_{i=1}^{n}\lambda_i)$。

（4）主成分判定：或者取所有特征值大于某定值的成分作为主成分，或者根据累计贡献率达到百分比值定主成分。

（5）特征向量值：各个成分表达式中标准化原始变量（均值为0、标准差为1）的系数向量值，它是写成分表达式的根据。

（6）主成分分数：根据主成分表达式和各个观测变量值计算的成分值。

4．方法特征

（1）多指标的主成分分析主要用来判断某种事物或现象的综合指标并给综合指标所蕴藏的信息以恰当的解释，以便更深刻地解释事物的内在规律性。

（2）主成分分析的目的主要是根据相关矩阵或协方差的信息，用一组(总共 p 个)相互正交的主成分来说明 p 个变量的总变差。

（3）主成分分析不需要有关待分析样本或变量的任何先验信息，对变量的属性没有严格要求，只要样本达到一定数量又具有独立性、代表性，则相同属性的变量、相近特征的样本会根据各自在潜在变量空间中的位置显示出清晰的相互关系。

（4）在主成分分析中，经过原来诸多变量转化后而得到的综合指标（主成分）是相互独立的，消除了多重共线性，几个指标代表的信息不重叠，且每个主成分相应的系数是唯一确定的。

5．分析步骤

（1）建立指标体系和原始矩阵，并对原始数据进行同方向性处理。

建立指标体系时，对有高度相关性的若干个变量，或者某些变量所表示的实物与其他变量所表示的实物有一定程度的类似作用，可以取其中的一部分来代替这些变量，或初步将它们合并在一起，则可初步剔除一些重复信息，使得主成分分析的结果有很大的改进。

指标最好有同趋势化，一般为了评价分析的方便，需要将逆指标（数值越小越好的指标）转化为正指标（数值越大越好的指标），转化的方式为用逆指标的倒数值或取负值代替原指标。

（2）为避免量纲的不同，将原始数据进行标准化处理。

当各个指标存在数据量纲不同或者数量级差异很大时，运用 SPSS 统计分析软件，按分析 Analyze——描述统计 Descriptives Statistics——描述 Descriptives 的顺序，选择变量框中指标进行标准化处理，并将标准化后的变量保存在数据编辑窗口。

标准化处理可以减小量纲和数量级对数据分析的影响，但是需要注意指标标准化也会对分析的结果产生影响。

（3）运用 KMO（Kaiser-Meyer-Olkin）检验模型与巴特利特球度检验（Bartlett's Test of Sphericity）对数据进行检验。

（4）计算相关系数矩阵，解特征方程并计算相关矩阵的特征值和特征向量、贡献率和累计贡献率，根据方差累计贡献率等确定因子个数，计算初始因子载荷矩阵和因子旋转矩阵、确定主成分等。

（5）计算主因子得分和构造综合因子评分函数，并根据主因子和综合因子得分情况，给出相应的评价。

4.2.3 分析内容和过程

以各省市区住房保障水平为例，运用主成分分析方法进行综合评价。

自城镇住房制度市场化实施以来，我国逐步形成多层次住房供应框架和多层次住房保障体系，取得了一定的成就。但目前，我国正处于城市化快速发展阶段，新时期面临加快经济增长方式转变、社会协调发展等难题。住房保障水平如果过低，低收入家庭的基本居住条件难以保证，将会影响社会稳定；如果过高，各级政府和社会又将难以承受，这也将影响到我国市场经济的进一步发展完善。因此如何正确评价我国城镇住房保障水平就显得十分重要。

1．准备数据

（1）选择因素：定性分析、收集数据；

（2）定义变量：变量必为等间隔测度或比率的数值型，不分自变量与因变量，一般可以明显计算相关系数；

（3）数据要求：观测量相互独立；观测量个数一定大于变量个数，且越大越好；一般使用断面数据，并且经过同方向和标准化处理；

按照评价指标选取的原则，以及参考影响住房保障水平的因素，适当选取一些具有代表性的指标，所选取的数据主要来源于《中国统计年鉴》《各省市统计年鉴》。

选取的指标变量依次是：

X_1——人均 GDP　　　　　　　　X_2——城市化率

X_3——恩格尔系数　　　　　　　X_4——人均可支配收入

X_5——人均住房消费支出　　　　X_6——人均住宅建筑面积

X_7——商品房均价　　　　　　　X_8——住宅用地年供应量

X_9——住宅投资额　　　　　　　X_{10}——保障房用地年供应量

选取的样本为 31 个地区，包括北京、天津、河北、山西、内蒙古、辽宁、吉林、黑龙江、上海、江苏、浙江、安徽、福建、江西、山东、河南、湖北、湖南、广东、广西、海南、重庆、四川、贵州、云南、西藏、陕西、甘肃、青海、宁夏和新疆。

2. 指定变量

（1）因为因素分析方法是在存在相关关系的变量之间，探讨是否存在不能直接观察，但对观察变量的变化起支配作用的潜在因素的分析方法，其出发点是用较少的、互相独立的因子变量来代替原有变量的绝大部分信息，从而建立起基本、简洁的概念体系，最终达到诸因子之间差别明显化和可操作化的目的。因为 m 是需求解的参数，所以设定隐含共性因子集 $\{Z_1, Z_2 \cdots Z_m\}$ 后，设立模型如下：

$$\begin{cases} Z_1 = a_{11}X_1 + a_{12}X_2 + \cdots + a_{110}X_{10} \\ Z_2 = a_{21}X_1 + a_{22}X_2 + \cdots + a_{210}X_{10} \\ \cdots \\ Z_m = a_{m1}X_1 + a_{m2}X_2 + \cdots + a_{m10}X_{10} \end{cases} \qquad (4.2.3)$$

（2）启动系统、建立文件、选择变量。

设定变量、输入样本数据后，运用 SPSS 统计分析软件，按分析 Analyze——数据简化 Data Reduction——因素 Factor 的顺序展开因素分析主对话框，并选择要分析的因素进入变量栏 Variables。

因子分析过程的功能选择共有统计描述 Descriptives、提取因子 Extraction、因子旋转 Rotation、因子得分 Factor Scores、输出设置 Options 五项，其中主要包含选择模型方法和选择输出图表的两大类。

3. 选择方法

（1）选择提取因子 Extraction 方法

在主对话框中，单击 Extraction 进入提取因子对话框。其中：

模型方法 Method 下拉框中选择主成分方法 Principal components，该方法假设原始变量是隐含因子的纯线性组合，各个成分方差逐个递减。

分析矩阵 Analyze 栏中单选相关矩阵 Correlation matrix，适用于原始数据的量纲不同或者取值范围差异大的变量。

控制提取 Extract 栏中或按最小特征值 Eigenvalues over 提取因子，或按因子数 Number of factor 提取因子，一般要求特征值大于 1，且提取的因子数尽可能少。但需注意，以主成分特征值大于 1 作为抽取标准是先考虑保留而非剔除主成分，因而经常导致主成分的过度抽取。

还可指定因子分析收敛的最大迭代次数 Maximum iterations for Convergence。

（2）选择因子旋转 Rotation 方法

在主对话框中，单击 Rotation 进入因子旋转对话框。其中：

旋转方法 Method 栏一般选择方差最大旋转 Varimax，其使每个因子上具有最高载荷的变量数最少；或四次最大正交 Quartimax，其使每个变量中需要解释的因子数最少；或平均正交旋转 Equamax，其是前两者的结合。

还可改变旋转收敛的最大迭代次数。

（3）选择计算因子得分 Factor Scores 方法

在主对话框中，单击 Factor Scores 进入因子得分对话框。其中：

计算方法 Method 栏中选择回归方法 Regression，前提把因子得分作为新变量保存在数据文件中，需选择 Save as variables。

4．选择输出

（1）描述统计输出

在描述性统计量输出对话框中：

统计量 Statistics 栏系统默认选择提取前后的分析变量的公因子方差 Initial solution，有时也需选择原始变量的描述性统计量 Univariate descriptives。

相关矩阵 Correlation Matrix 栏一般选择原始变量的相关系数矩阵 Coefficients 及其单尾假设检验显著性水平 Significance levels。

（2）因子提取输出

在提取因子对话框中：

显示 Display 栏系统默认选择 Unrotated facte solution 旋转前的提取结果，还需选择按成分特征值大小排列的 Scree plot 碎石图，以便观察明显的拐点而确认保留的因子数。

（3）因子旋转输出

在因子旋转对话框中：

指定旋转方法后，显示 Display 栏系统默认输出显示旋转后的因子矩阵。若只有两个主成分，还需选择 Loding plot(s) 旋转后的因子载荷散点图，以便观察各原始变量对隐含因子的分布趋向，使得分析简化并可最终命名因子。

（4）因子得分输出

在因子得分对话框中：

选择显示因子得分的标准化系数矩阵 Display factor score coefficient matrix，可根据此计算各观测量的因子得分，以对样本进行排序。

（5）输出设置选择

在输出设置对话框中：缺失值的处理方法必须单选一律剔除、成对剔除、均值代替三种之一。

载荷系数显示格式可复选系数按大小排列成矩阵，使得同一因子下具有较高载荷的变量排在一起；以及不显示小于指定值的系数，以便突出显示载荷较大的变量。

5. 分析结果

（1）统计描述

如表4.2.1所示，提取公因子之前，各原始变量的公因子方差均为 1，n 个变量的公因子方差总和为 n。提取公因子之后，各变量的未旋转的公因子方差有差异，其数值越大，对应变量与潜在共性因子的相关性越强，表明其提取的公共因子具有代表性。

表 4.2.1 公因子方差表

	初始	提取
人均 GDP	1.000	.907
城市化率	1.000	.942
恩格尔系数	1.000	.629
人均可支配收入	1.000	.944
人均住房消费支出	1.000	.825
人均住房建筑面积	1.000	.850
商品房均价	1.000	.858
住宅用地年供应量	1.000	.892
住宅投资额	1.000	.813
保障房用地年供应量	1.000	.779

(2)方差分解

如表 4.2.2 所示,各主成分序号、相关矩阵的特征值、旋转前因子载荷平方和、旋转后提取结果,其中的三项分别为各成分特征值(方差)、方差百分比(共性方差)、累积百分比。

表 4.2.2 因子提取表

因子	相关矩阵的特征值			旋转前因子载荷平方和			旋转后因子载荷平方和		
	特征值	方差贡献率	方差累计贡献率	特征值	方差贡献率	方差累计贡献率	特征值	方差贡献率	方差累计贡献率
1	4.825	48.253	48.253	4.825	48.253	48.253	4.808	48.077	48.077
2	2.275	22.751	71.004	2.275	22.751	71.004	2.220	22.199	70.277
3	1.338	13.376	84.381	1.338	13.376	84.381	1.410	14.104	84.381
4	.619	6.192	90.573						
5	.321	3.214	93.786						
6	.220	2.203	95.989						
7	.167	1.669	97.659						
8	.141	1.412	99.071						
9	.068	.681	99.752						
10	.025	.248	100.000						

第一成分有最大方差,后续各主成分的方差逐次递减。即第一成分综合原有变量的能力最强,越往后的主成分综合原信息的能力越弱。

公因子的数目往往综合考虑方差大小及其差异、共性方差及其差异、各因子方差的累积百分比。一般来说,所选取公共因子的方差累计贡献率要大于 85%,并且在资料所含的变量个数、样本数及累计贡献率固定的前提下,主成分个数与变量个数的比值越小越好。

其中,前 3 个主成分的特征值大于 1,且由方差累计贡献率可知,其主成分累计贡献率已达 84.381%,所以选择前 3 个主因子作为共性因素能概括和解释原始变量所包含的信息的 84.381%。

(3)成分矩阵

表 4.2.3 表示旋转前因子载荷矩阵,每一因子载荷量表示主成分与对应原始变量的相关系数,是各个原始变量的因子表达式的系数,表达提取的共性因子对原始变量的影响程度。

表 4.2.3 因子载荷矩阵

	因子		
	1	2	3
人均可支配收入	.951	.026	.195
城市化率	.950	-.075	-.185
人均 GDP	.940	-.031	-.151
人均住房消费支出	.908	-.032	-.014
商品房均价	.882	-.238	.153
住宅用地年供应量	-.036	.937	.112
住宅投资额	.439	.777	.126
保障房用地年供应量	-.294	.678	-.482
人均住房建筑面积	.082	.376	.838
恩格尔系数	-.496	-.354	.507

表 4.2.4 表示旋转后因子载荷矩阵，将因子载荷两极分化，使各成分变量的趋向性更集中，它是分析和概括共性因子意义、以及命名因子的依据。表下的提示说明提取方法、旋转方法、迭代次数。

表 4.2.4 旋转后因子载荷矩阵

	因子		
	1	2	3
城市化率	.958	.036	-.149
人均 GDP	.944	.069	-.107
人均可支配收入	.940	.033	.243
人均住房消费支出	-.907	-.030	-.024
商品房均价	-.891	.214	-.130
住宅用地年供应量	-.109	.870	.351
保障房用地年供应量	-.328	.761	-.302
住宅投资额	.376	.743	.347
恩格尔系数	.485	.506	-.371
人均住房建筑面积	.026	.146	.910

经旋转得到的主成分方向上的不相关，并不意味着原始重复信息的剔除，而是在不同指标中的该重复信息经分解后的完全叠加同一个主成分中。

根据表 4.2.4，各个原始变量的共性因子线性组合分别为：

城市化率$=0.958Z_1+0.036Z_2-0.149Z_3$，

人均 GDP$=0.944Z_1+0.069Z_2-0.107Z_3$，

人均可支配收入$=0.940Z_1+0.033Z_2+0.243Z_3$，

人均住房消费支出$=-0.907Z_1-0.030Z_2-0.024Z_3$。

商品房均价$=-0.891Z_1+0.241Z_2-0.130Z_3$。

住宅用地年供应量$=-0.109Z_1+0.870Z_2+0.351Z_3$。

保障房用地年供应量$=-0.328Z_1+0.761Z_2-0.302Z_3$。

住宅投资额$=0.376Z_1+0.743Z_2+0.347Z_3$。

恩格尔系数$=0.485Z_1+0.506Z_2-0.371Z_3$。

人均住房建筑面积$=0.026Z_1+0.146Z_2-0.910Z_3$。

表 4.2.5 中，因子旋转矩阵表明各主成分之间的偏离旋转程度。

表 4.2.5 因子旋转矩阵

因子	1	2	3
1	.997	.063	.051
2	-.074	.963	.261
3	.032	.264	-.964

由因子旋转矩阵和主成分图 4.2.2 可以看出：

第一主成分 X_4（人均可支配收入）、X_2（城市化率）、X_1（人均 GDP）、X_5（人均住房消费支出）、X_7（商品房均价）有绝对值较大的载荷系数和解释能力，它主要概括和反映了影响住房保障的需求因素，因此将其命名为住房需求水平。该主因子的方差贡献率最大，达到 48.253%，因此，需求因素对住房保障水平的高低影响最大。

第二主成分 X_8（住宅用地年供应量）、X_9（住宅投资）、X_{10}（保障房用地年供应量）有绝对值较大的载荷系数和解释能力，它主要概括和反映了各省住房保障的人口及供给情况，因此将其命名为住房供给水平。该主因子的方差贡献率其次，达到 22.751%，因此省份间住房保障水平的供给差距，对提高本地住房保障水平也是至关重要的。

第三主成分 X_6（人均住宅建筑面积）、X_3（恩格尔系数）有绝对值较大的载荷系数和解释能力，恩格尔系数的降低可以很好的反映该省份的目前生活水平的高低，人均住宅建筑面积同样反映目前生活水平高低，成为影响住房保障水平的生活现状因素，因此将其命名为生活水平因子。该主因子的方差贡献率其次，达到 13.376%，因此省份间生活水平的差异对住房保障水平高低的影响也是至关重要的。

表 4.2.6 评价指标分类命名

因子	指标	因子命名
因子一	X_4：人均可支配收入 X_2：城市化率 X_1：人均 GDP X_5：人均住房消费支出 X_7：商品房均价	住房需求水平
因子二	X_8：住宅用地年供应量 X_9：住宅投资 X_{10}：保障房用地年供应量	住房供给水平
因子三	X_6：人均住宅建筑面积 X_3：恩格尔系数	生活水平因子

（4）因子得分分析

表 4.2.7 为因子得分系数矩阵，可写出旋转后主成分表达式，其由观测变量线性组合，并可计算各因子的得分分数，得分分数是深入分析的基础。

$Z_1=0.195X_1+0.197X_2-0.103X_3+0.197X_4+0.188X_5+0.017X_6+0.183X_7-0.007X_8+0.091X_9-0.06X_{10}$

$Z_2=-0.014X_1-0.033X_2-0.156X_3+0.011X_4-0.014X_5+0.165X_6-0.105X_7+0.412X_8+0.342X_9+0.298X_{10}$

$Z_3=-0.113X_1-0.138X_2+0.379X_3+0.146X_4-0.011X_5+0.626X_6+0.115X_7+0.084X_8+0.094X_9-0.36X_{10}$

表 4.2.7 因子得分矩阵

	因子		
	1	2	3
人均 GDP	.195	-.014	-.113
城市化率	.197	-.033	-.138
恩格尔系数	-.103	-.156	.379
人均可支配收入	.197	.011	.146
人均住房消费支出	.188	-.014	-.011
人均住房建筑面积	.017	.165	.626
商品房均价	.183	-.105	.115
住宅用地年供应量	-.007	.412	.084
住宅投资额	.091	.342	.094
保障房用地年供应量	-.061	.298	-.360

根据各个主因子得分,还可计算因子的总得分及样本的综合排名。先利用回归法估计出各因子得分,再以每个主因子的方差贡献率占三个公共因子总方差贡献率的比重作为权数进行加权计算,其计算公式为

$Z=(48.253Z_1+22.721Z_2+13.376Z_3)/84.381$。

还可以对评价指标进行选择和分类,也可以进行预测分析。

表 4.2.8 因子得分协方差矩阵

因子	1	2	3
1	1.000	.000	.000
2	.000	1.000	.000
3	.000	.000	1.000

表 4.2.8 为因子得分的协方差矩阵,表明提取的共性因子的独立性。

从因子得分矩阵(表 4.2.7)可得各原始变量对公因子变量的影响程度。还可根据数据编辑窗中新生成的表示各个样本关于每个公共因子得分的变量 fac1、fac2、fac3,分别以因子 1 和因子 2、因子 1 和因子 3 为横纵坐标,作关于各样本的更加直观的因子散点图,如图 4.2.1。

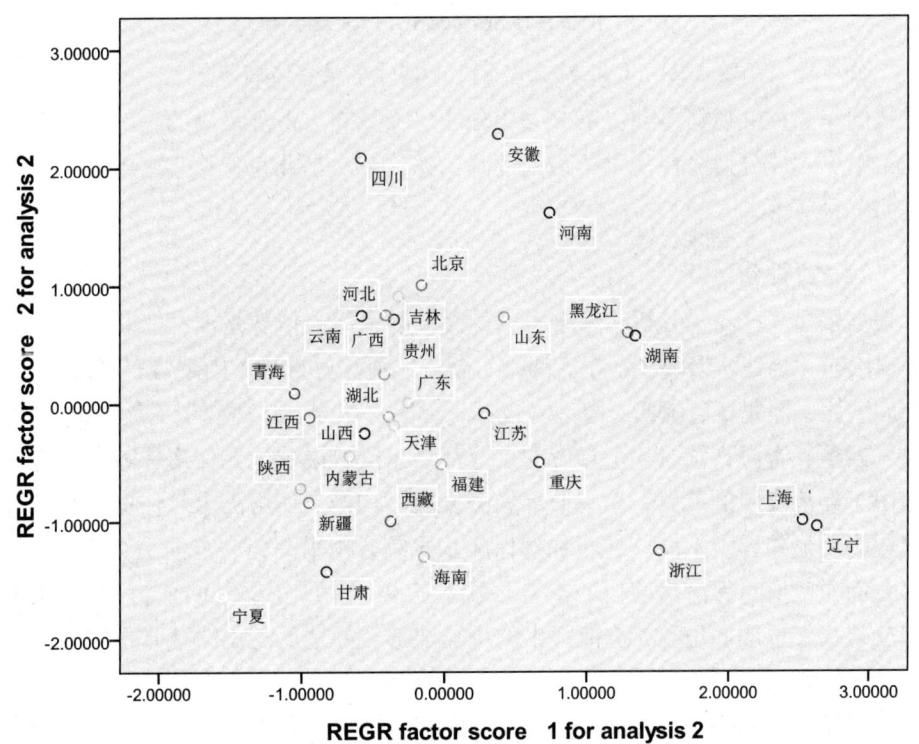

图 4.2.1(a) 隐含因子 1 和因子 2 的样本散点图

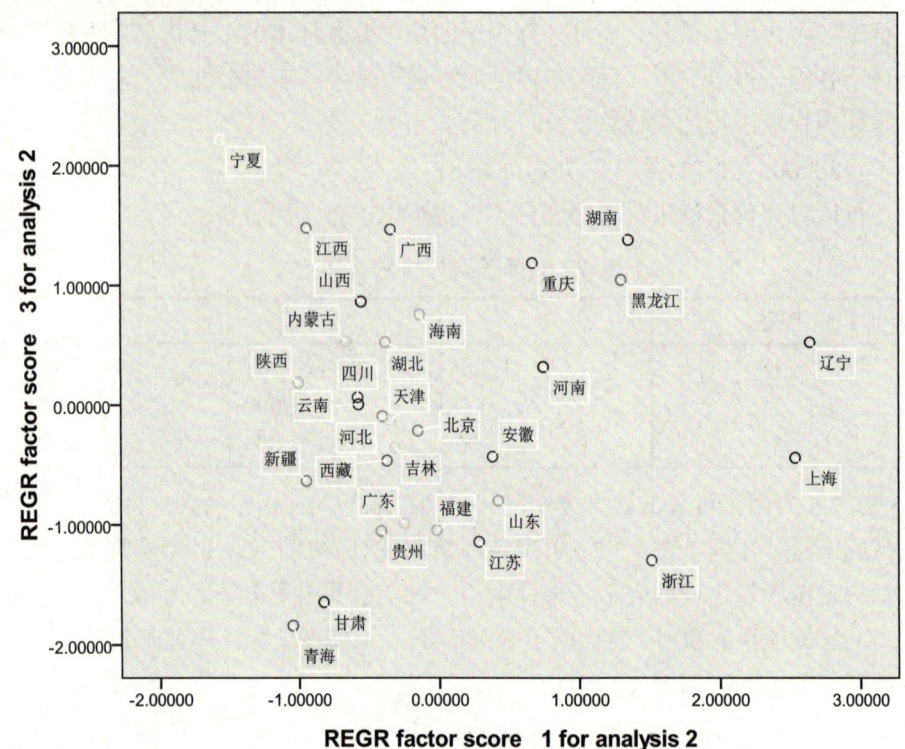

图 4.2.1（b） 隐含因子 1 和因子 3 的样本散点图

从图 4.2.1 中观察得到：第一主成分住房保障需求得分最高的是上海，其次是浙江；第二主成分得分住房供给最高的是山东，其次是北京；第三主成分得分最高的是西藏；等等。

6. 综合评价

根据图 4.2.1（b）分析，综合得分最高的是上海，依次是浙江、北京、广东、江苏、山东、福建、天津、辽宁、河南、湖南、河北、重庆、内蒙古、安徽、四川、湖北、广西、黑龙江、山西、海南、吉林、云南、陕西、江西、宁夏、贵州、新疆、甘肃、西藏、青海；前 13 个省份的得分都是正值、说明他们住房保障水平较高、我国由于经济发展的差异，东中西部经济发展不均衡、住房需求与住房供给也就会出现较为明显差异。上海、北京住房保障水平综合水平高，一方面是经济状况好，另一方面是政府对保障房建设的支持。总体来说，模型构造的主成分评价体系能较好地反映指标选取的信息，据此得出的排名能够较好地反映出哪些省份应该提高住房保障水平。

根据结果可知，住房保障水平在我国总体上的状况是东部高于中部，西部次之，住房保障情况的改善路径应该是：首先经济发展情况在很大程度上可以反映出居民对住房的需求，因此提高住房保障水平主要从居民需要和住房供给两个角度考察。东部省份应该保持适度的住房保障水平；中部应注重经济的发展，提高居民的收入从而满足对住房的需求，另外住房供给应与需求相配套；西部地区应该循序渐进，不应急于改善住房保障水平，首先应改善人民的生活水平，发展经济，从而改善居民的住房情况，最终实现全国住房保障水平总体的提高和较为均衡。

4.2.4 应用因子分析方法时的注意点

1．对因子分析结果考察的处理方法

为了考察因子分析结果的稳定性与可靠性，一般来说应该在原总体中抽取几个样本进行分析。如果几个样本的分析结果较一致，则说明因子分析的解是有意义的。

还应注意不要单纯地从一个因子分析就做出某种定论。为了保证因子分析结果的可靠性，应对初步分类结果进行再处理，等量提取各主因子中因子载荷较大的指标再次进行因子分析。

2．对因子分析最终结果的解释

因子分析不但需要客观的复杂计算，还需要主观思维的补充加工。针对因子分析最终结果的解释一定要与实际研究问题的性质及专业知识紧密结合，只有当这种解释与专业研究人员所考虑的几个方面相符合或相近时，才能认为这种分析是成功的。而且不同的研究者对其结果有不同的分析，只要解释合理也就认为是可以接受的。

3．影响主成分分析结果的主要因素

综合评价结果较易受到评价指标属性的影响。如果存在一个指标数量多、相关性强的指标子集时，则第一主成分的权重系数将向该子集中的指标倾斜，其他指标的权重系数将会很小。如果评价指标中存在多个高度相关的指标子集，则第一主成分中各指标的权重分配就变成这些指标子集之间的较量。哪个子集指标个数多且内部相关性高，其在第一主成分中的系数就大。

所以，主成分分析方法中某一方面的评价指标的多少、相关性的强弱对结果有着显著的影响。因此在进行评价时，首先将评价指标划分为不同的指标子集，利用该方法得到每一指标子集的评价值，再给各指标子集分配相应的权重系数。

4．其他需要注意的问题

特别需要注意区别提取的因子矩阵与得分的系数矩阵的含义、用途、用法等。应用时需要进一步分析主成分分数的对象、类别、含义、方法等，而且进一步分析的方法常用图形分析、聚类分析等方法。

4.3 聚类分析方法

聚类分析法在我国已得到广泛应用，特别是电子计算机的普及，使聚类分析应用的广度和深度更趋加大，在遗传基因工程、证券市场分析、医药、采矿等方面聚类分析法都有广泛的应用。

聚类分析是研究多个样本或指标的分类问题的一种多元统计分析方法。作为一种实用性很强的数学工具，聚类分析能较好地综合各项指标来反映系统对象的风格和特点，并能解决许多实际问题。

4.3.1 概念与特征

1．聚类的含义

聚类分析就是根据变量（或样本、或指标）的属性或特征的相似性或亲疏程度，用数学方法把它们逐步地分型划类，最后得到一个能反映样本之间或指标之间亲疏关系的客观的分类系统。

分类有利于发现事物的共性与差异。经过分类，具有相同特征的个体被归在一起，便于人们从纷繁复杂的大量现象中发现事物最基本的规律，将注意力集中于主要矛盾，易于从整体上把握问题的实质。分类不仅有利于排除次要的干扰因素，还有利于借鉴，分类是为进行比较而创造条件，使不同的事物之间具有可比性。分类的目的在于从量化的角度来探讨系统各个组成部分的共性与个性，能为科学决策服务。

聚类分析是根据事物本身的特性研究个体分类的方法，是研究事物分类的基本方法。但其是为了某种目的所做的工作，并非是真实存在的分类。

2．分类的原则

聚类分析的目的是把分类对象按一定规则分成若干类，这些类不是事先给定的，而是根据数据的特征确定的。在同一类里的这些对象在某种意义上倾向于彼此相似，而在不同类里的对象倾向于不相似。即同一类中的个体相似性大，不同类中的个体差异性大。

3．分类的方法

（1）按聚类对象分

样本聚类：对观测量聚类，对反映被观测对象特征的各个变量值进行分类。目的是判断研究对象的属类。如在对各地区的基本医疗保险的参保人数、退休人数、当期基金收入、当期基金结余、人均门诊费、人均住院费、人均医保支出等多项指标进行调查测定后，可将地区之间的医疗保险水平分为几类，如"高""中""低"等，这属于对样本进行分类。

变量聚类：根据所研究的问题，选择反映事物某些特点的部分变量来研究事物的某方面。目的是找出彼此独立的有代表性的变量，以便在用少量有代表性变量代替众多变量时，损失信息很少。如在评定各地区的基本医疗保险水平这一问题上，一些指标可能评定的是政策质量方面，另一些指标评价的是实施效率方面，还有一些指标可能是测定了保险可持续发展方面等，因此也可以将这些指标分成几类。

（2）按聚类过程分

分解方法：首先把所有个体分为一大类，然后根据距离最远或性质差异逐层分解，并且计算新类与其他类之间的距离，再选择远离者分解，每分解一次增加一类，继续这一过程，直到每个个体自成小类为止。

凝聚方法：首先把每个个体分为一小类，然后根据距离最近或性质相似逐步并类，并且计算新类与其他类之间的距离，再选择相近者并类，每合并一次减少一类，继续这一过程，直到所有个体都合并成一个大类为止。

4.3.2　方法和步骤

一般聚类分析分3步。

第1步，数据变换。

聚类分析过程中需要对各个原始数据进行一些相互比较运算，而各个原始数据由于计量单位不同，或虽有相同计量单位，但变量间数据的方差相差较大或数量级差异较大，这会影响聚类分析中的比较运算，因此需对原始数据进行标准化变换处理。

第2步，计算聚类统计量。

聚类统计量是根据变换以后的数据衍生得到的一个新数据，它用于表明各单位之间的密切程度。因聚类分析既可对样本进行分类也可对指标进行分类，则衡量样本间亲疏程度的指标常用距离来表示，衡量指标间的亲疏程度常用相似系数来反映。

第3步，选择聚类方法。

根据聚类统计量将关系密切的单位聚为一类，将关系不密切的单位加以区分。这是聚类分析中最终的，也是最重要的一步。在实际问题的研究中，有多种划分方法可供选择，需依据具体情况而定。

4.3.3　聚类分析的内容和过程

运用聚类分析方法，研究全国各地区卫生设施情况，对样品进行聚类，进而分析各地区卫生医疗资源配置水平，判断卫生医疗水平。所选取的相关数据来源于《中国统计年鉴》。

1．方法选择

按分析 Analyze—聚类 Classify—分层聚类 Hierachical Classify 的顺序展开分层聚类分析主对话框。从左侧原始变量备选框中指定参与分析的变量送入右侧变量 Variable(s)框中。在聚类栏 Classify 选择聚类类型，或是观测量聚类 Cases 或变量聚类 Variable。若做观测量聚类，还需指定一个标识变量送到样本标签框 Label Cases by 中。在输出显示栏，系统默认选择输出统计量和图形。

在主对话框中，单击方法选择 Method 功能按钮，展开分层聚类分析的方法对话框。其中主要包括以下几个方面内容的选择。

（1）聚类方法 Cluster Method：定义、计算两项之间距离或相似性的方法。

组间连接：合并两类后使所有对应两项之间的平均距离最小。

组内连接：合并后使类中所有项之间的平均距离（平方）最小。

最近邻法：用两类之间最近点间的距离代表两类间的距离。

最远邻法：用两类之间最远点间的距离代表两类间的距离。

重心聚类：以计算所有各项均值间距离的方法计算两类间距离。

中位数法：以各类中的中位数为类中心。

最小方差：以类间方差最小为聚类原则。

（2）测度方法 Measure：测度距离或相似性的算法。

测度方法一般与聚类方法对应一致。聚类方法不同，测度算法相应不同，聚类结果会有区别。若方法与算法不一致，则输出警告提示，结果不能成立。

测度方法有计算连续变量的距离、离散变量的不相似性、二值变量的距离或不相似性。连续变量距离计算方法有以下几种。

欧氏距离：$(\sum_{i=1}^{n}(X_i-Y_i)^2)^{1/2}$，两项间的差是每个变量值差的平方和再平方根，目的是计算两项间的整体距离即不相似性。

距离平方：$\sum_{i=1}^{n}(X_i-Y_i)^2$，欧氏距离平方，目的是减少计算误差。

相似测度：$\sum_{i=1}^{n}(X_iY_i)^2/(\sum_{i=1}^{n}X_i^2 \cdot \sum_{i=1}^{n}Y_i^2)$，两项间的相似性是向量间的余弦，值域-1~1，用0值表示相互垂直。

皮氏相关：$\sum_{i=1}^{n}(Z_{Xi}Z_{Yi})^2/(n-1)$，两项间的相似性是向量间的线性相关性，范围-1~1，0值表明非线性相关。

切氏距离：$Max|X_i - Y_i|$，两项间的距离是变量间最大差值的绝对值。

布氏距离：$\sum_{i=1}^{n}|X_i - Y_i|$，两项间的距离是每个变量值之差的绝对值总和。

明氏距离：$(\sum_{i=1}^{n}|X_i - Y_i|^p)^{1/p}$。

自定距离：$(\sum_{i=1}^{n}|X_i - Y_i|^p)^{1/r}$。若 $r = p$，则为明氏距离。

（3）数据转换 Transform Values：为消除量纲不同的影响。

若参与分析的变量量纲一致，则不需标准化转换。但不同的标准化会导致不同的聚类结果，因此选择方法注意与变量分布相对应。

标准化到 Z 分数：转换后变量均值为 0、标准差为 1。(每个值－均值)/标准差。
标准化到某范围：转换到范围－1~1 内。每个值/范围。
标准化到某一值：转换为最大值等于 1。每个值/最大值。
标准化到某范围：转换到范围 0~1 内。(每个值－最小值)/范围。
标准化到某一值：转换到均值的一个范围。每个值/均值。
标准化到标准差：转换到单位标准差。每个值/标准差。

2．输出选择

（1）统计量选择

在主对话框中，单击 Statistics 出现统计量对话框。

系统默认输出凝聚状态表 Agglomeration schedule，其显示聚类每一步的合并过程、被合并两项间的距离、合并后的类水平，据此可以跟踪合并过程和观察接近程度。但需注意，选择不同的聚类方法、测度方法和标准化法，聚类的过程和结果不同。

还需选择输出分类结果 Cluster Membership，或指定类数 Single solution，或限定类数范围 Range of solution，但都取决于聚类类型选择。

（2）统计图选择

在主对话框中，单击 Plot 出现统计图对话框。

树形图 Dendrogram 表明聚类每一步过程中被合并的类和系数值。其与凝聚状态表一致，侧重表示聚类的过程，同时直观体现聚类后的结果。

冰柱图 Icicle 综合聚类信息在同一图上，其侧重表示聚类的结果。可以选择观察全过程 All clusters，或指定聚类范围 Specified range of clusters，并需选定显示方向 Orientation 为纵向 Vertical 或横向 Horizontal。

两图都是确定分类结果的重要手段，但最后分类结果还需要研究者根据研究对象和研究目的自行确定。

（3）新变量选择

在主对话框中，单击 Save 出现保存对话框。

当通过统计量和统计图的分析而确定研究对象的分类结果后，需要保存分类变量在数据文件中，以便进一步分析时使用。

可选择保存单一结果 Single solution，其指定类数后，变量表明每个个体聚类后所属的类。或选择指定范围结果 Range of solution，其指定范围后，若干变量中每个变量均表明每个个体聚类后所属的类。

变量聚类不建立新变量。

3. 分析评价

（1）聚类过程

此过程，将医疗机构床位数、卫生机构人员数、妇幼保健院、疾病预防控制中心、门诊部、卫生院、医院作为分析变量，将中国 31 个地区作为标识变量；选择数值标准化为 z-scores，选择聚类方法为 Between-groups linkage，即合并两类的结果使得所有项对之间的平均距离最小，选择距离测度为 Interval 的 Squared Euclidean distance，以两变量差值平方和为距离；指定生成聚类的个数范围为 4 到 7。输出如表 4.3.2 – 4.3.4、图 4.3.1 所示。

表 4.3.1 样本概要表，显示聚类分析的有效样品有 31 个，没有缺失值存在。

表 4.3.1 样本概要表

样品						
正确		缺失		总数	
数量	百分比	数量	百分比	数量	百分比
31	100.0%	0	0%	31	100.0%

表 4.3.2 聚类进度表，自左至右各列依次为聚类步骤的顺序、合并的两项类号、距离的测度数值、合并两项的前步序号、合并结果的后步序号。详细表明聚类过程的顺序、每步合并的来源、每次合并结果的去向、合并的依据等。据此，可以跟踪合并过程和观察两类的接近程度。

根据表 4.3.2，聚类过程共进行了 30 步，第一步首先合并距离最近的 21 号和 30 号样品，形成 G1，以此类推，第一次出现样本和类合并的是第三步，第一次出现类类合并的是在第 11 步。系数值随着聚类的进行逐渐增大，开始增加的慢，后来增加的越来越快，说明聚类开始时类间差距小，结束时类间差异大，这是系统聚类方法所表现出来的特征。

表 4.3.2 聚类进度表

步骤	聚类合并		系数值	步骤类别首次显示		下一步
	类别 1	类别 2		类别 1	类别 2	
1	21	30	.082	0	0	3
2	14	20	.303	0	0	8
3	21	29	.330	1	0	5
4	4	27	.527	0	0	9
5	2	21	.560	0	3	15
6	15	16	.651	0	0	23
7	13	28	.659	0	0	11
8	5	14	.830	0	2	11
9	4	12	.962	4	0	12
10	1	9	1.115	0	0	18
11	5	13	1.153	8	7	16
12	4	25	1.188	9	0	21
13	11	17	1.197	0	0	21
14	10	19	1.222	0	0	17
15	2	26	1.651	5	0	25
16	5	24	1.683	11	0	24
17	6	10	1.713	0	14	23
18	1	22	2.199	10	0	22
19	3	18	2.244	0	0	26
20	8	31	2.283	0	0	27
21	4	11	2.673	12	13	24
22	1	7	2.697	18	0	25
23	6	15	3.305	17	6	26
24	4	5	3.423	21	16	27
25	1	2	4.345	22	15	29
26	3	6	4.408	19	23	28
27	4	8	4.898	24	20	28
28	3	4	11.354	26	27	29
29	1	3	19.505	25	28	30
30	1	23	41.344	29	0	0

选择不同的聚类方法和不同的测度算法，聚类的过程和结果均会不同，其中距离测度数值的描述方式也不同。如果选择皮氏相关作为距离测度方法，则相关系数

大即相似性强的两项先合并。若选择不相似性的测度方法,则数值小的两项先合并。

(2) 聚类结果

表 4.3.3 聚类成分表,显示按不同的分类方式给出的样本分类结果,具体应用哪类结果,需由聚类选择方法分析确定。这里,显示将样品分为 4 类、5 类、6 类、7 类时的聚类结果。

表 4.3.3 聚类成分表

样品	聚7类	聚6类	聚5类	聚4类
1: 北京	1	1	1	1
2: 天津	2	1	1	1
3: 河北	3	2	2	2
4: 山西	4	3	3	3
5: 内蒙古	4	3	3	3
6: 辽宁	5	4	2	2
7: 吉林	1	1	1	1
8: 黑龙江	6	5	4	3
9: 上海	1	1	1	1
10: 江苏	5	4	2	2
11: 浙江	4	3	3	3
12: 安徽	4	3	3	3
13: 福建	4	3	3	3
14: 江西	4	3	3	3
15: 山东	5	4	2	2
16: 河南	5	4	2	2
17: 湖北	4	3	3	3
18: 湖南	3	2	2	2
19: 广东	5	4	2	2
20: 广西	4	3	3	3
21: 海南	2	1	1	1
22: 重庆	1	1	1	1
23: 四川	7	6	5	4
24: 贵州	4	3	3	3
25: 云南	4	3	3	3
26: 西藏	2	1	1	1
27: 陕西	4	3	3	3
28: 甘肃	4	3	3	3

（续表）

样品	聚7类	聚6类	聚5类	聚4类
29：青海	2	1	1	1
30：宁夏	2	1	1	1
31：新疆	6	5	4	3

（3）聚类选择

图 4.3.1 聚类树形图，可以反映聚类的全过程。应用时，一般用直尺竖直放在图面上左右平移，在合并的竖线之间间隔最大距离的区间停止，则为最佳的分类方案。这时与直尺相交的每根横线就是一类，横线左端所包括的各项就是该类的成员。这样处理，各类的特点比较突出而容易定义。

```
Dendrogram using Average Linkage（Between Groups）

                      Rescaled Distance Cluster Combine

        C A S E      0         5        10        15        20        25
  Label     Num      +---------+---------+---------+---------+---------+

  海南       21      -+
  宁夏       30      -+
  青海       29      -+
  天津        2      -+---+
  西藏       26      -+   |
  北京        1      -+-+ +-----------------+
  上海        9      -+ | |                 |
  重庆       22      ---+-+                 |
  吉林        7      ---+                   |
  河北        3      ---+-+                 |
  湖南       18      ---+ +--------+        +------------------------+
  山东       15      -+-+ |        |        |                        |
  河南       16      -+ +-+        |        |                        |
  江苏       10      -+ |          |        |                        |
  广东       19      -+-+          |        |                        |
  辽宁        6      -+            +--------+                        |
  黑龙江      8      ---+-+        |                                 |
  新疆       31      ---+ |        |                                 |
  福建       13      -+   |        |                                 |
  甘肃       28      -+   |        |                                 |
  江西       14      -+   +--------+                                 |
  广西       20      -+---+                                          |
  内蒙古      5      -+   |                                          |
  贵州       24      -+   |                                          |
  山西        4      -+   |                                          |
  陕西       27      -+   |                                          |
  安徽       12      -+-+ |                                          |
  云南       25      -+ +-+                                          |
  浙江       11      -+-+                                            |
  湖北       17      -+                                              |
  四川       23      ------------------------------------------------+
```

图 4.3.1　树形图

树形图和冰柱图都是确定分类结果的重要手段，但由于选择不同的聚类方法和测度算法，而造成分类的过程和结果有所不同，所以最后分类结果还需要研究者结合研究对象和研究目的自行确定。

（4）应用分析

根据以上的分析，从表 4.3.4 可以看出，我国各地卫生医疗水平可具体分成七类。

表 4.3.4 我国各地区医疗卫生水平分类表

类别	地区
第一类（极高医疗水平）	四川
第二类（高医疗水平）	北京 吉林 上海 重庆
第三类（较高医疗水平）	辽宁 江苏 山东 河南 广东
第四类（一般医疗水平）	河北 湖南
第五类（较低医疗水平）	黑龙江 新疆
第六类（低医疗水平）	山西 内蒙古 浙江 安徽 福建 江西 贵州 甘肃 湖北 广西 云南 陕西
第七类（极低医疗水平）	天津 海南 西藏 宁夏 青海

结合图 4.3.1 以及表 4.3.4 的分类结果，可以作出以下评价：

第一类：四川在妇幼保健院、疾病预防控制中心、医院、诊所等方面的数量，从全国来看都是位居第一的，医疗机构的的床位数、专业人员数也是位居前列，可见四川的卫生医疗资源配置较好，卫生医疗处于比较高的水平。

第二、三、四类：这三类地区的卫生医疗水平都处于中上水平，这些地区虽然一些基础的卫生医疗设施都具备，但是可能由于各地区的人口、经济发展等原因，还是存在一些发展不平衡的问题，还是要根据各地的实际情况来进一步优化卫生医疗资源配置。

第五、六、七类：这些地区的卫生医疗水平都是低水平的，目前政府急需将医疗技术提升、增强疾病预防控制、改善妇女儿童保健、加强医疗市场监管的力度作为卫生医疗工作的重点，强化措施、全力推进，严把医疗机构准入关，规范个体医疗机构的管理，全面完成规范化诊所的建设，确保各项工作取得实效，改变目前医疗卫生水平的现状。

将样品分为4类，5类，6类，7类，可以再尝试分为8类、9类，采用不同的聚类方法和距离测度，进行多次实验，根据实际情况和经验，选择最合适的聚类。从以上的实验中，我们可以清晰的看出我国有一半以上的省市医疗卫生水平不高，全国医疗卫生资源配置不合理，这直接影响了医疗卫生服务的发展。但仅仅从以上几个指标判断卫生医疗水平有欠妥之处，没有考虑到地区人口数量,地区面积等相关因素。

4.3.4 我国各地区卫生医疗水平的综合评价

仍然引用卫生医疗水平评价的实例，运用快速聚类的方法进行分析。

因素选取和数据来源与 4.3.3 节分层聚类的实例相同，即选取因素为医疗机构床位数（张）、卫生机构人员数、妇幼保健院（所站）、疾病预防控制中心（防疫站）、门诊部、诊所、卫生院、医院等，数据来源于《中国统计年鉴》中全国 31 个省、市、自治区卫生设施的相关指标。

1．操作步骤

（1）选择分析变量。启动 Analyze—Classify—K-means Cluster，将医疗机构床位数、卫生机构人员数、妇幼保健院数、疾病预防控制中心数、门诊部数、卫生院数、医院数作为分析变量，将地区作为标识变量。

（2）指定聚类数目，指定将样品聚为几类。将分类数 Number of Clusters 指定为 3，即将样品分为 3 类。

（3）选择 K 个样品作为聚类种子，称为初始聚心，K 的最小值为 2，最大值不超过样本个数。

（4）点击 Iterate，定义迭代次数，范围为 1~999；点击 Convergence Criterion，设定收敛因子，范围为 0~1。

（5）点击 options 按钮，选择输出统计量。点击 Save 按钮，选择保存新变量。Cluster membership 聚类解变量，输出聚类后每一样品所属类别；Distance from cluster center 距聚心距离变量。

（6）按照与初始聚心距离最小的原则，将各观测量分到各个聚心所在的类中，形成第一次迭代的 K 类。计算各类中所有变量的均值，作为第二次迭代的聚心。

聚类方法 Method，默认选择初始聚心 Iterate and Classify，在迭代过程中不断更换聚心，并把样品归入距离聚心最近的类中；若选择 Classify only，则在迭代过程中始终使用初始聚心对样品分类，不更换聚心。

（7）重复（6），直到达到指定的迭代次数，或达到迭代终止的条件。迭代终止条件为收敛因子，是本次迭代产生的新类的聚心距上次迭代后确定的聚心的最大距离。

（8）输出结果，根据研究对象的背景知识，按某种分类标准或分类原则，得出最终分类结果。

2．输出结果分析

表 4.3.5 初始聚心表。如果没有指定聚类的初始聚心，则作为初始聚心的样品由系统设定。这里，三个类分别使用陕西、西藏、山东作为初始聚心。

表 4.3.6 迭代次数表。显示聚类迭代三次，第一次迭代后，1、2、3 类与初始聚心的距离分别为 5828.646、28436.704、50881.615；第三次迭代后，距离变化为 0，聚类结束。

表 4.3.7 聚类成分表。显示按照设定三类的各个样品的聚类解，以及距离最终聚心的欧氏距离。

类别	地区
1 类	北京 山西 内蒙古 吉林 黑龙江 上海 浙江 安徽 福建 江西 湖北 湖南 广西 云南 陕西 新疆
2 类	天津 海南 重庆 贵州 西藏 甘肃 宁夏 青海
3 类	河北 辽宁 江苏 山东 河南 广东 四川

表 4.3.8 最终聚心表。显示迭代结束后，1、2、3 类的最终聚心（均值）。表 4.3.9 最终聚心间距表，显示 1、2、3 类最终聚心之间的距离。

表 4.3.10 方差分析表。显示医疗机构床位数、卫生机构人员数、妇幼保健院、疾病预防控制中心、门诊部、卫生院、医院七个变量的类间均方误差都大于误差均方，概率值都小于 0.05，说明在 0.05 的显著水平下，七个变量对分类的贡献均显著。

表 4.3.11 聚类样品表。显示各类的样品数、参与分析的有效样品数和缺失值。

表 4.3.5 初始聚心

	聚类		
	1	2	3
医疗机构床位数	110943	7496	258425
妇幼保健院数	116	55	150
卫生机构人员数	168190	10746	395897
疾病预防控制中心数	124	81	178
门诊部数	8111	432	11254
卫生院数	1748	666	1774
医院数	851	97	1168

表 4.3.6 迭代过程

迭代次数	聚心距离变化		
	1	2	3
1	5828.646	28436.704	50881.615
2	1615.760	28824.827	27259.404
3	.000	.000	.000

表 4.3.7 聚类成分

样品数	地区	聚类	距离
1	北京	1	27926.085
2	天津	2	20574.626
3	河北	3	67091.863
4	山西	1	5998.007
5	内蒙古	1	66261.507
6	辽宁	3	69490.862
7	吉林	1	21963.224
8	黑龙江	1	23028.958
9	上海	1	39836.871
10	江苏	3	3031.271
11	浙江	1	89839.960
12	安徽	1	39158.670
13	福建	1	55047.360
14	江西	1	37707.808
15	山东	3	77427.474
16	河南	3	41500.319
17	湖北	1	96828.466
18	湖南	1	89677.628
19	广东	3	73662.359
20	广西	1	16421.743
21	海南	2	27568.945
22	重庆	2	48439.701
23	四川	3	51385.099
24	贵州	2	46265.742
25	云南	1	29184.225
26	西藏	2	57089.892
27	陕西	1	7422.163
28	甘肃	2	49674.739
29	青海	2	42042.692
30	宁夏	2	36877.602
31	新疆	1	58736.726

表 4.3.8 最终聚心

	聚类		
	1	2	3
医疗机构床位数	107916	38143	209176
妇幼保健院数	100	46	149
卫生机构人员数	174727	58846	336160
疾病预防控制中心数	119	59	168
门诊部数	6416	2970	12260
卫生院数	1228	712	2106
医院数	618	239	1064

表 4.3.9 最终聚心间距

类别	1	2	3
1		135310.904	190655.831
2	135310.904		325952.464
3	190655.831	325952.464	

表 4.3.10 方差分析

	聚类		误差		F 值	显著水平
	均方值	自由度	均方值	自由度		
医疗机构床位数	5.500E10	2	7.287E8	28	75.465	.000
妇幼保健院数	19926.778	2	1266.069	28	15.739	.000
卫生机构人员数	1.443E11	2	2.249E9	28	64.147	.000
疾病预防控制中心数	22565.718	2	1884.223	28	11.976	.000
门诊部数	1.642E8	2	5695887.534	28	28.825	.000
卫生院数	3695716.383	2	712084.042	28	5.190	.012
医院数	1271270.882	2	26194.801	28	48.531	.000

表 4.3.11 每类样品数

聚类	1	16.000
	2	8.000
	3	7.000
正确值		31.000
缺失值		.000

此聚类分析的目的在于阐述快速聚类方法的分析过程，分析结果的科学性未必严谨。因为所假定的三类，各类特点的突出性不甚明确，与实际情况的符合度有待考证。

4.3.5　应用聚类分析方法时需注意的问题

（1）由于聚类分析方法本身又有很多种做法，不同的做法对数据利用的角度不同，得出的结果也不完全一致，并且对这些方法优劣的衡量目前还没有一个统一的标准。为了弥补单一方法的不足，在聚类分析中，可以综合采取多种方法，对各种方法都得出一致的分类结果就初步确定下来。然后，再对存在分类异议的个案进行判别分析，最终确定个案的归属。

（2）由于指标之间存在相关性会对分类产生影响，使分类结果可能不符合实际情况，所以可以对指标进行一定的变换。将多个相互关联的指标变换为几个独立的公因子，即先进行因子分析，并求出因子得分，再根据因子得分运用聚类分析法进行分类。并且，对指标进行变换还可以消除指标之间的多重共线性对分类的影响。同时，为分类更有利于认识问题的主要矛盾，分出的类型不宜太多。

（3）聚类、测度、转化等方法的选择，需要反复试验确定最优效果，但不同方法的最终结果差别不应很大，否则说明聚类变量的选择不真正反映观测量的分类特征。

另外，在进行其他评价方法分析时，往往结合聚类分析方法，以便减少工作量、节省测量时间，又不影响分析结果。同时这种分类方法也是选择相互独立变量的非常实用方法。

（4）观测量分类结果需要根据研究对象和研究目的确定，因此一定要结合专业知识、同时认真观察原始数据特征，谨慎得出结论，并对分成各类命名。

变量聚类如何合并多个具有共同特征的变量、选择典型变量作为代表变量，主要根据专业知识、测量难易程度、变量相关系数进行。

4.4　数据包络分析

数据包络分析方法（Data Envelopment Analysis，DEA）作为一种对多投入、多产出的复杂系统非常适用的评价方法，正逐渐受到人们的青睐。DEA第一个运用成功的案例，是评价弱智儿童开设的公立学校项目。之后，随着人们的逐步深入研究和实践，DEA的应用范围不仅由非赢利的公共事业单位扩大到企业，而且也由横向的管理效率评价延伸到同一个决策单元历史发展的纵向评价。目前，DEA的应用范围已经涉及社会保障体系评价、医疗卫生资源配置、银行、医院、交通运输、工业管理、城市竞争力评价、投资项目评价和高新项目风险性分析等。

4.4.1 数据包络的一般概念

1. 意义和作用

数据包络分析是以相对效率概念为基础、以凸分析和线性规划为工具发展起来的一种效率评价方法。该方法利用客观数据，可以对同一类型的各评价或决策单元的相对有效性进行评定和排序，可以确定决策单元是 DEA 有效、弱 DEA 有效、DEA 无效，也可以进一步分析各评价或决策单元非有效性的原因及其改进方向，能够判断决策单元的投入规模是否恰当，并给出各个决策单元调整投入规模的正确方向和程度，可以为决策者提供重要的管理决策信息。

DEA 有效性评价是一种非参数统计的客观评价方法，根据输入、输出动态地调整评价模型的权重指标，使评价模型具有可变性。因此，该方法特别能够处理多种投入、多种产出的指标评价问题。DEA 方法是纯技术性的，它以决策单元的输入和输出数据的权重为变量，从最有利于决策单元的角度进行评价，避免了人为确定指标权重的主观性。假定每一个输入都关联到一个或多个输出，而且输入与输出之间确实存在某种关系，运用该方法则不必确定这种关系的显示表达式，排除了很多主观因素，具有很强的客观性。

DEA 对相同类型单元的评价依据是决策单元的"输入"数据和"输出"数据。输入数据是指决策单元为了进行某种生产活动所消耗的某些资源量，例如投入的资金总额、投入的劳力总数、占地总面积等；输出数据是指决策单元经过一定的资源投入以后，产生的表明该活动成效的某些信息量，例如各类型产品的数量、产品的质量、部门或企业的经济效益等。如在评价我国各地区的社会保障水平时，输入可以是老年人口占总人口的比重、每万人口拥有的卫生人员数、医疗卫生机构床位数、社区服务单位数等，输出的可以是老年人口抚养比、社会保障支出、社会保险基金支出增长率等。根据输入数据和输出数据来评价决策单元的优劣，即所谓评价单元间的相对有效性。

2. 方法的产生和发展

DEA 是美国著名数学家和经济管理学家 A.Charnes 和 W.W.Cooper 等人开创的。第一个 DEA 模型，是由著名运筹学家 Chafnes、Cooper 和 Rhodes，于 1978 年在"相对效率评价"概念的基础上给出的，称为 C^2R 模型，去评价部门间的相对有效性。从经济学中的生产有效性分析的角度看，该模型是用来评价具有多输入和多输出的、同时为"技术有效"和"规模有效"的"生产部门"的十分理想的方法。

为了正确估计"有效生产前沿面"，1985 年，R.D.Banker、A.Charnes 和 W.W.Cooper 给出了另一个被称为 C^2GS^2 的 DEA 模型，C^2GS^2 模型用来评价决策单元的纯"技术有效性"。1989年，A.Chames、W.W.Cooper、魏权龄、Z.M.Huang 在 DEA 模型中引进了体现决策者偏好的、可以调整输入输出指标权重锥比率的 DEA 模型 C^2WH。1996年，魏权龄和 P.Brockett 给出更为一般的综合的 DEA 模型，该模型不仅包括体现决策者偏好的锥结构 C^2WH，而且包含至今为止最具代表性的 DEA 模型 C^2R，以及1985年由 R.Fare 和 S.Grosskopf 给出的 FG 模型和1990年由 L.M.Seiford 和 R.M.Thrall 给出的 ST 模型。至今为止，DEA 的模型、方法、理论和应用还在不断地发展和完善。

4.4.2 方法的基本原理

假设有 n 个评价对象，每个评价对象都可以看作是一个决策单元 DMU(Decision Making Units)，这样就有 n 个决策单元。每个决策单元都有 m 种"输入"，表示该决策单元对"资源"的耗费，以及 s 种"输出"，表示该决策单元消耗"资源"之后所产生"成效"的数量。如图4.4.1所示。

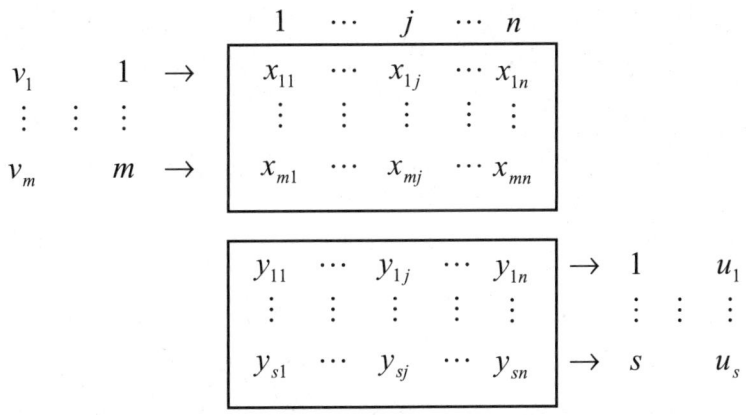

图 4.4.1　决策单元的投入产出量及指标权重图

其中，x_{ij} 是第 j 个 DMU 对第 i 种输入的投入量（$x_{ij}>0$），y_{rj} 是第 j 个 DMU 对第 r 种输出的产出量（$y_{rj}>0$），v_i 是对第 i 种输入的一种度量（或称"权"），u_r 是对第 r 种输出的一种度量（或称"权"），$i=1,2\cdots m$，$j=1,2\cdots n$，$r=1,2\cdots s$。

（x_{ij}，y_{rj}）为已知的数据，可以根据历史资料得到；v_i、u_r 为变量，对应于一组权系数，$v=(v_1,v_2\cdots v_m)^T$，$u=(u_1,u_2\cdots u_r)^T$；总输出与总输入之比是效率评价指数，$h_j=(\sum_{r=1}^{s}u_rY_{rj})/(\sum_{i=1}^{m}v_iX_{ij})$，$j=1,2\cdots n$，每个决策单元都有相应的效率评价指数。我们总可以选取适当的权系数 v 和 u，使其满足 $h_j\le 1$，$j=1,2\cdots n$。

现在，对第 j_0 个决策单元进行效率评价（$1 \leq j_0 \leq n$）。以权系数 v 和 u 为变量，以第 j_0 个决策单元的效率指数为目标，以所有决策单元(包括第 j_0 个决策单元)的效率指数为约束，即 $h_j \leq 1$，$j = 1,2,\cdots,n$。则形成最优化模型（为方便，记作 $x_0 = x_{j_0}$，$y_0 = y_{j_0}$），模型如式（4.4.1）所示。

$$\begin{cases} \max h_{j0} = (\sum_{r=1}^{s} u_r Y_{rj})/(\sum_{i=1}^{m} v_i X_{ij}) \\ s.t. (\sum_{r=1}^{s} u_r Y_{rj})/(\sum_{i=1}^{m} v_i X_{ij}) \leq 1, \quad j = 1,2\cdots n \\ v = (v_1, v_2 \cdots v_m)^T \geq 0 \\ u = (u_1, u_2 \cdots u_s)^T \geq 0 \end{cases} \quad \cdots\cdots\cdots\cdots (4.4.1)$$

其中，$v \geq 0$ 表示对 $i = 1,2\cdots m$，有 $v_i \geq 0$，即至少存在某 i_0（$1 \leq i_0 \leq m$），使 $v_{i0} \geq 0$。对于 $u \geq 0$ 有类似的含义。

利用模型（4.4.1）评价决策单元 j_0 是否有效，是相对于所有 n 个决策单元而言的。该线性规划模型可以使用矩阵符号表示，如式（4.4.2）所示。

$$(P) \begin{cases} \max h_{j0} = (u^T Y_0)/(v^T X_0) \\ s.t. (u^T Y_j)/(v^T X_j) \leq 1, \quad j = 1,2\cdots n \\ v \geq 0, \quad u \geq 0 \end{cases} \quad \cdots\cdots\cdots\cdots (4.4.2)$$

其中，$X_j = (X_{1j}, X_{2j} \cdots X_{mj})^T$，$Y_j = (Y_{1j}, Y_{2j} \cdots Y_{sj})^T$，$j = 1,2\cdots n$。

根据模型进行 DEA 有效性判断。若线性规划（P）的最优解 $h_{j0} = 1$，则称决策单元 j_0 为弱 DEA 有效；若存在 $v^* > 0$，$u^* > 0$，且 $h_{j0} = 1$，则称决策单元 j_0 为 DEA 有效。

使用 Charnes-Cooper 变换，可以将分式规划（P）转化为一个等价的线性规划问题。令 $t = 1/(v^T X_0)$，$\omega = t \cdot v$，$\mu = t \cdot u$。

则（P）可以转化为线性规划问题，如式（4.4.3）所示。

$$(P_{C^2R}) \begin{cases} \max h_{j0} = \mu^T Y_0 \\ s.t. \omega^T X_j - \mu^T Y_j \geq 0, \quad j = 1,2\cdots n \\ \omega^T X_0 = 1 \\ \omega \geq 0, \quad \mu \geq 0 \end{cases} \quad \cdots\cdots\cdots\cdots (4.4.3)$$

上述线性规划的对偶规划如式（4.4.4）所示。

$$(D_{C^2R})\begin{cases} \min \theta \\ s.t. \sum_{j=1}^{n}(X_j\lambda_j) \leq \theta X_0 \\ \sum_{j=1}^{n}(Y_j\lambda_j) \geq Y_0 \\ \lambda_j \geq 0, \quad j=1,2\cdots n \end{cases} \quad \cdots\cdots (4.4.4)$$

其中，λ_j 为权重。为了使用对偶线性规划（D_{C^2R}）判别决策单元 j_0 的 DEA 有效性，这里引进正、负偏差变量：$s^+ = (s_1^+, s_2^+ \cdots s_s^+)^T \in E_s$，$s^- = (s_1^-, s_2^- \cdots s_m^-)^T \in E_m$，则得到的线性规划如式（4.4.5）所示。

$$(D_{C^2R}^1)\begin{cases} \min \theta \\ s.t. \sum_{j=1}^{n}(X_j\lambda_j) + s^- = \theta X_0 \\ \sum_{j=1}^{n}(Y_j\lambda_j) - s^+ = Y_0 \\ \lambda_j \geq 0, \quad j=1,2\cdots n \\ s^- \geq 0, \quad s^+ \geq 0 \end{cases} \quad \cdots\cdots (4.4.5)$$

引入非阿基米德无穷小量 ε，ε 是一个小于任何正数且大于零的数，可以将模型（$D^1_{C^2R}$）等价转化为在实际评价中常用的线性规划模型，如式（4.4.6）所示。

$$(D_s)\begin{cases} \min \theta - \varepsilon(\hat{e}^T s^- + e^T s^+) \\ s.t. \sum_{j=1}^{n}(X_j\lambda_j) + s^- = \theta X_0 \\ \sum_{j=1}^{n}(Y_j\lambda_j) - s^+ = Y_0 \\ \lambda_j \geq 0, \quad j=1,2\cdots n \\ s^- \geq 0, \quad s^+ \geq 0 \end{cases} \quad \cdots\cdots (4.4.6)$$

其中，$\hat{e}^T = (1,1\cdots 1) \in E_m$，$e^T = (1,1\cdots 1) \in E_s$，$\varepsilon$ 为非阿基米德无穷小量。因此，我们可以借助对偶规划（D_s）判断决策单元 j_0 的有效性，并根据以下基本定理进行。

（1）DMU_{j_0}为弱 DEA 有效的充分必要条件是规划（D_s）的最优值$\theta^* = 1$。

（2）DMU_{j_0}为 DEA 有效的充分必要条件是规划（D_s）的最优值$\theta^* = 1$，并且对每个最优解λ^*，都有$s^{*-} = 0$，$s^{*+} = 0$。

4.4.3 模型参数的经济含义分析

1．DEA 有效性分析

（1）当$\theta^* = 1$且$s^{*-} = s^{*+} = 0$时，称决策单元j_0为 DEA 有效。此时，该决策单元既是规模有效，又是技术有效的。说明，在这 n 个决策单元组成的经济系统中，决策单元j_0的生产要素已经达到最佳组合，并取得最佳的产出效果。

规模有效的决策单元（x_0，$f(x_0)$）是指，投入规模小于x_0时为规模效益递增状态，投入规模大于x_0时为规模效益递减状态。技术有效的生产过程是指，任何再减少投入 x 并保持产出 $f(x)$ 不变的企图都是无法实现的。

（2）当$\theta^* = 1$且$s^{*-} \neq 0$或$s^{*+} \neq 0$时，称决策单元j_0为弱 DEA 有效。此时，该决策单元或不为规模有效，或不为技术有效。对于决策单元j_0而言，投入X_0可以减少s^{*-}而保持原产出Y_0不变，或者在投入X_0不变的情况下可以将产出Y_0提高s^{*+}。

（3）当$\theta^* < 1$时，称决策单元j_0为非 DEA 有效。说明该决策单元规模无效且技术无效。在这 n 个决策单元组成的经济系统中，j_0可以通过组合将投入降至原来投入X_0的θ倍而能够保持原产出Y_0不变。

2．规模收益分析

令$\beta = \sum \lambda_j$，称β为决策单元j_0的规模收益值。

（1）当$\beta = 1$，表示决策单元j_0的规模收益不变，此时j_0达到最大产出规模点。

（2）当$\beta < 1$，表示决策单元j_0的规模收益递增，且β值越小，规模收益递增的趋势越大，表明j_0在原投入X_0基础上适当地增加投入量，产出量将有更高比例的增加。

（3）当$\beta > 1$，表示决策单元j_0的规模收益递减，且β值越大，规模收益递减的趋势越大，表明j_0在原投入X_0的基础上，已没有必要再增加投入。

3．DMU 在相对有效平面上的投影分析

当决策单元j_0为 DEA 有效时，对应的规划（P_{C^2R}）有最优解ω^*，μ^*，且$\omega^* \geq 0$，$\mu^* \geq 0$，$h_{j_0}^* = \mu^{*T} Y_0 = 1$，而$\omega^{*T} X_0 = 1$，则$\omega^{*T} X_0 - \mu^{*T} Y_0 = 0$，

即点（X_0，Y_0）位于平面 $\omega^{*T}X - \mu^{*T}Y = 0$ 上，这个平面上其他点所代表的决策单元也是 DEA 有效的，则这平面称为相对有效平面或有效生产前沿面。

当决策单元 j_0 为非 DEA 有效时，则必定存在投入冗余和产出不足两种情况。变量 s^{*-} 中各非零分量即为投入 X_0 对应的投入冗余量，变量 s^{*+} 中各非零分量即为产出 Y_0 对应的产出不足量。投入和产出部分的调整可按照如下公式进行，$X_0' = \theta^* X_0 - s^{*-}$，$Y_0' = Y_0 + s^{*+}$。其中，$X_0'$、$Y_0'$ 分别表示决策单元 j_0 调整后的投入量和产出量，可以看作为 j_0 对应的（X_0，Y_0）在 DEA 相对有效平面上的"投影"。

这时，可以在不减少输出的前提下，使原来的输入有所减少，或者在不增加输入的前提下，使输出有所增加，即通过调整非 DEA 有效的决策单元的投入和产出指标的数值，使决策单元 j_0 由非 DEA 有效转化为 DEA 有效，所以，非 DEA 有效的决策单元在生产前沿面上的投影是 DEA 有效的。

4．投入冗余率和产出不足率分析

对于非 DEA 有效的决策单元，可以进一步分析其投入冗余率和产出不足率，为管理者提供更加丰富的决策参考信息。

投入冗余率是指决策单元 j_0 中 s^{*-} 中各非零分量与 X_0 对应分量的比值，其经济学含义是各种资源的投入量可以节省的比例。产出不足率是指决策单元 j_0 中 s^{*+} 中各非零分量与 Y_0 对应分量的比值，其经济学含义是各项产出指标可以提高的比例。

比较同一个评价对象的不同时段的投入冗余率或产出不足率，可以动态地反映该对象的资源配置、人员安排及资金投入等方面的情况。在同一类型评价对象的横向比较中，可以通过比较投入冗余率和产出不足率来挖掘自身的优势，改善投入决策中的不足，最终提供更好的投入方案，使资源得到合理的利用，并在有限资源的基础上得到最大的产出效果。

4.4.4 DEA 方法应用于社会保障领域的研究

1．DEA 在社会保障效率评价方面的应用

卢盛峰、彭鹏（2007）用 DEA 分级有效性的评价方法，对我国 31 个省份及全国平均水平上的财政在劳动与社会保障方面的支出效率进行分析，并以此得出全国社会保障的雁型形态图。确定的投入指标有：抚恤和社会福利救济费，社会保障补助支出，支援不发达地区支出；确定的产出指标为：低收入人群生活状况改善度、失业人群获得保障比例。在数据的选择上，采用 31 个省、自治区、直辖市 2005 及

2004年的劳动和社会保障部门的财政支出数据进行实证分析。评价结果为：第一级有效的省份有上海，宁夏，天津，北京，西藏，海南和江苏；第二级有效的省份分别为浙江，青海，辽宁，山东，福建和内蒙古；第三级有效的省份有新疆，吉林，安徽，广西和湖北；第四级有效的省份有重庆，广东，云南，黑龙江和山西；第五级有效的省份有江西，甘肃，河北和湖南；第六级有效的省份是河南，贵州，陕西和四川地区。除第一级有效的省份外，其他省份的社会保障支出效率都需要采取相关措施进行优化。

闫威、胡亮（2009）采用非参数指数方法对全国 31 个省（市）2003—2007 年间社会保障公共服务效率进行评价。在指标体系的确立方面，将各省（市）人均抚恤和福利救济费、人均社会保障补助支出、人均行政事业单位离退休费作为投入变量。以各省（市）养老保险覆盖率、失业保险覆盖率、医疗保险覆盖率为产出变量。模型中的数据包括全国 31 个省（市），时间跨度为 2003—2007 年的面板数据，所有数据均来自《中国统计年鉴》(2003—2007)各期。引入全要素生产率、技术效率、纯技术效率与规模效率四种效率值判断社会保障资金的运行效率。通过分析得出结论：第一，我国社会保障公共服务总体处于较低水平，必须从管理和制度上进行持续创新，提高我国社会保障公共服务效率；第二，我国各地社会保障差异逐年变小，居于趋同；第三，在技术进步的三个部分中，科技进步的促进作用最大，其次是纯技术效率，最后是规模效率；第四，通过对影响全要素生产率的因素进行回归可知，影响全国社会保障公共服务效率的最主要的因素是储蓄，其次是人均 GDP、人均医疗保健支出、最低工资标准。

王晓军、钱珍（2009）通过数据包络分析方法对 2006 年我国 30 个省市（除西藏）财政资金在社会保障制度实施上的效率进行比较。运用非自由处置变量的 DEA 模型，评价我国不同省份社会保障资金支出的效率。投入指标：抚恤和社会福利救济费/财政支出、社会保障补助支出/财政支出、行政事业单位离退休经费/财政支出、社会保障和社会福利业就业人员劳动报酬/财政支出；产出指标：城镇便民利民服务网点/全国网点数、城市居民保障人数/人口数、农村社会救济人数/人口数；不可随意处置指标：地区 GDP/全国 GDP。样本时点是 2006 年，样本单位为 2006 年全国 30 个省区，数据来自《中国统计年鉴 2007》，《中国社会统计年鉴 2007》。先采用两种 DEA 方法计算不同省财政社会保障支出的效率，从方法原理的角度看，得出含有非自由处置变量的 DEA 模型更符合现实意义的结论；再运用含有非自由处置变量的DEA模型进行不同区域层面的比较并提出有效性改进方案。结果表明：财政社会保障实施的效率受地区经济发展水平的影响，各省之间的效率差异较大，安徽和湖南省的财政社会保障资金使用效率最低。按四大板块划分，东北三省效率最高，中部地区效率最低；按八大经济区划分，东北、东部沿海、南部沿海省区效率最高，长江中游地区效率最低。无效率省区在保障人数维持现有的水平下，财政用于抚恤和社会福利救济费、行政事业单位离退休经费、社会保障补助支出、从业人员劳动报酬投入分别可以节约27.8%、24.3%、23.2%和19%，建议在有限的投入资金下，无效率的省区更应该合理安排其投入，争取能够用有限的资金保障更多的人，增加更大的社会福利。此文不足的地方在于没有从纵向的角度分析资金使用效率的变迁。

罗良清、柴士改（2010）运用典型相关性分析与数据包络分析相结合的方法，对政府社会保障进行效率评价。先对输入和输出指标进行标准化处理，后运用 SPSS 对其进行典型相关分析，得到典型变量，计算综合变量；然后采用相关方法对第一步得到的综合变量进行指数修正，保证所得结果非负；最后运用 Deap2.1 软件进行 DEA 分析。在样本与指标的选取上，充分考虑地域和时间的全面性，样本选择中国 31 个省、市自治区作为评价单元集合，数据选取 2005—2007 年的时间序列数据，主要数据来源于 2006—2008 年的《中国民政统计年鉴》《中国劳动和社会保障年鉴》《中国统计年鉴》，以及地方的相关统计公报。按照社会保障所包含的内容并根据投入与产出的原则归类为输入指标和输出指标。输入指标为：抚恤与社会救济费、养老保险基金支出、医疗保险基金支出、失业保险基金支出、工伤保险支出、生育保险基金支出、养老保险参保人数、医疗保险参保人数、失业保险参保人数、生育保险参保人数、城市恩格尔系数、各类收养性社会福利床位这 12 项指标；输出指标对应为：养老保险基金收入、医疗保险基金收入、失业保险基金收入、工伤保险基金收入、生育保险基金收入、筹集社会福利资金、新型农村合作医疗试点县（市）、社区服务设施、社会捐赠物、福利彩票收入、享受居民最低生活保障人数、各类收养性社会福利部门收养人员数。分析结果表明，有 80%的地区社会保障部门在养老保险、医疗保险、失业保险、工伤保险、生育保险和社会福利等方面是 DEA 有效，另外 20%左右的地区仍需要提高。而且指出，虽然总体上中国政府社会保障绩效偏高，但各地区政府社会保障不同方面的综合效率依旧很低，而且存在着很大的区别，东部、中部和西部社会保障发展存在很大差异。在投入不断增加的同时，产出却增加得很缓慢甚至是在减少，这就意味着必须要更加关注政府社会保障服务的生产效率，也要注意政府社会保障服务的投入方向。

2. DEA 在社会保险方面的应用

数据包络分析在社会保险中的应用主要集中于医疗领域，专家学者已将数据包络分析法广泛运用到医疗卫生服务、医疗资源配置效率等方面的研究中。

（1）在医疗卫生服务方面的应用

林皓、金祥荣（2007）使用数据包络分析方法，通过回顾性的研究考察医疗体制改革以来我国整个医院行业微观效率分数的改变，以及不同性质医院效率值与政府投入减少的相关性。在用数据包络分析方法进行综合分析时，投入指标选取平均人员数（总人员数/机构数）、平均床位数（总床位数/机构数），分别代表人力及资本的投入；产出指标选取平均门急诊诊疗人次数（总门急诊诊疗人次数/机构数）、病床使用率、平均入院人数（总入院人数/机构数）。相关数据是从每年的《中国卫生年鉴》中整理计算得来。研究发现：医疗体制改革以来，我国各类性质的医院（县及县以上医院、农村乡镇卫生院、专科医院）效率都有下降的趋势。其中县及县以上医院与农村乡镇卫生院的医院效率值的下降与政府投入的减少均有一定的相关性。

张瑞华、刘莉、李维华、陈春素（2011）采用文献研究法和数据包络分析对我国 31 个省市地区的医疗卫生服务效率现状进行评价，为我国医疗卫生资源的优化配置及提高资源的运营效率提供改进依据。以我国 31 个省市地区(除台湾省外的 22 个省、5 个自治区和 4 个直辖市)为研究对象。数据来源于《2010 中国卫生统计年鉴》中各地 2009 年度数据。确定的评价指标体系为：投入指标 6 个(卫生机构数、卫生技术人员数、每千人口卫生技术人员数、医疗机构床位数、流动资产、总支出)；产出指标 5 个(业务收入、门急诊诊疗人次数、入院人数、每百门诊入院人数、病床周转次数)。对 31 个省市医疗卫生服务效率采用综合效率分析、技术效率分析、规模效率分析，对非有效省市医疗卫生服务效率的松弛变量分析。通过分析得出结论：第一，各省市医疗卫生服务效率相对较高、差异不大；第二，总支出从未出现投入冗余情况，需加大政府投入力度；第三，非有效省市卫生技术人员及医疗机构床位数投入相对过剩，需加强区域卫生规划；第四，非有效省市需改进管理水平，提高医疗卫生服务能力；第五，4 个地区未达到最佳规模状态，需针对具体情况适当控制或扩大医疗卫生资源规模。需要进一步研究的问题：一是采用 DEA 方法对医疗卫生资源进行研究时，国内外并没有完整的指标体系建立的研究，因此，在指标的选取上可做进一步的改进。二是在分析方法的处理上，可采用多种效率评价办法进行比较，如运用比率分析法、回归分析法、数据包络分析法、随机前沿分析法等进行比较，以达到结果的准确性。

宁岩、任苒（2002）使用回顾性调查研究和数据包络分析方法对中国 10 个贫困县的乡镇卫生院在合作医疗开展前后的效率进行综合评价研究。数据来源于中国农村 8 省 10 个贫困县的基线调查数据库和合作医疗干预后的数据库。调查了乡卫生院基本情况，包括社会经济情况、人口学情况；乡卫生院基本情况，包括卫生的资源情况、医疗保健服务开展情况。调查样本含量为 32 所乡镇卫生院,其中试点乡镇卫生院为 22 所,对照乡镇卫生院 10 所。采用 SPSS 统计软件和 DEA 软件对中国农村乡镇卫生院在合作医疗前后的服务效率进行分析和评价。数据包络分析结果显示,乡镇卫生院的卫生服务效率在实行合作医疗制度后仍在下降,此次调查研究的乡镇卫生院中仅有 18.18%的卫生院的效率得到了提高。因而建议扩大合作医疗覆盖范围,提高医疗卫生费用的补偿比例,以保障农村居民公平地利用卫生服务,提高卫生机构的资源利用效率。

(2)在医疗资源配置方面的应用

陈祥华、邱枫林,王爱杰(2005)将数据包络分析应用在乡镇卫生院资源配置效率分析中,主要进行 DEA 得分分析、松弛变量分析和规模效益评价。资料来源于 2004 年度山东省乡村医疗资源网上直报资料,利用 Excel 进行数据整理,采用 Warwick(沃里克)商学院 1998 年开发的标准软件包和 SAS8.2 计算 DEA 效率得分。在评价单元和指标的确定上,投入指标有三项:在职职工人数、固定资产价值、年开放床位数;产出指标有四项:年门诊急诊人次、年出院病人数、预防保健工作量(由预防接种、健康教育、孕产妇系统化管理和儿童系统化管理等项目合并获得)和总收入。DMU 的选择:根据 DEA 分析的要求,其数量要大于投入产出各指标数量的两倍,同时,它可以是一个单位,也可以是许多单位组成的具有内在联系的群体,因此,以市为单位,将资料划分为 17 个决策单元来分析。

霍晶(2010)使用基尼系数的方法,从人口分布与地理分布的角度,计算医疗机构床位数、医疗机构人员数两类医疗资源分布的基尼系数,分析医疗资源配置公平性,并为区域内医疗资源的合理配置提供依据。按人口与地理测量医院医疗资源配置公平性是从需方与供方 2 个角度,考察医疗资源配置的公平程度。使用数据包络(EDA)方法计算各区县之间的医疗资源配置效率,以各区县的医疗机构床位数、医疗机构的卫生人员数为投入指标;以各区县的医疗机构的门急诊人次、住院人次、和病床使用日为产出指标来衡量各区县的医疗资源配置的合理性。所使用的医疗资源数据来源于《宁波市 2008 年卫生统计年鉴》和《2008 宁波市年鉴》,以及各类统计报表和资料。通过分析结果得出结论:2008 年,宁波市的医疗资源比全国平均水平大约高出 20%以上,从公平性上来看,宁波市各区县之间,存在医疗资源配置不公平,但由基尼系数的结果可知,在可接受的范围之内。由数据包络分析可以知,11 个区域中,有 6 个是总体有效率的,8 个技术有效的,说明在区域配置中,医疗资源的配置效率是比较高的。但是,地理基尼系数大于人口基尼系数,说明医疗资源分布偏向于城市,农村地区相对比较薄弱。在医疗资源配置的过程中,要加大对农村医疗资源的投入和对薄弱县市的投入。EDA 的计算可以看出江北区和奉化市在医疗机构床位上有过多的投入，且 5 个总效率无效的地区，通过对资源进行有效利用，都可以增加潜在的产出。这 5 个地区要对医疗系统进行合理调整，以促进医疗资源的有效利用。

刘利、贺向前，王钊（2010）根据重庆市卫生局 2008 年统计数据分析重庆地区各主要县乡镇一级医疗机构资源配置的有效性，为决策机构调整乡镇医院的卫生资源配置提供参考。由于乡镇卫生医院存在人员配置、资金约束、管理制度缺陷等因素，规模收益是可变的，因此选择 VRS – BCC（基于规模收益可变的假定）改进模型评价乡镇医院的技术有效性。研究数据来自 2008 年重庆市卫生统计年鉴，主要采集重庆市各郊县的乡镇医疗单位的统计数据，剔除有奇异点数据，获得 30 个有效的乡镇数据。把重庆市 30 个郊县作为决策控制单元，将各郊县的年住院人次和年门（急）诊人次作为产出指标，将卫生人员数、病床数、医疗设备总值作为投入指标。采用 Deap2.1 数据包络分析软件对重庆市各郊县乡镇医疗资源配置的有效性进行数据包络测算。研究数据显示，纳入统计中的 30 个区县中，16.67%的乡镇医疗资源配置是有效的，26.67%的区县的乡镇医疗资源配置有效率界于 60%到 100%，56.67%的区县的乡镇医疗资源配置有效性小于 60%。基于此，提出非有效的各县的乡镇医疗机构需要调整投入结构和投入规模或增加产出来提高医疗资源配置的有效性。

3. DEA 在社会救济方面的应用

王宁、姜凡（2007）采用基于相对效率的数据包络分析法，选取 8 项指标，从投入与产出关系的角度对我国 24 个省、4 个直辖市的城市最低生活保障制度运行的相对有效性进行评价。选择我国 28 个省、直辖市及自治区 2004 年的统计资料作为评价对象。统计数据均来源于国家统计局网站发布的《中国统计年鉴 2004》和中华人民共和国民政部网站。确定的输入指标包括：城镇最低生活保障支出（万元）、每百万人拥有职业介绍机构数（个）、每百万人拥有职业介绍机构人数（人）、每百万人拥有城镇社区服务设施数（个）、每百万人拥有社区服务单位数（个）；输出指标包括：城镇低保人数占地区人口比重（%）、介绍下岗职工再就业成功人数占登记求职人数比重（%）、介绍失业人员再就业成功人数占登记求职人数比重（%）。为避免地区间人口数量、物价水平等差异影响计算的精确性，将原始数据均进行了绝对数向相对数的转化处理，再作为指标值加以计算。然后利用 MATLAB6.5 软件进行计算，最终得出各省、直辖市的 DEA 有效值，并据此进行排列，得出各省、直辖市相对有效性排名，其中，天津、吉林、江苏、安徽、河南、广西、重庆、贵州、云南、宁夏、新疆的 DEA 有效性为 1，说明这些决策单元不能通过改变投入流向和投入结构来增加总产出，如果一定要增加总产出，就必须增加投入量，说明这些在最低生活保障方面绩效产出最优，投入得到充分高效利用。江西、甘肃、广东、上海、山东、山西、湖南、内蒙古、黑龙江、湖北、陕西、北京的 DEA 有效性在 0.7 到 1 之间，而辽宁、福建、河北、四川、浙江的 DEA 的有效性在 0.7 以下，说明这些决策单元可以通过改变投入结构或流向来增加总产出，在不低于现有总产出水平下可减少其投入量，或者在投入不变情况下产出还应能够提高。通过对评价结果的分析，认为在完善我国城市最低生活保障制度的过程中应侧重几点：第一，以城市最低生活保障制度为核心，辅以各项配套措施，努力构建综合性低保救助制度。第二，加强职业介绍机构、社区服务机构、福利单位的管理，促进再就业。第三，采取分类救助政策，加大对重度贫困家庭的照顾。针对不同类型的贫困人员采取不同救助方式更有助于满足受助对象的切实需求，达到物尽其用的效果。

赵广岩（2008）为能够有效地对江西省农村扶贫进行评价，以江西省 21 个国家重点扶贫县中的 7 个行政村为研究样本，运用数据包络分析法、主成分分析法，构建了针对行政村的扶贫监测评价指标体系及能对其进行总体评价和动态评价的评价模型。在输入指标的选取上选择了扶贫资金总额和劳动力总数这两个指标，输出指标分别是人均耕地面积；农户人均存收入；年末人均家畜存栏率、缺粮率；电视普及率；中、小学辍学率；安全饮用水率；使用卫生厕所率；人均组织培训次数。根据分析结果，提出扶贫工作应着重考虑几个方面的工作：第一，建立科学、高效、协调的扶贫工作机制，提高工作效率；第二，建立科教扶贫机制，提高人力资本素质；第三，积极组织劳务输出，促进农村劳动力转移；第四，建立参与式扶贫机制调动帮扶对象的积极性；第五，认真组织实施村级扶贫开发规划。

4. 运用 DEA 研究的不足之处

虽然 DEA 是一种经典的效率评价方法，但从以往学术应用来看，本身存在一定的不足和局限性。

第一，DEA 有一条重要的经验法则：DMU 个数必须是输入输出变量数目之和的两倍以上，否则 DEA 效率的区别能力会变弱，所以尽可能减少输入和输出变量的个数。但变量太少或相当重要的变量却有可能被删除，可能无法反映系统原有信息，更不可能得到准确的效率值，因此，从这个角度上考虑需要增加输入和输出变量数目，但对于给定的一组决策单元，评价指标集扩大，每一决策单元的有效性系数也会增大，当指标多到一定程度时，就会使每一决策单元的有效性系数普遍接近 1。另外如果输入和输出变量之间存在较大的相关关系，DEA 的区分能力将会变弱。

第二，接受 DEA 的难度要大于其他相对简单的方法（如比率分析法），DEA 对数据误差与缺失十分敏感，这无形中提高了调查中数据搜集的难度。DEA 所评价的是相对效率而不是绝对效率，而所评价的一组决策单元可能都是效率低下的，只是程度不同而已。投资规模大的可能表现为非 DEA 有效；投资规模小的可能是 DEA 有效的。在效率提高的途径上，也只能指出哪个方面存在不足，至于如何明确更深层次的实际原因，以及采取何种措施则无能为力。

第三，DEA 方法的缺点在于它衡量的生产函数边界是确定性的，因此它无法分离随机因素和测量误差的影响。同时，该方法的效率评价容易受到极值的影响。此外，企业的效率值对投入变量和产出变量的选择比较敏感。因此，投入、产出变量的选择对于正确使用 DEA 方法非常关键。另外值得一提的是，随着模型中投入和产出变量的增加，效率前沿上的 DMU 数目会上升，因此考察企业的效率值和效率排序对模型设定的敏感性是很重要的，即要进行模型的效率值检定。

第四，DEA 也许只有宏观意义，即使是同一套数据，如果同时满足固定前沿和随机前沿的适用条件。采用固定前沿和随机前沿，其分析结果往往是不一致的，也就是说，对于决策单元 A，采用固定前沿它可能是有效的，但采用随机前沿它可能就是无效的。通常情况下，对于同一套数据采用两种不同方法处理的结果，其相关性往往很高，因此适合做宏观分析，但微观上说 A 有效 B 无效之类的要慎重。

第五，DEA 往往难以给出具体的政策建议，即使得出了研究结果，对于一些效率相对低下的决策单元，如何进行改进？通过技术进步还是通过改善管理？再进一步的建议往往难以给出。

4.4.5 研究内容与研究过程

以对部分地区的医院运营效率进行综合评价为例，表述运用数据包络方法进行研究的思路、主要内容与过程。

医疗卫生是与国民密切相关的一个问题，所以医疗卫生服务的生产效率如何倍受人们的关注。医院作为医疗卫生服务供方的骨干力量，效率的高低不仅体现其生存和发展的能力，还关系到新"医改"措施能否取得成效。然而，目前医疗领域的问题已成为我国经济社会发展的一个障碍。一方面，我国医疗成本在不断攀升；另一方面，百姓对医疗服务的满意度在直线下降，这不能不反映出我国在医疗资源的配置和使用方面的确存在问题。因此，对医院的运营效率进行一定的评价就变得十分有必要。

医院的运营系统方面具有多个属性指标，对医院运营系统及其运作效率进行综合评价，往往需要事先设定这些属性及其权重。为了减少人为因素的主观影响，提高评价的客观性，在构建部分地区医院运营效率评价指标体系的基础上，运用 DEA 方法建立评价模型，计算实体之间构成的输入输出系统的有效系数，并验证评价方法的可行性和一致性。其主要研究内容，有以下几个部分。

1. 医院运营效率评价指标体系的确立

建立部分地区医院运营效率综合评价指标体系是评价工作的第一步，是一项基础性工作，尤其在运用 DEA 评价方法时，更是一个关键步骤，指标的选取对于最终的评价结果有着很大的影响。以往，在评价医院运营系统或者其他系统过程中，评价指标的选取往往带有很强的随意性与主观性，而运用不准确的指标体系来评价系统必然导致评价结果偏离实际。因此，必须设定建立指标体系的一般原则，从而为指标的选取提供指导作用。

（1）确立评价指标应当遵循的基本原则

根据评价部分地区医院运营的现状及以往评价的不足，在建立评价指标体系时，首先确立应当遵循的基本原则。

整体性原则。对部分地区的医院运营效率进行评价时，不能仅仅关注于医院的基础硬件设施、医疗设备、医护人员的专业素质等，仅从医院自身的角度来进行评价是远远不够的，还要从病患接受治疗的满意度、医院工作人员的工作效率等多方面来对医院进行评价，注重多角度、全面的，从整体上评价医院的运营效率是十分重要的。

重要性和均衡性原则。对于评价体系内各指标的选取，往往根据各指标对实现评价目标的重要程度和自身的重要性来确定，同时还需保证各指标在评价指标体系中的分布均匀性和数量均衡性。

经济性原则。建立评价指标体系，需要考虑到操作的成本收益，常常选择具有较强代表性且能综合反映医院运营效率体水平的指标，以期能够优化医院的医疗资源配置、提高医护人员的工作效率以及病患对接受治疗的满意度。

层次性原则。体系中的指标能分出评价层次，在每一层次的指标选取中能突出重点，需要对关键的绩效指标进行重点分析。

可比性原则。为保证评价指标的广泛适用性，一是要求所选取的指标尽量能够反映评价对象的一般性或共同性特征，对评价范围内的每一个评价对象都适用，二是要求评价指标在形式、时间等方面也具有可比性。

定性与定量相结合原则。由于在对医院的运营效率进行综合评价时，可能会涉及一些类似于医护人员的专业素质、病患的满意度等问题，而类似这样的评价要素比较难于进行量化，所以需要使用一些定性、定量的方法对指标进行修正，对某些指标进行量化处理。

稳定性与发展性原则。评价指标体系在指标的内涵、指标的数量、体系的构成等方面保持相对的稳定，但为保证指标体系的适用性和有效性，指标体系可以随着社会、经济、生活的进步和国家的宏观经济政策等客观环境的改变而进行改进。

（2）评价指标体系的确定

在遵循评价原则的基础上，选择具有代表性的相关特征指标，形成系统化的评价指标体系。若评价指标选得过多过细，容易造成大量有效DMU产生，影响DEA评价方法的有效性；若评价指标选得过粗过少，则不利于发现系统中问题所在，无法为管理者提供充分的决策信息。因此，医院运营效率综合评价的投入指标和产出指标的选取，是DEA方法应用中需首先解决的问题之一。

因此，为了运用DEA对部分地区的医院运营效率进行综合评价，主要选取6项主要评价指标，以此构成评价指标体系：医院数（个）、卫生技术人员数（人）、医院和卫生院床位数（个）、诊疗人数（万人次）、危重病人抢救成功率（%）以及病床使用率（%）。

2. 评价模型的建立与分析

基于构建的医院运营效率评价指标体系，进行具体分析，以达到为这些地区的医院的综合实力水平的提高，优化医疗资源配置提供指导性意见和建议，从整体上提升医院的医疗服务水平以及激发其发展潜力的目的。

（1）数据准备

选取10个省（市）的医院，运用DEA对其运营效率进行综合评价。以《2010中国统计年鉴》作为数据来源，在《2010中国统计年鉴》中有专门针对医疗卫生服务方面的数据，选取北京、河北、辽宁、上海、浙江、福建、河南、广东、四川、甘肃10个省份和地区作为决策单元。经过归一化处理，得到转换后的指标数据。

转换方法：设 X_{ij} 为系统中第 j 个评价单元 DMU_j 的第 i 个输入指标，Y_{rj} 为系统中第 j 个评价单元 DMU_j 的第 r 个输出指标，则 $X'_{ij} = X_{ij} / \sum_{j=1}^{n} X_{ij}$，$Y'_{rj} = Y_{rj} / \sum_{j=1}^{n} Y_{rj}$，$i = 1,2\cdots m$，$j = 1,2\cdots n$，$r = 1,2\cdots s$。经过归一化处理，使得输入输出的值在0~1之间，从而具有可比性。

（2）输入输出指标的确定

按照DEA模型的要求，将每个待评价的部分地区的医院作为一个决策单元，并且分别确定输入和输出指标。在运用DEA模型进行效率评估时，希望用尽量少的投入得到尽量多的产出，即输入指标越小越好、输出指标越大越好，因此将所有输入输出指标取倒数。具体分类如下：

输入指标：医院数（个）、卫生技术人员数（人）以及医院和卫生院床位数（个）；
输出指标：诊疗人数（万人次）、危重病人抢救成功率（%）以及病床使用率（%）。

确定了决策单元、输入指标和输出指标之后,需要对数据进行一定的整理,把所查数据列入表 4.4.1、表 4.4.2。

表 4.4.1 选取的输入指标

决策单元输入指标	医院数(个)	卫生技术人员数(人)	医院和卫生院床数(个)
DMU_1 北京	522	161139	84896
DMU_2 河北	1123	268049	213528
DMU_3 辽宁	829	226425	174368
DMU_4 上海	296	132826	79501
DMU_5 浙江	652	266254	157877
DMU_6 福建	411	130809	95980
DMU_7 河南	1193	359891	283030
DMU_8 广东	1064	421325	250374
DMU_9 四川	1187	303051	259204
DMU_{10} 甘肃	373	91255	77025

表 4.4.2 选取的输出指标

决策单元输出指标	诊疗人数(万人次)	危重病人抢救成功率(%)	病床使用率(%)
DMU_1 北京	8314.60	74.04	84.60
DMU_2 河北	7033.50	93.94	80.10
DMU_3 辽宁	6397.30	86.85	80.60
DMU_4 上海	9651.00	79.12	100.20
DMU_5 浙江	14163.80	91.83	93.10
DMU_6 福建	5850.60	89.76	89.90
DMU_7 河南	9992.80	94.34	83.60
DMU_8 广东	24425.40	87.93	85.70
DMU_9 四川	9536.70	90.41	93.80
DMU_{10} 甘肃	2495.30	94.12	76.40

(3) DEA 模型的建立

假定,被评价的地区医院第 j_0 个是 DMU_{j_0},X_0 和 Y_0 分别代表由该地区医院的输入数据构成的矩阵和输出数据构成的矩阵,v 为输入指标权重矩阵,u 为输出指标权重矩阵，h_{j0} 为 DMU_{j0} 的相对效率，则可以根据公式（4.4.2）所示的 C^2R 模型（P），得到相应的效率评价指数，从而建立各地区医院运营效率的评价模型。

公式（4.4.2）所示的 C^2R 模型（P）是一个分式规划问题，可以利用 Charnes-Cooper 变换将其转化为等价的线性规划问题，如公式（4.4.3）所示的模型（P_{C^2R}）。若线性规划有最优解，即 DMU_{j0} 有最佳权重组合（v_j^*, u_j^*），则最优值 $h_{j0} = \mu^T Y_0$ 即为 DMU_{j0} 的效率值。由于 h_{j0} 是利用最有利于 DMU_{j0} 的权重计算出来的值，因此称 h_{j0} 为 DMU_{j0} 的自我评价值（self-evaluation），这里记为 E_{jj}。在 DEA 中，如果 h_j 达到最大值 1，则称 DMU_j 是有效的，若 $h_j<1$，则称 DMU_j 为非有效的。

在实际问题中，往往有较多的决策单元都能取到最大的效率值 1。因此，仅用 h_j 一般不能区分这些决策单元的优劣。此外，模型（P_{C^2R}）使每一个 DMU_j 用最有利于自己的权重计算出，这个权重往往对各个输入和输出的分配极为悬殊（例如，对有利于自己的输入指标和输出指标赋权很大，对不利于自己的指标赋权很小，甚至赋予零权重），这种只重视少数有利的输入和输出指标，而不重视（甚至完全忽略）其他指标的现象，使得计算出的自我评价值 h_j 并不完全能反映出 DMU_j 的优劣。

为解决这个问题，人们引入交叉评价机制。交叉评价(cross-eval-ution)的基本思想是用每一个 DMU_j 的最佳权重（v_j^*, u_j^*）去计算其他 DMU_k 的效率值，得交叉评价值。

$$E_{jk} = \frac{Y_k^T u_j^*}{X_k^T v_j^*}, \tag{4.4.7}$$

E_{jk} 越大对 DMU_k 越有利，对 DMU_j 越不利。

但是，由于线性规划的最优解（v_j^*, u_j^*）不唯一，则由（4.4.7）得出的交叉评价值 E_{jk} 具有不确定性。为此，可采用对抗型交叉评价（aggressi-vecross-evaluation）。这种方法的基本原理是，先求出每一个 DMU_j 的自我评价值 E_{jj}，再在保证 DMU_j 得到最大值 E_{jj} 的前提下，使其他的 DMU_k 得到尽可能小的交叉评价值 E_{jk}。即对抗型交叉评价的实质是，每一个 DMU_j 在尽可能抬高自己的前提下，尽可能地贬低其他 DMU_k。建立对抗型交叉评价模型的步骤如下。

第一步：利用公式（4.4.3）所示的模型（P_{C^2R}），计算 DMU_j 的自我评价值 E_{jj}。

第二步：给定 $j \in \{1,2\cdots n\}$, $k \in \{1,2\cdots n\}$，解线性规划

$$\begin{cases} \min Y_k^T u, \\ s.t.\ Y_j^T u \leq X_j^T v,\ Y_j^T u = E_{jj} X_j^T v,\ X_k^T = 1,\ u \geq 0, v \geq 0. \end{cases}$$

第三步：利用线性规划的最优解（v_{jk}^*，u_{jk}^*），求出交叉评价值

$$E_{jk} = \frac{Y_k^T u_{jk}^*}{X_k^T v_{jk}^*}。$$

第四步：由交叉评价值构造交叉评价矩阵

$$E = \begin{bmatrix} E_{11} & E_{12} & \cdots & E_{1n} \\ E_{21} & E_{22} & \cdots & E_{2n} \\ \cdots & \cdots & \cdots & \cdots \\ E_{n1} & E_{n2} & \cdots & E_{nn} \end{bmatrix},$$

其中，主对角线元素 E_{jj} 为自我评价值，非主对角线元素 E_{jk}（$k \neq 1$）为交叉评价值；E 的第 j 列是各决策单元对 DMU_j 的评价值，这些值越大，说明 DMU_j 越优；E 的第 i 行（对角线元素除外）是 DMU_j 对其他决策单元的评价值，这些值越小对 DMU_j 越有利。

一些将 DEA 作为多属性决策排序工具的文献，将 E 的第 j 列的平均值 $e_j = \frac{1}{n} \sum_{k=1}^n E_{kj}$ 作为衡量 DMU_j 优劣的指标，e_j 可视为各决策单元对 DMU_j 的总评价，e_j 越大说明 DMU_j 越优。同样，也可以将第 i 行非对角线元素的平均值 $e_i = \frac{1}{n-1} \sum_{k=1}^n E_{ik}$ 作为衡量 DMU_j 优劣的指标，e_i 越小说明 DMU_j 越优。

交叉评价方法的主要思想是利用自评、互评体系，消除或减弱单纯依靠自评体系对决策单元进行评价的弊端，该方法能够充分利用各个决策单元的评价信息，能够对系统中所有决策单元充分排序，从而判断出全系统最优的决策单元，还能够解决权系数过于极端和不现实的问题，但在求解模型时可能会遇到有无穷多组最优权系数的情况。

（4）DEA 交叉评价的 MATLAB 程序

公式 4.4.3 的模型涉及大量的线性规划问题，要得到 n 个决策单元的自我评价值，需要解 n 个线性规划；要得到交叉评价矩阵 E，则须解更多个线性规划，计算量很大。在模型的实际建立过程中，为了减少计算工作量，提高计算精度，可以利用计算机编程技术进行计算。在此，采用 MATLAB 数学软件进行编程，利用数学软件 MATLAB 编写相关的计算程序，可以方便、快速地进行 DEA 交叉评价分析。

MATLAB 所解的线性规划的标准形式是极小化问题。

$$\begin{cases} \min f^*w, \\ \text{s.t. } A^*w \leq b, Aeq^*w = beq, LB \leq w \leq UB, \end{cases}$$

其中，w 是权重向量，f 是目标函数的系数向量，A 是不等式约束的系数矩阵，Aeq 是等式约束的系数矩阵，LB 和 UB 分别是权重变量的下界和上界。

MATLAB 解线性规划的语句为 w=LINPROG(f,A,b,Aeq,beq,LB,UB)，如果要解极大化问题 $\max f^*w$，只须将其化为极小化问题 $\min(-f)^*w$ 即可。DEA 自我评价、交叉评价的 MATLAB 程序如下。

```
clear
X=[];                                    %键入输入矩阵 X
Y=[];                                    %键入输出矩阵 Y
n=size(X',1);m=size(X,1);s=size(Y,1);    %第一轮线性规划，进行自我评价
A=[-X' Y'];b=zeros(n,1);
LB=zeros(m+s,1);UB=[];
for i=1:n;
    Aeq =[X(:,i)' zeros(1,s)];beq=1;
    f=[zeros(1,m) -Y(:,i)'];
    w(:,i)=LINPROG(f,A,b,Aeq,beq,LB,UB);  %解线性规划，得最佳权重向量 w_j
    Ejj=Y(:,i)'×w(m+1:m+s,i);             %得自我评价值 E_jj
    for k=1:n;                            %第二轮线性规划，进行交叉评价
        f=[zeros(1,m) Y(:,k)'];
        Aeq=[X(:,k)' zeros(1,s) Ejj×X(:,i)' -Y(:,i)']
        beq=[1 0];
        v=LINPROG(f,A,b,Aeq,beq,LB,UB);
        E(i,k)=(Y(:,k)'×v(m+1:m+s))/(X(:,k)'×v(1:m));
    end
end
E                                        %输出交叉评价矩阵 E
Mean(E)                                  %计算 E 的各列平均值 e_j
[Y I]=sort(mean(E));                     %按 e_j 大小，对决策单元从小到大排列
fliplr(I)                                %按 e_j 大小，对决策单元从大到小排列
```

3．模型运算及结果分析

如前所述，我们对部分地区医院的运营效率进行分析，选择出具有代表性的 10 个地区，分别按照评价指标体系进行数据收集。现利用上述 MATLAB 程序，对这 10 个地区的医院运营效率，依据指标的相对有效性，进行交叉评价。

运用 MATLAB 进行运算，将表 4.4.1 和表 4.4.2 中的输入矩阵和输出矩阵输入程序，运行 MATLAB，得到交叉评价矩阵 E，如表 4.4.3 所示。

表 4.4.3 交叉评价矩阵 E

DMU_1	DMU_2	DMU_3	DMU_4	DMU_5	DMU_6	DMU_7	DMU_8	DMU_9	DMU_{10}
0.8598	0.4016	0.4535	1.0000	0.6211	0.8360	0.3245	0.4597	0.3392	1.0000
0.7383	0.4657	0.5062	1.0000	0.6617	0.8624	0.4088	0.5919	0.4643	1.0000
0.7383	0.4657	0.5062	1.0000	0.6617	0.8624	0.4088	0.5919	0.4643	1.0000
0.4788	0.1921	0.2367	1.0000	0.4218	0.4366	0.2070	0.2379	0.2334	0.2052
0.8068	0.2713	0.3022	1.0000	0.7390	0.5021	0.2908	0.8036	0.3031	0.2669
0.6981	0.3909	0.4594	1.0000	0.5037	0.8668	0.3190	0.3487	0.4137	1.0000
0.7383	0.4657	0.5062	1.0000	0.6617	0.8624	0.4088	0.5919	0.4643	1.0000
0.8068	0.2713	0.3022	1.0000	0.7390	0.5021	0.2908	0.8036	0.3031	0.2669
0.7383	0.4657	0.5062	1.0000	0.6617	0.8624	0.4088	0.5919	0.4643	1.0000
0.4455	0.3321	0.3719	0.5775	0.3344	0.6653	0.2542	0.2023	0.2854	1.0000

通过 MATLAB 运算的结果反应在交叉评价矩阵 E 以及对决策单元从大到小的排序里。矩阵 E 中，对角线表示的自我评价值。可以看出，E_{11}=0.8598，E_{22}=0.4657，E_{33}=0.5062，E_{44}=1.0000，E_{55}=0.7390，E_{66}=0.8668，E_{77}=0.4088，E_{88}=0.8036，E_{99}=0.4643，E_{1010}=1.0000。自我评价值 E_{jj} 小于 1 时，基本可以区分各决策单元的优劣，如 DMU_j（j=1，2，3，5，6，7，8，9）。但当自我评价值 E_{jj} 等于 1 时，用 E_{jj} 无法区分各决策单元的优劣，如 DMU_4 和 DMU_{10}，则需利用交叉评价值进行判别。

由程序计算出的各省市的平均交叉评价值分别为：e_1=0.7049，e_2=0.3722，e_3=0.4151，e_4=0.9578，e_5=0.6006，e_6=0.7259，e_7=0.3322，e_8=0.5223，e_9=0.3735，e_{10}=0.7739。

由交叉评价值得到各省市医院运营效率从高到低排序为：DMU_4，DMU_{10}，DMU_6，DMU_1，DMU_5，DMU_8，DMU_3，DMU_9，DMU_2，DMU_7，即上海、甘肃、福建、北京、浙江、广东、辽宁、四川、河北、河南。由 E_{44}=1.0000，E_{10}=1.0000，说明上海和甘肃的医院运营是相对有效率的，其他 8 个省份的自我评价值都小于 1，说明它们是非有效的,应该在对医院的数目、医院及护理院床位的数量、医院人员投入等方面下功夫,提高医院的诊疗人数、病患抢救成功率、病床使用率等产出,以实现改善医疗资源配置、提高医院运营效率的目标。

4.4.6 应用数据包络方法时的注意事项

(1) DEA 作为一种非参数方法,将数学、经济和管理的概念与方法相结合,是处理多目标决策问题,解决在经济问题估计中具有多个输入、多个输出问题的有力工具,尤其在经济学生产函数的确定方面更为突出。可以对具有相同类型的部门或单位间的相对有效性进行排序和评价,还可以通过在生产前沿面上的投影分析,发现非 DEA 有效和弱 DEA 有效的产生原因以及改进方向,调整资源投入量和效益产出量使各个决策单元达到 DEA 有效。

(2) 应用 DEA 模型进行评价,不必事先确定指标权重,只需假定由决策单元的输入输出指标组成的状态可能集满足凸性、无效性、锥性以及最小性等条件即可。DEA 方法本身包含指标的权重分配过程,在计算不同的决策单元的最大有效性数值时,指标的权重是动态可变的,最后排序的结果是每个决策单元得到最有利于自己的权重。

(3) 应用 DEA 方法建立模型时,一般要求决策单元数目应大于输入变量与输出变量的数目。在实际应用中,为体现评价的全面性,往往会引入大量的评价指标,同时,为体现评价的准确性,系统中会确定较少的评价单元。为解决这个问题,通常的方法是对所有指标分层次进行 DEA 有效性评价,或者先用因子分析方法将指标归类,合并相关性强的指标,再对公共因子进行 DEA 有效性评价。

(4) 输入与输出指标体系的确定,简单说是根据资源投入量与效益产出量确定,但实际上,许多复合指标的概念往往有些模糊,则还可以根据用尽量少的投入得到尽量多的产出的效率评估目标,设定越大越好的指标为输出变量、越小越好的指标为输入变量。另外,DEA 模型要求输入输出指标具有非负性,则用该指标加同指标最小数的绝对值进行处理。

(5) DEA 方法不仅能对管理效率进行横向的对比评价,还能够进行纵向的、动态的分析与评价,即评价的样本数据可以是断面数据,也可以是时间序列数据。DEA 模型的数据与量纲无关,最好使用"效益型相对数据",不需进行数据预处理,若为"成本型绝对数据",则进行标准 0~1 转换,进行无量纲化处理。但在模型分析的过程中,需注意,可能会出现自我评价值与交叉评价值不统一、DEA 有效性分析与规模收益分析不一致等特殊情况,这时需从多个环节去查找原因。

(6) 在评价具有多个子系统的大系统时,往往会出现不协调的结果。一些系统的整体效率指数高,可其中有些子系统并不优,同时,一些系统的整体效率指数不高，而其中的某些子系统却比一些相对有效系统的对应子系统更有效。但一般情况下，如果系统是相对有效的，则其中每一个子系统都是相对有效的，如果系统是非（弱）有效的，则其中至少有一个子系统是非（弱）有效的。

（7）在实践中，人们通常只从投入或产出角度去研究决策单元的相对技术效率。但这两种效率有时对同一个决策单元的评价会有两种截然不同的结果。因此，有必要综合考虑投入缩小比率和产出扩大比率，使得评价结果更能反映决策单元的实际情况。

考虑综合投入缩小比率和产出扩大比率，设定综合技术效率指数 η，可以用两种方法得到，一是 $\eta = \frac{1}{2}(\theta^* + \frac{1}{\delta^*})$，一是 $\eta = \frac{\theta^*}{\delta^*}$。

（8）应用 DEA 方法进行评价的一般步骤。选定评价对象，确立评价目的，研究对象系统的功能要素；设计评价指标体系，划分输入、输出指标体系；收集、整理资料，确定同类型的评价决策单元，进行数据处理；运用 DEA 方法，建立评价模型；利用 MATLAB 软件，计算 DEA 有效性的最优解；进行 DEA 有效性分析和规模效益分析；评价模型的效果和优劣；实证研究和讨论。

思考题和习题

1. 系统评价有什么现实意义？
2. 主成分分析方法的基本特征是什么？
3. 聚类分析方法的基本思想是什么？
4. 系统评价过程中的主要难点有哪些？如何克服？
5. 试针对某实际系统建立评价指标体系，并说明选择评价方法的理由。
6. 通过互联网和统计年鉴，搜集与社会保障方面相关的数据资料，建立评价模型并分析，撰写出研究论文。

第 5 章 系统仿真

目标要求

1. 理解系统仿真的概念；
2. 初步掌握系统动力学法的仿真过程，初步掌握仿真软件的使用方法；
3. 会运用系统动力学方法和仿真软件模拟简单的实际系统。

5.1 系统仿真的概述

仿真（Simulation）是利用模型对实际系统进行试验研究的过程。当由于安全上、经济上、技术上、时间上等原因，对实际系统进行真实的物理试验很困难或者跟踪记录试验数据难以实现时，仿真技术就成为必不可少的工具。近几十年来，随着计算机技术的发展，仿真技术和计算机技术迅速融合，仿真技术越来越多地受到人们的重视，它的应用领域越来越广泛。在我国，仿真技术已经渗透到国民经济建设的各个领域，社会保障领域的发展也要求更好地应用仿真技术。

5.1.1 系统仿真的应用领域

仿真技术作为一门独立的学科已经有 60 多年的发展历史，它不仅用于航天、航空、各种武器系统的研制部门，而且已经广泛应用于电力、交通运输、通信、化工、核能各个领域。特别是近 20 年来，随着系统工程与科学的迅速发展，仿真技术已从传统的工程领域扩展到非工程领域，因而在社会经济系统、环境生态系统、能源系统、生物医学系统、教育训练系统也得到了广泛的应用。仿真技术正是从其广泛的应用中获得了日益强大的生命力，而仿真技术的发展促使其得到愈来愈广泛的应用。

在系统的规划、设计、运行、分析及改造的各个阶段，仿真技术都可以发挥重要作用。随着人类所研究的对象规模日益庞大，结构日益复杂，仅仅依靠人的经验及传统技术难于满足愈来愈高的要求。基于现代计算机及其网络的仿真技术，不但能提高效率，缩短研究开发周期，减少训练时间，不受环境及气候限制，而且对保证安全、节约开支、提高质量尤其具有突出的功效。

系统设计是一项复杂的任务，计算机辅助设计及仿真技术为系统设计提供了强有力的工具。一个较为复杂的系统，其设计过程一般要经历可行性论证、初步设计、详细设计、实施等若干阶段。在每个阶段，仿真技术均可提供有力的技术支持。在可行性论证阶段，可以根据系统设计的目标及边界条件，对各种方案进行定量比较，发现不同方案的优缺点，做到"心中有数"，真正了解方案为什么"可行"或"不可行"，为系统设计打下坚实的基础。在系统设计阶段，设计人员可以利用仿真技术建立或完善系统模型，进行模型实验、模型简化并进行优化设计，因而国内外开发的许多计算机辅助设计软件大都包含仿真子包。

中国的社会保障事业得到长足发展，各种社会保险项目都在酝酿和发展过程中，但一个社会保障项目的增加涉及各方面的社会保障制度运行的有效性，为防止降低效率或资源浪费，可以先利用仿真技术进行仿真实验，加强制度的顶层设计，提高制度的可行性。

1. 仿真技术在养老保障中的应用

王丽娟（2008）运用系统动力学方法构建了基本养老保险模型。首先，构建了包含养老金基金、参保人口、经济、生活水平四块的模型基本结构图，分析了包括参保人数、人口增长率等在内的十几个变量之间的网状反馈结构，确定了基本养老保险制度的因果关系图和流图，并对具体参数数值进行估计。其次，根据养老保险系统动力学模型，运用 DYNAMO 仿真语言编写方程，模拟现收现付制、完全积累制、部分积累制的三种方案，在不同仿真结果的合理比较后，得出现行的"统账结合"基本养老保险制度存在问题，在经济处于动态无效率的情况下，现收现付制度相对于其他制度而言更能促进社会总体水平的提高，改善社会资源的再分配，保障各代人的生活水平。特点是在合理的假设基础之上建立的，以支持模型的简化。不足之处在于把经济增长率、人口增长等看作是外生变量，且没有考虑价格变动因素对系统的影响。

2. 仿真技术在医疗保障中的应用

张彦琦（2008）用系统动力学方法对重庆市卫生服务系统可持续发展进行构建及模拟、干预实验与评价。在模型构建与模拟方面，界定人口、经济、社会、资源和自然环境共同构成卫生服务系统的边界；利用"成长上限"基模构建卫生服务系统宏观水平因果关系图，构建卫生服务系统内部运行机制因果关系图，利用"成长上限"基模构建医疗服务机构内部运行机制、利用"舍本逐末"基模构建"重治轻防"因果关系分析、利用"富者愈富"基模构建城市医疗卫生资源配置竞争机制因果关系图；从而绘制人口及卫生总费用子系统流图、公共卫生服务子系统流图、城市医疗卫生服务子系统流图、农村医疗服务子系统流图；通过 114 个方程的模拟仿真，可以看出按照目前发展状况，个人现金医疗卫生支出占 THE 的比重的增长态势虽得到控制，但数值仍然较大，个人负担的医疗费用仍然很高，看病贵的问题没有得到根本改善等。在干预实验与评价方面，通过3组政策干预实验，模拟政府卫生投入不同程度增加，以及不同的分配方案对卫生服务系统产出的影响。比较资金用于公共卫生体系、城市医院、农村卫生院和医疗保障体系之间对观测指标的综合优化程度，可以看出，对农村卫生院的资金投入所产生的观测指标的优化效果是最好的，其次为医疗保障体系，公共卫生服务体系和城市医院等。

3. 仿真技术在住房保障中的应用

廖阳（2004）主要讨论廉租住房政策实施过程中廉租对象界定问题的研究。给出五个假设条件以支持模型的简化，明确建立廉租住房系统动力学的基本目标是找出廉租住房系统中的各个主要因素及其作用机理，在系统仿真的基础上，确定科学合理的动态的廉租对象界定标准，以适应廉租住房政策实施的需要。在此基础上，建立包括国民经济子系统、廉租住房供应子系统；廉租住房需求子系统、人口子系统在内的系统基本结构图，分别建立廉租住房供应子系统、需求子系统、人口子系统及廉租住房的因果分析图和系统流程图，就模型的参数估计和调整、仿真方案设计进行讨论。根据该模型对现实廉租住房系统进行模拟与仿真，初始时间为2000年，仿真终止时间为2020年，通过改变决策参数的数值制定不同的仿真方案，利用历史数值和未来趋势对不同仿真方案结果合理性进行比较分析和选择，得出了符合西安市市情的动态的廉租对象界定标准。

4. 仿真技术在就业保障中的应用

栗建华（2005）运用系统动力学的观点和方法，依据新经济增长理论中内生经济增长与人力资本理论、劳动系数简化法构建就业、经济增长与教育投资的因果关系图，包括就业人口子块、固定投资与就业岗位子块、失业人口子块等八个子块。运行模拟1995—2002年就业岗位与实际就业岗位等，模型运行的结果是接近实际数值，绝大部分误差在5%以内；以2002年数据为基准，首先保持固定和教育投资系数不变的模拟结果分析、其次改变固定和教育投资系数的模拟结果分析，然后保持固定和教育投资系数不变，改变各级教育投资比例的模拟结果分析，最后保持固定和教育投资系数以及各级教育投资比例不变的模拟结果分析。认为在当前应以加大中等（特别是高中阶段）教育投入为主，这样可以避免大量知识水平不高的初中毕业生因不能升入高中而加入就业大军的行列，造成人力资源转化为人力资本的障碍和巨大的就业压力。

总之，仿真技术之所以得到迅速发展，其根本的动力来自应用，而仿真技术的广泛应用又反过来促进了仿真技术的进一步发展。目前，已存在很多方法可用来对系统工程中研究的各类系统进行仿真。

5.1.2 系统仿真的概念

从理论上看,系统仿真是对实际系统的一种模仿活动,即利用模型来模拟事物发展变化的规律。G. W. Morgenthater 在 1961 年首次对"仿真"进行了技术性定义,即"仿真意指在实际系统尚不存在的情况下对于系统或活动本质的实现"。另一个典型的对"仿真"进行技术性定义的是 Korn。他在 1978 年的著作《连续系统仿真》中将仿真定义为"用能代表所研究的系统的模型作实验"。1982 年,Spriet 进一步将仿真的内涵加以扩充,定义为"所有支持模型建立与模型分析的活动即为仿真活动"。1984 年,Oren 在给出仿真的基本概念框架"建模—实验—分析"的基础上,提出了"仿真是一种基于模型的话动"的定义,被认为是现代仿真技术的一个重要概念。实际上,随着科学技术的进步,特别是信息技术的迅速发展,"仿真"的技术含义不断地得以发展和完善,从 A. Alan 和 B. Pritsker 撰写的"仿真定义汇编"中,可以清楚地观察到这种演变过程。但是,无论哪种定义,仿真基于模型这一基本观点是共同的。

综上所述,"系统、模型、仿真"三者之间有着密切的关系。系统是研究的对象,模型是系统的抽象,仿真是通过对模型的实验以达到研究系统的目的。

现代仿真技术均是在计算机支持下进行的,因此,系统仿真也称为计算机仿真。系统仿真有三个基本的活动,即系统建模、仿真建模和仿真实验,联系这三个活动的是系统仿真的三要素,即系统、模型、计算机(包括硬件和软件)。它们之间的关系如图 5.1.1。

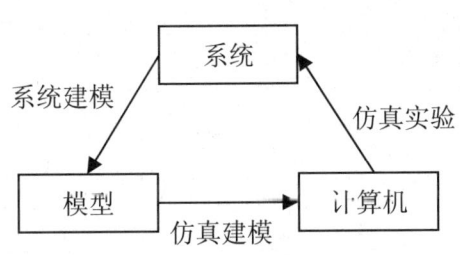

图 5.1.1 系统仿真要素关系图

传统上来说,"系统建模"这一活动属于系统辨识技术的范畴,仿真技术则侧重在"仿真建模"活动,即针对不同形式的系统模型,研究其求解算法,使其在计算机上得以实现。至于"仿真实验"这一活动,往往只注重"仿真程序"的检验,至于如何将仿真实验的结果与实际系统的行为进行比较,这一根本性的问题缺乏从方法学的高度进行研究。

现代仿真技术的一个重要进展是将仿真活动扩展到上述三个方面,并将其统一到同一环境中。在系统建模方面,除了传统的基于物理学、化学、生物学、社会学等基本定律及系统辨识等方法外，现代仿真技术提出了用仿真方法确定实际系统的模型。例如，人工神经网络方法，就是根据某一系统在试验中所获得的输入输出数据，在计算机上进行仿真试验，从而确定模型的结构和参数；又如面向对象建模方法是基于模型库的结构化建模方法，其在类库的基础上实现模型拼合与重用。

在仿真建模方面，除了适应计算机软硬件环境的发展而不断研究和开发出新算法和新软件外，现代仿真技术采用模型与实验分离技术，即任何一个仿真问题可分为两部分：模型与实验。这一点，现代仿真技术与传统的仿真定义是一致的。其区别在于：现代仿真技术将模型又分为参数模型和参数值两部分，而参数值属于实验框架的内容之一。模型参数与其对应的参数模型分离开来，仿真实验时，只需对参数模型赋予具体参数值，就可以形成一个特定的模型，从而大大提高了仿真的灵活性和运行效率。

在仿真实验方面，现代仿真技术将实验框架与仿真运行控制区分开来。一个实验框架定义一组条件，包括：模型参数、输入变量、观测变量、初始条件、终止条件、输出说明等。除此之外，与传统仿真区别在于，将输出函数的定义也与仿真模型分离开来。这样，当需要不同形式的输出时，不必重新修改仿真模型，甚至不必重新仿真运行。用户可以根据各自的需求，将输出数据导出到指定的文件类型。

Oren 将上述思想加以总结，提出了现代仿真技术的概念框架，如图 5.1.2。

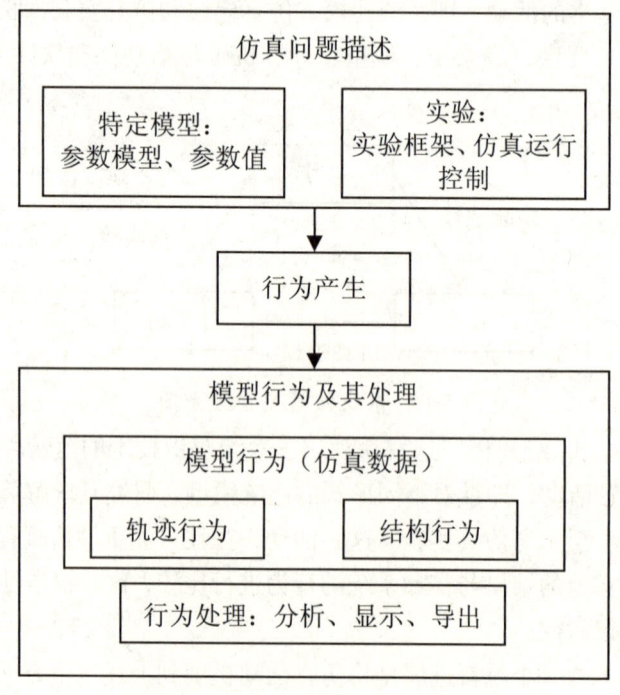

图 5.1.2　现代仿真的概念框架

在这个框架中,"仿真问题描述"对应于图 5.1.1 中的"仿真建模",其建模思想如前所述;"行为产生"对应于图 5.1.1 中的"仿真实验",只是将仿真输出的数据结果独立于行为产生;而"模型行为及其处理"则对应输出处理。

在对现实世界中的系统进行分析研究,采用模型来模拟系统时,一般均忽略微小因素和次要因素,而只反映出对事物发展有重大影响的主要因素。事实上,在实际运用中,事物的主要因素和次要因素的划分是相对的,这主要是从用户需求的角度来分析。

综上所述,系统仿真就是根据系统分析的目的,在分析系统各要素性质及其相互关系的基础上,建立能描述系统结构或行为过程的、具有一定逻辑关系或数量关系的仿真模型,据此进行试验或定量分析,以获得正确决策所需的各种信息;或者是通过建立和运行实际系统的仿真模型,来模仿系统的运行状态和规律,并通过在计算机相关软件及编程技术实现试验的全过程。这个过程尽量反映系统的主要特征。

5.1.3 系统仿真的分类

由以上对系统仿真定义以及特点的分析可知,实施一项系统仿真的研究工作,必须要做好三个方面的准备工作:系统对象、系统模型、计算机工具。因此,分别从这三个方面出发,可以对系统仿真进行基本的分类,如图 5.1.3。

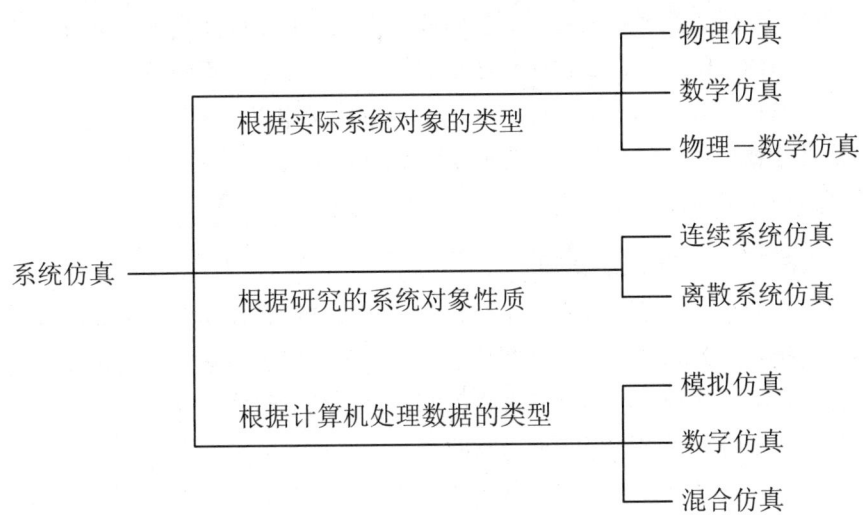

图 5.1.3 系统仿真的分类

1. 从实际系统对象的类型角度

根据实际系统对象的类型,系统仿真可分为物理仿真、数学仿真、物理-数学仿真。这种划分方式所遵循的基本原则是相似原理,即几何相似、环境相似和性能相似。

物理仿真就是应用几何相似原理，制作一个与实际系统相似，但几何尺寸较小或较大的物理模型进行实验研究。物理仿真的优点是真实感强、直观、形象，保持了原型系统的物理本质，能直观地反映被研究对象的工作机理和过程，以及一些难以用数学描述或不可能概括在数学方程中的真实现象。但缺点是不同的研究对象需要不同的物理模型，即当对象的参数改变时，模型就得更换，而且建造复杂对象的物理模型是很不容易的，需要花费很高的代价和较长的时间。

数学仿真则是应用数学相似原理，构成数学模型在计算机上进行研究。数学模型的表现形式一般为由常量、变量、表达式、约束条件方程组或不等式组构成。在现在的技术条件下，数学仿真的求解多半借助于计算机。与物理仿真相比，数学仿真显得更加经济、灵活、使用方便、仿真周期短。不同的现实系统，只要它们的变化规律相同，其数学模型就是相同的，可用同一套装置（或同一方程（组））来进行仿真。所以数学仿真的基础，正是原型与模型之间数学方程描述的相似性。数学仿真可以方便地引入可变参数、各种初始条件和干扰作用等。

物理-数学仿真又称混合仿真，它是把数学仿真、物理仿真和实体结合起来，也就是将系统的一部分描述成数学模型放入计算机，而其余部分则构建其物理模型或直接采用实体，组成一个复杂的仿真系统。由此可见，物理仿真和数学仿真并不是相互排斥的，相反，两者相辅使用。在研究工作的初始阶段或当需要进行众多方案比较时，采用数学仿真可起到快捷和改变参数方便等优点。而随着工作的深入，往往需要采用物理仿真，以考虑实际存在而理论方法又难以描述的各种因素的影响。在数学仿真和物理仿真的基础上，有时还需要进行中间性的原型试验，以进一步考核和验证该项研究结果的正确性。

2. 从系统对象的性质角度

根据研究的系统对象的性质，系统仿真可分为连续系统仿真和离散系统仿真。连续系统是指系统状态随时间连续变化的系统，系统行为通常是一些连续变化的过程。在很多实际的连续系统中，通常是以非常复杂的非线性微分方程组、差分方程组来表示的。差分方程组在形式上是时间离散，但状态变量的变化过程本质上是时间连续。离散系统是系统中，表征系统性能的状态只在随机的时间点上发生跳跃性变化，且这种变化是由随机事件驱动的，在两个间隔的时间点之间，系统状态不会发生任何变化。

3. 从计算机处理数据的类型角度

根据仿真中使用的计算机处理数据的类型，系统仿真又可分为模拟仿真、数字仿真和混合仿真。模拟仿真通过专用的模拟计算机进行仿真实验。数字仿真是基于数值计算方法，利用数字计算机和仿真软件，进行系统的建模和仿真实验的过程。混合仿真是将模拟仿真和数字仿真相结合的一种仿真方法，主要利用的工具是混合计算机系统，包括模拟计算机、数字计算机以及数模、模数之间的转换工具。

5.1.4 系统仿真的特点

1. 问题导向

系统仿真模型是面向实际过程和系统问题的，或者说是问题导向的，其包含系统中的元素对象以及元素之间的关系，它将不确定性作为随机的系统变量来建立系统的内部结构关系模型。例如要探讨各要素对于失业保险基金收支的影响，就要设定个人缴费率、企业缴费率、工资增长率、失业率、投资收益率、工资增长率等参数，根据这些参数，可以得出失业保险金结余，对40年甚至更久的失业保险金结余状况进行预测，可以看出随着参保人数的日益增加，失业保险金的结余状况。

2. 实验形式

系统仿真技术是一种实验手段，是为复杂系统创造的一种计算机的实验环境，它是一种计算机软件实验，输出结果由仿真软件给出，因此可以在短时间内通过计算机获得对系统运行规律以及未来特性的认识。例如庄众（2009）针对我国老龄化问题引起的我国养老保险基金出现支付危机这一问题，运用系统动力学研究方法，选取社会统筹基金、基础养老金、缴费率、参保人数、平均工资等变量运用Vensim软件建立了基本养老保险的系统动力学模型。通过该模型，模拟出我国未来劳动力人口和退休人口的发展趋势，得出我国将在2020年前后出现劳动力人口下降的局面，2032年我国养老保险基金将出现收不抵支的情况的结论。针对模拟仿真的结果，给出两点对策，即提高退休年龄和改善养老基金投资收益。

3. 重复模拟

系统仿真研究由多次独立的重复模拟过程所组成，因为一次仿真的结果是对系统行为的一次抽样，则多次仿真的结果是对真实系统进行具有一定样本量的随机试验样本。因此需要进行多次试验的统计推断，并对系统的性能和变化规律作出多因素的综合评价。例如现在普遍认为：政府对于基本养老保险的投入太少，应加大财政投入，况且我国经济发展状况良好，完全有足够的财力支撑政府财政转移支付。因此，设政府投入比例有9%、10%、11%和12%四种情况；认为企业养老保险缴费率过高，影响到企业的竞争力，因此从这个角度考虑应该降低企业缴费率，所以，设定企业缴费率为8%、10%、12%、14%、16%和18%这六种情况；目前个人能够承受的最高缴费限度逐年增加，认为应提高个人缴费率，但也有人提出个人缴费率较高，建议降低个人缴费率，所以，设定个人缴费率有7%、8%、9%、10%和11%五种情况。设政府转移支付/养老金收入为 $K1$，企业缴费/养老金收入为 $K2$，个人缴费/养老金收入为 $K3$。$K1+K2+K3=1$。逐次试验政府投入比例为 9%、10%、11%、12%时的政府、企业、个人三方负担比的变动率，通过仿真模拟得到的最优三方责任负担比例，即政府、企业与个人在基本养老保险中承担责任的比例是 1:2.6:2.3。

4. 模拟误差

系统仿真只能得到问题的一个特解或可行解，而不能得到问题的通解或最优解。而且，不同用户对于同一问题可能会给出不同的模型，给出的模型也常常是不精确的。但是，随着计算机科学技术的发展，这些问题正在得到不同程度的改善。通过仿真模拟得到的最优三方责任负担比例，即政府、企业与个人在基本养老保险中承担责任的比例是 1:2.6:2.3。但最优模拟结果与现实结果存在差异，现实的三方责任负担比是 1:8.7:3.5，模拟结果表明政府和个人承担的责任加重了，企业承担的责任减轻了。此结果，与现实基本养老保险三方责任负担不合理的分析结果相一致，也基本符合提高个人缴费负担、降低企业缴费负担、加大政府财政投入的目标要求。数据选取的误差可能导致模拟误差，但只要误差在合理范围内，模型即为可用。

结合以上的描述和分析，可以意识到系统仿真的实质主要有以下几点。

（1）它是一种对系统问题求数值解的计算技术，尤其当面对生产实践中的问题，考虑到诸多影响因素，系统无法通过直接建立数学模型求解时，仿真技术能有效地来处理。

（2）仿真是一种人为的试验手段。它和现实系统实验的差别在于，仿真实验不是依据实际环境，而是作为实际系统映象的系统模型在相应的"人造"环境下进行的。这是仿真的主要功能。

（3）仿真可以比较真实地描述系统结构的主要特征、不同技术参数下的运行状态、演变情况及其发展过程。

5.1.5 系统仿真的步骤

根据系统仿真的基本概念和分析、求解问题的思路，在进行系统仿真研究活动时，一般遵循如下几个步骤。

1. 系统仿真的范围设定

即问题的描述和确定。对问题的描述可以明确研究解决的问题，在一定的限制条件下，所要实现的目标。并继而确定问题中的相关参数值、变量之间的关系、明确系统的主要影响因素。

2．仿真模型的建立

（1）设定仿真模型

根据调查的情况分析，结合系统内部各个环节之间的因果关系、系统结构、运行过程，按照一定的方式和流程设定相应的模型。

（2）数据采集和筛选

原始数据的采集往往是随机变量的抽样，因此，首先要根据设定的仿真模型，对这些原始数据进行整理、分析、筛选，然后通过参数估计、假设检验等步骤，确定系统参数的具体数值。

（3）仿真模型的选定

在建模过程中，所建立的模型究竟能否反映原系统的本质特征，需要经过确认。通常会采用专家分析评价的方法，或输入关键变量的数据，观察系统状态变量的动态规律性，以此推断模型的性能和可信度。

3．仿真模型的运用

（1）仿真模型的编程实现与验证

选定模型之后，就可以选用仿真语言编制模型的计算机仿真程序。

（2）仿真试验设计

仿真试验的设计是对模型进行测试的一种方法。在正式运行仿真程序之前，应对仿真区间、仿真精度、输入输出方式等方面进行测试。

（3）仿真模型的运行

根据实际情况，设置相关参数，运行仿真程序。一般情况下，是在允许的范围内，输入若干组不同的数据，观察系统运行的规律性。

（4）仿真结果的输出、记录

选择合适的输出、记录方式，将仿真程序的运行保存下来，以便以后的对比和分析。

（5）分析数据，得出结论

采用统计等方法，对输出结果进行分析，得出系统运行的规律和主要的特征问题，为实际系统的参数设置及相关决策提供科学的参考依据。

在实施仿真研究时，上述系统仿真的原则性步骤也不是不可以变化的，针对不同的问题和方法，往往需要反复进行模型确认、实验验证、统计推断等过程，直到为决策者提供一个满意的方案为止，因此仿真的过程是一个辨证的、迭代的过程。

借助于计算机的系统仿真一般步骤的流程图可用图5.1.4表示。

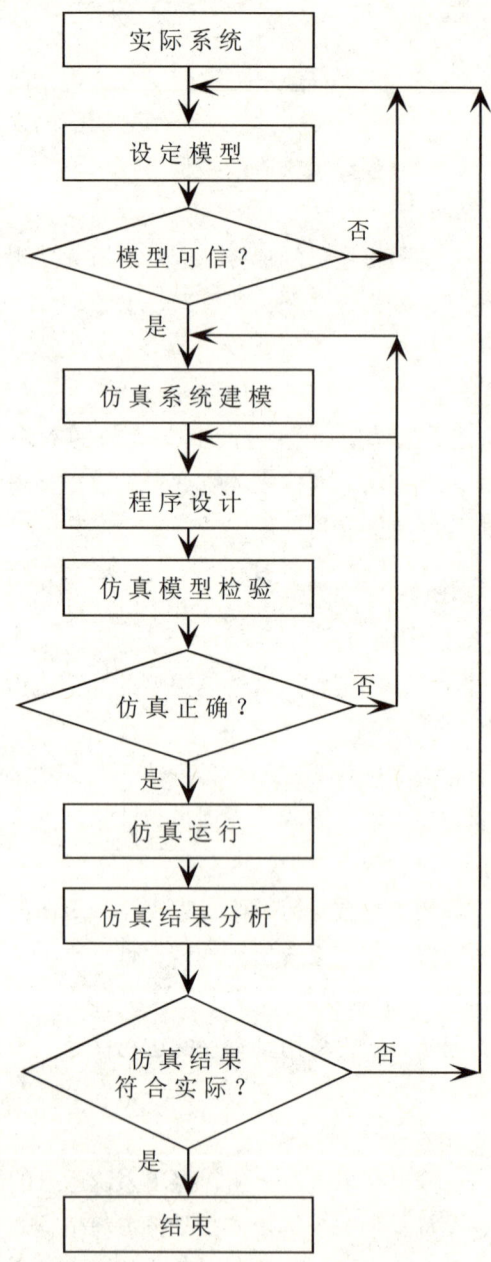

图 5.1.4 系统仿真一般步骤流程图

通过以上分析,可以得出系统仿真在分析、研究系统问题中起到的作用。

(1)仿真的过程也是实验的过程,而且还是系统地收集和积累信息的过程。尤其是对一些复杂的随机问题,应用仿真技术是提供所需信息的唯一令人满意的方法。

(2)对一些难以建立物理模型和数学模型的对象系统,可通过仿真模型来顺利地解决预测、分析和评价等系统问题。

（3）通过系统仿真，可以把一个复杂系统降阶成若干子系统以便于分析。

（4）通过系统仿真，能启发新的思想或产生新的策略，还能暴露出原系统中隐藏着的一些问题，以便及时解决。

5.2 系统动力学方法

系统动力学是认识某类复杂问题的一种方法。它的发展可以追溯到 20 世纪 50 年代兴起的工业动力学，当时主要用于解决企业中出现的一些有关经营管理的问题。例如，产量和雇员的不稳定性、企业发展中的波动和萧条现象，以及股票市场上出现的跌涨现象。在短短的几年中，工业动力学的方法已得到了广泛的应用，如经营管理某个"研究与开发"规划，解决城市的萧条与衰退问题，认识有限的、正在减少的自然资源中出现的指数增长的含义等，甚至对糖尿病理论的检验也用到了工业动力学。

因此，"工业动力学"很快就改用了"系统动力学"这一更广义的名称。它在这里的含义，代表着适用范围的广泛性、问题的复杂性以及观点的概括性，也就是一种用于解决某一特定问题的系统的研究方法。需要强调的一点是，系统动力学着重研究的并不是一个系统，而是一个问题。

5.2.1 系统动力学概述

1. 系统动力学概念

系统动力学是由美国麻省理工学院福瑞斯特（J.W.Forrester）教授于 1956 年提出的一种分析信息反馈系统动态行为的计算机仿真方法，它将信息反馈的控制原理与因果关系的逻辑分析相结合，依据系统的内部结构建立仿真模型，并对模型实施各种不同方案，寻求解决问题的正确途径。系统动力学专家认为，系统的行为模式和特性主要取决于其内部结构与反馈机制，因此，按系统动力学理论和方法建立的模型，借助于计算机模拟可以用于定性与定量地研究系统问题。通常情况下，研究社会经济系统时的各种理论设想，一般都不宜直接在实际系统上做试验。而系统动力学可以作为实际系统（特别是社会、经济、生态等复杂大系统）的"实验室"，来进行长期的、动态的、战略性的定量分析与研究。

系统动力学所探讨的问题，至少有两个共同的特征。

（1）它们都是动态的，包含的量具有随时间变化的特性。如工业上雇佣人员的波动、城市中税收和生活水准的降低以及医疗费明显的上涨。此外，建筑工程经费的超支、政府的发展过程、癌症甚至心理上的抑郁症等都是动态问题，都可以用变量随时间变化的图形来表示。因此，学习系统动力学首先要建立一个动态的概念。

（2）都具有反馈的特征，使用反馈来揭示原因和寻找解决办法。关于反馈，本书在第1章内容中已经有所提及。

从控制论的角度看，对于系统的研究可分为开环和闭环两个角度。开环是指不用反馈的概念研究问题，作用路径不是闭合的，系统中各主体之间的信息单向流动，只有顺向联系，没有反向联系。如图5.2.1所示。闭环是指通过一定的行为，改变某些或某个变量的特征，使系统达到新的运行状态。从开环转换成闭环的过程，包含了反馈的观点。如图5.2.2所示，其中，粗虚线所指代的环节即为反馈过程。

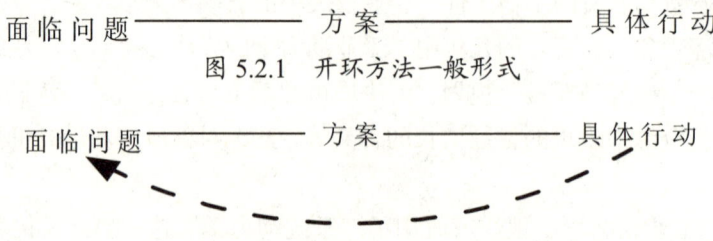

图 5.2.1　开环方法一般形式

图 5.2.2　闭环方法一般形式

反馈系统中的反馈是信息的传送和返回。当反馈系统用图表示时，便形成因果环。反馈环是一个封闭的因果序列，作用力与信息的闭路，一组互连的反馈环是一个反馈系统。在大多数情况下，反馈系统的"反馈"环节是遵从图5.2.3所示的流程对相应的控制对象起到调节、控制作用的。

系统动力学应用于解决反馈系统中的动态问题。事实上，团体、机构、经济、社会等所有的人造系统都是反馈系统，见表5.2.1。

表 5.2.1　社会保障系统中的问题及其响应

问题	响应
人口老龄化	延长退休年龄
农民工无保障	养老保险转移支付
城市房价过高	建设经济适用房

社会保障系统是一个反馈系统，已经成为越来越多人的共识。在对反馈过程进行分析的过程中，还需知道反馈过程有"正"和"负"之分。养老金发放水平反馈环主要是为了使养老金能维持老人的基本生活，若不能维持，则提高养老金发放水平；若养老金高于经济发展水平，也要降低。反馈环的目的是使养老金水平与社会经济发展相协调，使老年人过上有尊严的生活，维持社会稳定。在控制论中，对于这样阻碍或抵消偏差的环称为负反馈环；相反，正反馈环则放大偏差。

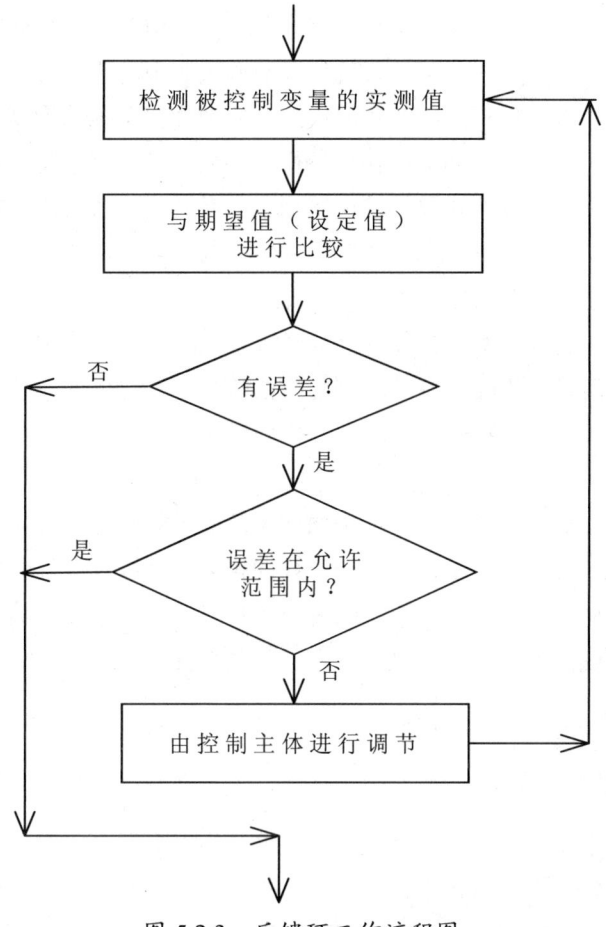

图 5.2.3　反馈环工作流程图

2. 系统动力学的应用对象

（1）系统动力学主要研究复杂问题的反馈过程。

系统动力学家们认为，反馈结构是导致事物随时间变化的根源。作为研究反馈观点的原因和结果的系统动力学方法，具有在系统内部寻找问题行为根源的特性，系统外的作用力并非是导致问题的根源。实际上，内部观点就是把外部的作用力包括在系统内部的反馈系统模型之中。反馈概念的重点部分就在于内部观点有助于说明系统动力学的研究。

（2）对于复杂的大系统来说，利用系统动力学的观点和思想进行研究，往往非常有效。

系统动力学适用研究的系统，一般具备几个特点：复杂的社会系统；大跨度系统；多目标函数系统；动态系统；可分系统；非线性系统；系统中具有多重反馈和长时滞性；系统所涉及的问题不是完全独立的，而是相互联系、甚至是相互融合的。

因此，系统动力学往往根据社会系统的因果关系构造出反映非线性、多重反馈和长时滞性的动态模型，并利用计算机仿真的方法实现动态系统的变化过程，进而分析社会因素即决策因素对系统变化的影响。特别是在系统结构复杂、历史数据少的情况下，可以了解系统内部结构和动态行为特征，深化对系统本质的认识，并可以利用它作为政策模拟分析思路的理论依据，具有其他方法难以替代的作用。

（3）支持系统动力学模型的是构造，而不是数据。

基于因果关系和结构决定行为，是系统动力学建模的特有之处，也是其他方法（如计量经济学、运筹学等）在分析社会经济系统时所无法比拟的。采用系统动力学的定性分析和定量分析相结合的原理与方法，建立系统模型，并以计算机为工具，进行仿真试验和计算。所获信息被用来分析和研究系统的结构和行为，为正确决策提供科学的依据。

系统动力学方法是面向问题而不是面向系统的。它从系统总体出发，充分估计和研究影响因素，注重研究系统内部的非线性相互作用以及延迟效应等。同时，它是一种结构化、动态的、连续型的系统建模仿真方法，虽精度不够高，但能满足许多社会经济等管理问题的要求，也有一定的预测功能。

5.2.2 系统动力学的表示方法

1. 系统动力学研究过程

从系统动力学的观点来研究问题，大致可分为以下七个阶段：问题的识别与定义、系统的概念化、模型格式化、模型行为的分析、模型评价、策略分析、模型的使用或执行。

根据系统动力学的研究阶段，也可以得出系统动力学研究问题的基本过程，分为6个阶段：问题定义、模型概念化、模型数学表达、仿真、评价和政策分析。其中，问题定义和模型概念化是系统动力学研究中两个技术性较弱的阶段，在第2个阶段，要求阐明问题的内容和特征，勾勒出系统参考模型，明确建模的目的，确定系统边界，按照行为和信息反馈环确定系统结构；而模型的数学表示、仿真和政策分析的3个阶段，完成按照反馈结构用特定语言表达的模型，观察模型行为及依据相关统计数据评价行为的拟合度；政策分析则是通过效果检验得出其社会经济发展的适用程度。

在利用模型方法的研究中，不仅要准确地描述现实领域，也要合理地描述控制领域。第一，现实领域包括经济水平、人口水平、消费水平、系统需求和供给等；第二，控制领域一般包括国民收入分配政策、人口控制政策、经济发展政策等。上述系统要素基本上能够界定系统的研究范围，而系统的行为变化则取决于上述系统要素的构成及其相互关系。经过上述系统要素分析，在深入剖析系统要素的基础上，可以得到系统的因果关系图。

2．模型的表示方法

（1）因果关系图

系统由相互依存、相互作用的因素组成，若一个因素的变化引起另一个因素的变化，则两者之间存在因果关系。在系统动力学中，元素之间的联系或关系可以概括为因果关系，正是这种因果关系的相互作用，最终形成系统的功能和行为。

对于定性描述系统中各因素之间的因果关系，可以采用基本因果关系图。在基本因果关系图中，包括若干个正反馈、负反馈的基本反馈环，它们描述系统内部结构和系统的整体性，是系统动力学建立模型的基础。

①因果链：若两要素之间存在因果关系，则可以用箭头表示，箭头指示方向表示原因作用于结果的方向。如有因素 1 表示原因，因素 2 表示结果。

则有　　　　　　　　因素 1　→　因素 2

对于反馈过程的进一步分析，要求我们知道"正关系"和"负关系"。

从理论角度分析，假设变量 A 表示原因，变量 B 表示结果。假定 $\Delta A>0$，$\Delta B>0$，分别表示变量 A、B 的改变量。

若满足下列条件之一：A 加到 B 中；A 是 B 的乘积因子；A 变到 $A\pm\Delta A$，由 B 变到 $B\pm\Delta B$，即 A、B 的变化方向相同。

则称 A 到 B 具有正因果关系，简称正关系，可以用"+"号标注在因果链上。

若满足下列条件之一：A 从 B 中减去；$1/A$ 是 B 的乘积因子；A 变到 $A\pm\Delta A$，由 B 变到 $B\mp\Delta B$，即 A、B 的变化方向相反。

则称 A 到 B 具有负因果关系，简称负关系，可以用"-"号标注在因果链上。

因果关系图采用隔离方法假设其他条件不变，只表示两两变量间因果正（负）关系。如

$$\text{因素 1} \xrightarrow{+} \text{因素 2} \quad \text{或} \quad \text{因素 1} \xrightarrow{-} \text{因素 2}$$

因果关系是逻辑关系，没有计量和时间上的意义。在系统中任意具有因果关系的两个变量，它们之间的关系不是正关系，就是负关系，没有第三种关系。

②反馈回路：当两要素之间存在因果关系时，其中一个为原因，另一个为结果。在多数出场合下，结果又构成新的原因，新的原因作用到另外的要素上或者以反馈的形式作用到原因上产生新的结果。串联若干依次作用的因果链形成一个闭合因果序列，进行信息传递和返回就构成反馈回路，它能够定性表达系统变化的原因，具有使系统或者其中某因素变量自我强化显示发展或者自我抑制趋于稳定的功能。若干相互联结的反馈回路集合构成反馈系统。

如人口总数和出生人数之间的因果相互关系，因人的生育导致了繁衍后代，反过来造成了人口数量的增长。它们之间的因果链及其极性如图5.2.4所示。

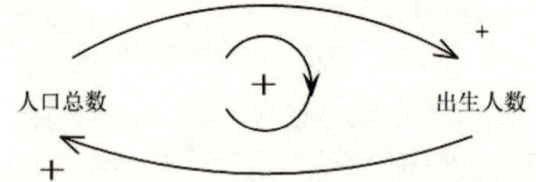

图 5.2.4 人口总数和出生人数之间的因果关系图

如人口总数和死亡人数之间的因果相互关系，因衰老、疾病等导致了人的死亡，反过来造成人口数量的降低，它们之间的因果链及其极性如图5.2.5所示。

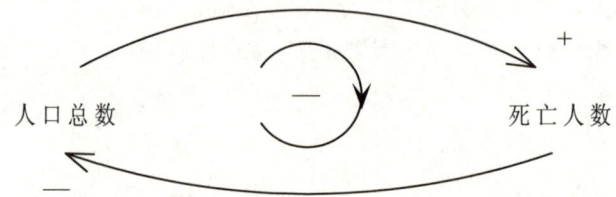

图 5.2.5 人口总数和死亡人数之间的因果关系图

图5.2.4和图5.2.5所示的图形，称作为因果关系图。从图中，变量和因果链形成了闭合回路，又构成反馈回路。在反馈回路上，因果链极性的积累效应产生了反馈回路的极性。

在一条反馈回路上，若负极性因果链的个数是奇数，则称负反馈回路。若全是正极性因果链，或负极性因果链个数是偶数，则称正反馈回路。正反馈回路能够产生自身增长的行为，这种性质又称为自增长性。负反馈回路能够产生自身寻求特定目标的行为，这种性质又称为自调整性。

因果相互关系分析是从研究一对变量的因果联系上开始的，逐渐展开成网络型的因果关联图。这种因果关联图有如下的优点：

①容易理解，一看就明了，透明度很高。适合用于交流和用户对话。

②有利于对系统的理解，可以改善概念模型，建立起对问题的总体认识。

③有利于抓住问题的关键。正确绘制因果关联图，能防止遗漏重要方面的现象发生。

④有助于构模者的系统动力学思考。因果相互关系分析所确立起的系统反馈结构的框架是深入研究的基础。

⑤便于应用主要矛盾、矛盾的主要方面以及矛盾转化的哲学观点。在多个反馈回路耦合的系统中，一定要作反馈回路分析，找出主要回路，探讨主要回路转移的可能性等。

但是，因果关系图对于系统反馈结构的描述还很粗糙。譬如，没有区分出各个变量性质的差异，没有区分出物质流与信息流等。

对于有经验的构模者来说，不一定非要画出因果关联图，可是对于不太熟练的构模者或初学者来说，进行因果相互关系分析，绘制出因果关联图，是很有益处的。

（2）流图

图形表示所承载的信息远远大于文字叙述，所表达的逻辑比叙述更为直观、准确。系统动力学中，表述系统反馈结构的结构图，称为流图。

流图确定反馈回路中变量状态发生变化的机制，明确表示系统各元素间的数量关系，反映物质链与信息链的区别，能够反映物质的积累值及积累效应变化快慢的区别。

对于系统反馈结构来说，结构要素分为变量要素与关联要素两大类。变量要素有状态变量、决策变量、辅助变量和常数等。关联要素有物质链与信息链。而状态变量和决策变量是两个重要的结构要素。

结构要素按一定次序排列和组合，可以构成反馈回路。任何一个结构要素，若单独地存在是无所作为的，而只有把自己置身于反馈回路之中，才能够起到自己的作用，表现自己存在的意义。

①物质链：系统中流动的实体，连接状态变量和决策变量，是不使状态值变化的守恒流。

绘制符号：→

②信息链：连接状态和变化率的信息通道，是与因果关系相连的信息传输线路。

绘制符号：○－↗

③状态变量（LEVEL 或流位、积量）：描述系统物质流动或信息流动积累效应的变量，表征系统的某种属性，其具有累加性的特征。

未来时刻的状态变量值可表示成：状态变量（未来时刻）= 状态变量（当前时刻）+ 改变值

绘制符号：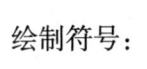

④决策变量（RATE 或流率）：描述系统物质流动或信息流动积累效应变化快慢的变量，其具有瞬时性的特征。决策变量需要的信息来源于状态变量，两个状态变量用一个决策变量联结，即状态变量与决策变量在系统反馈回路中必同时相间存在而各自不直接联结。

绘制符号：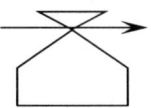

⑤常数：系统中不随时间而变化的量。

绘制符号：

⑥辅助变量：从信息源到决策变量之间，起到辅助表达信息反馈决策作用的变量，其类似决策变量，但无直接相关的状态变量，可以简化决策变量的表达。它在数量上具有时变性，在概念上无积累性、无速率性，在状态变量与变化率间或在环境与内部反馈回路间的信息通道上起辅助作用。

绘制符号：

（3）方程式

系统动力学利用方程代表计算机语言描述系统的动态行为，是对流图中量的关系的补充说明，为求解模型或编程模拟、仿真分析做准备。方程有两种。

①状态变量方程：当前时刻状态变量=前一时刻状态变量+时间间隔×（前一时刻增加率−前一时刻减少率）。

②决策变量方程：当前阶段决策变量=f（状态变量，常量）。

每一决策变量必配一决策变量方程，其中的函数关系根据学科原理、数量关系等确定。

5.2.3 建模主要操作

采用系统工程方法分析问题，可以借助相关软件快速进行计算机模拟。美国 Ventana 公司推出在 Windows 操作系统下的系统动力学专用软件包 Vensim 软件，是一个可视化的建模工具。

（1）三种窗口

可以通过在 Vensim PLE 三种窗口中的操作和三者之间的切换，完成模型的建立、模拟分析、修改和最终的输出。

①Building Windows（模型建立窗口）。启动 Vensim 软件即进入用于建立模型的窗口。或在其他窗口下，单击工具条中按钮，即可回到模型建立窗口。

②Control Panel（控制窗口）。用于调整和控制输出结果，使输出曲线等更加完美。窗口对应工具条按钮。

③Output Windows（输出窗口）。用于结构分析和数据集分析。窗口对应工具条按钮。

（2）建模功能按钮

① Box Variable – Level（方框变量）按钮。用于创建状态变量。

② Rate（流率变量）按钮。用于创建流率变量。它由四部分组成：2个箭头、1个开关、2朵表示源和漏的云以及变量本身。可通过选择移动开关，移动和改变

图形的形状。流率变量一般至少有一端指向状态变量，在创建时可以是其一端直接指向状态变量。

③ Variable – Auxiliary/Constant（变量）按钮 。用于定义非状态变量的变量，如辅助变量和常量。

④ Arrow（箭头）按钮 。用于创建表示因果关系的箭头，箭头可以是直的，也可以是弯曲的。

⑤ Equations（建立方程）按钮 。用于建立各变量方程。

⑥ Set up a Simulation（设置模拟参数）按钮 。用于调整模型的模拟参数。

（3）修饰功能按钮

① lock Sketch（锁定）按钮 。用于锁定模型图，锁定后该图形则无法移动。

② Move/Size Words and Arrows（移动）按钮 。用于移动变量的位置，改变变量图形的大小尺寸。

③ Delete（删除）按钮 。用于删除模型中的变量和线条。

④ Shadow Variable（重复变量）按钮 。用于再声明一次已有变量，简化流图中遇到重复变量常常使用此按钮。

⑤ Sketch Comment（注释）按钮 。用于为流图增加注释，使得程序更容易被看懂。Vensim 中，既可以用文字进行注释，也可以用图形。

⑥ Run name（数据文件名）按钮 Current 。用于通过不同的设置形成不同的数据文件。

（4）运行功能按钮

① Run Reality Checks（真实性检验）按钮 。

② Run a Simulation（运行模拟）按钮 。用于开始模拟模型。

③ Automatically simulate on Change（修改后自动运行）按钮 。用于在对模型进行参数或其他设置的修改后，再次自动运行模型。

5.2.4 医疗保险基金结余规模的仿真研究

以医疗保险基金结余规模的系统动力学研究为例，利用 vensim 分析软件实现系统仿真。

自 1998 年国务院颁布《国务院关于建立城镇职工基本医疗保险制度的决定》，正式提出以建立"低水平、广覆盖、统账结合、双方分担"为特征的城镇职工基本医疗保险制度以来，在全国范围内开展了城镇职工基本医疗保险的改革。截至 2013 年末，我国城镇职工基本医疗保险参保人数达到 27443.1 万人，基本医疗保险基金收入达到 7061.6 亿元，基金支出为 5829.3 亿元，累计结余为 8129.3 亿元，当年基金结余率为 17.45%。

面对大规模的城镇职工医疗保险基金结余，卢驰文（2010）认为我国城镇职工基本医疗保险基金结余过多，如果参保人数和报销制度不变，即使停止一年筹资，历年结余的资金仍可使参保人继续享有基本医疗保险一年。然而，医疗保险基金的巨额结余，与当前就医"看病难、看病贵"、长期护理费用负担日益加重等问题产生了鲜明的矛盾，医疗费用居高不下和医保基金结余率过高并存是亟待解决的问题。在人口老龄化、高龄化、失能率高的背景下，对医疗保险基金结余规模的测算是未来解决"看病难、看病贵"问题的前提，也是未来开展医疗保险和长期护理结合的基础，针对未来医疗保险基金结余规模的合理水平进行分析也为如何有效控制医疗保险基金结余过多提供了现实思考。

第一，医疗保险作为社会保险中至关重要的一部分，坚持以收定支、收支均衡的原则不仅是医疗保险制度得以顺利实施的根本保证，而且是整个社会保障事业发展的基础。在现实生活中仍然存在"看病难、看病贵"等问题的背景下，医疗保险基金的结余过多表明了基金的作用未能得到充分发挥。城镇职工医疗保险未来基金结余的预测最终是为了实现医保基金的合理有效利用，是社会保障基金收支均衡理论的体现，有助于医疗保险保险基金达到收支平衡，也是对医疗保险基金管理理论的丰富和发展。

第二，社会经济系统是动态复杂系统，进行定量的研究有较大的难度。系统动力学方法为我们解决复杂的系统问题提供了新方法。医疗保险基金体系具有一般社会经济体系的特征：复杂性和发展的不确定性，运用线性分析等基本方法很难反映整个体系的运行和发展情况，系统动力学解决问题的独特之处在于它能够模拟复杂的社会经济体系，并建立规范的数学模型。运用系统动力学方法研究医疗保险基金结余问题也是对该方法的丰富和发展。

第三，系统动力学是认识系统问题和解决系统问题的交叉性、综合性方法。系统动力学模型可作为实际系统，特别是社会、经济、生态复杂大系统的"实验室"。因此，以系统动力学理论为基础，运用 Vensim 软件对未来我国城镇职工医疗保险基金结余情况进行预测和分析，以期对未来我国城镇职工医疗保险基金如何实现合理结余和管理利用提供借鉴。

1. 模型假设

医疗保险基金是医疗保险的支撑，是医疗保险系统运作的基础，也是实现统账结合模式的保证。运用系统动力学模型对医疗保险基金的结余进行分析。通过分析可以达到以下目的：在找到医疗保险基金结余重要影响因素的基础上，揭示医疗保险基金的运作结构，对医疗保险基金的未来结余进行测算；如果在未来出现赤字，有利于基金管理部门和政府相关部分防患于未然，以保证我国医疗保险基金结余的稳定，可持续性，为我国老龄化形势的日益严峻做好充分准备；如果基金在未来仍然保持大量结余，研究如何使得结余保持适度水平，有利于基金结余规模控制和规划。

①假设预测得到的数据与实际数据相对误差在 10%以内，就认为预测是有效的，模型预测结果相对准确；

②假定社会经济的发展相对平稳，保持一定的增长速度，经济态势保持良好，不存在大幅度波动；

③在人口老龄化背景下，不考虑老年人医疗费用增加对基金支出的影响；

④根据《国务院关于建立城镇职工基本医疗保险制度的决定》（国发[1998]44号）规定，企业职工医疗保险费由个人和企业共同缴纳，基金来源的另一重要渠道是国家补贴，主要包括：以少收所得税的形式负担部分医疗费用、对因不可抗拒的非管理因素造成的收不抵支政府给予补贴；其次是基金的利息收入。由于国家补贴部分难以计量，因此，假定医疗保险基金收入主要包括企业缴纳总额、个人缴纳总额、利息收入三个部分，基金收入=企业缴费总额+个人缴费总额+投资收益。并假定，现行医疗保险基金筹集渠道在未来保持不变；

⑤根据何文炯（2009）《医疗保险"系统老龄化"及其对策研究》中，引用对医疗保险基金投资收益率的假设，投资收益率为 0.04；

⑥假定基期为 2012 年，预测 2013 年的数据，与 2013 年实际数据对比来检验误差，调整征缴率，从而预测 2014－2040 年医疗保险基金结余。

2．子系统选择

首先，经济发展的状况影响医疗保险费的缴纳和医疗费用的支出，它对医疗保险基金的结余产生重要作用，选取经济系统作为医疗保险基金结余模型的第一个子系统；其次，由于医疗保险基金的收入与参保人数相关，参保人数与我国总人口存在相关关系，人口子系统作为医疗保险基金结余模型的第二个子系统；研究的重点在医疗保险基金的收入和支出，基金子系统为模型的第三个子系统。所以，根据研究的重点，将其分为三个子系统：医疗保险基金子系统、经济系统子系统和人口子系统。

在医疗保险基金结余的系统中，全国的经济、人口和医保基金这三个子系统是相互联系、相互影响和相互制约的。生产总值子系统通过影响在职职工工资影响基金收入，通过影响人均医疗费用自付额影响基金的支出，人口子系统通过影响参保人数对基金收入和支出产生影响。即人口和生产总值的变化共同作用于医疗基金的结余。因果关系如图 5.2.6 所示。

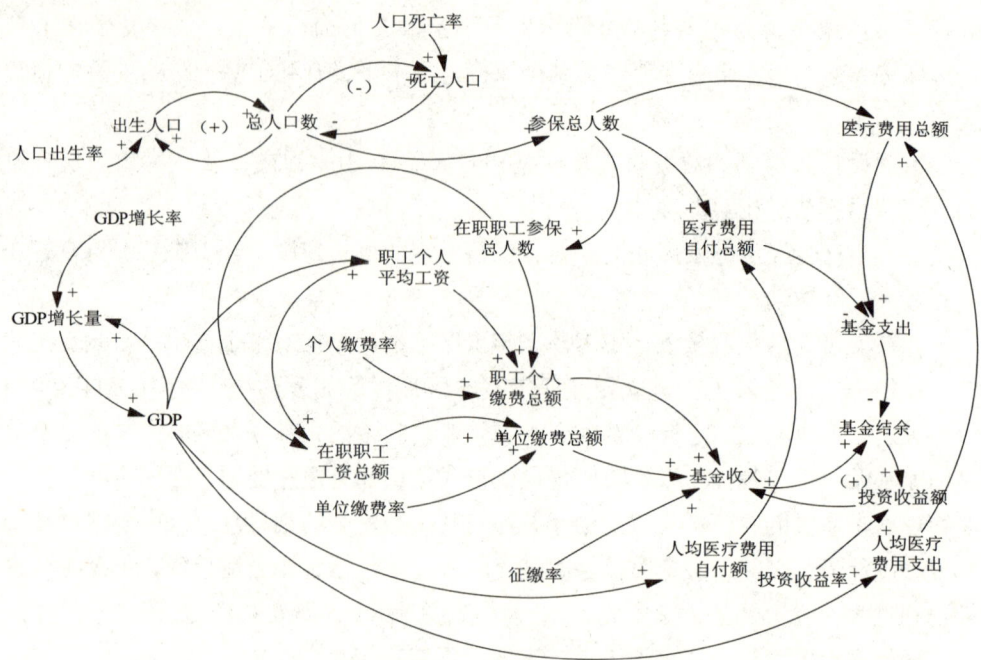

图 5.2.6 我国城镇职工医疗保险基金结余因果关系图

3. 参数选取

根据三个子系统，共选取 26 个参数，见表 5.2.2。数据来源于历年中国统计年鉴、中国卫生统计年鉴、历年人力资源和社会保障发展公报等。

表 5.2.2 参数明细表

参数名称	性质	参数名称	性质
基金结余	存量	企业缴纳比例	辅助变量
总人口	存量	职工个人平均工资	辅助变量
GDP	存量	在职职工参保总人数	辅助变量
基金支出	流量	职工工资总额	辅助变量
基金收入	流量	企业缴费总额	辅助变量
出生人口	流量	个人缴费总额	辅助变量
死亡人口	流量	参保总人数	辅助变量
GDP 增长量	流量	医疗费用总额	辅助变量
人口出生率	辅助变量	人均医疗费用个人自付额	辅助变量
人口死亡率	辅助变量	人均医疗费用	辅助变量
GDP 增长率	辅助变量	医疗费用个人自付总额	辅助变量
个人缴纳比例	辅助变量	征缴率	辅助变量
投资收益率	辅助变量	投资收益额	辅助变量

①GDP 增长率。根据年鉴数据，我国的 GDP 增长率在 2007 年达到最大值，为 14%左右，2010 年后 GDP 增长率开始下降。因而假设 GDP 的增长率选用 2012 年基期数据 7.7%的近似值，GDP 增长率为 8%。

②职工个人平均工资。工资增长与经济发展速度密不可分，选取职工个人平均工资为因变量，GDP 为自变量，进行二者之间的曲线回归，根据年鉴数据，得到两者之间的幂函数关系。

职工个人平均工资=2.153883666651475e-008 × GDP^0.8989774178062336。

③人均医疗费用。选取人均医疗费用作为因变量，GDP 为自变量，进行二者之间的曲线回归，根据年鉴数据，得到两者之间的线性函数关系。

人均医疗费用=5.0062851103559e-011 × GDP+ 326.5021533490221。

④人均医疗费用个人自付额。由于个人自付的医疗费用缺乏相应的统计数据，假定居民家庭人均消费支出中医疗保健支出费用为个人自付医疗费用。选取人均医疗费用作为因变量，GDP 为自变量，进行二者之间的曲线回归，根据年鉴数据，得到两者之间的幂函数关系。

人均医疗费用个人自付额=8.916680750652852e-006 × GDP^0.5884661605167992。

⑤人口出生率和人口死亡率。由于各年份人口出生率相对变化不大，假设 2002 年至 2012 年人口出生率的算术平均值为未来人口的出生率。根据年鉴数据中 2002 年至 2012 年人口出生率、人口死亡率的变化，假设人口出生率=12.19727273‰，人口死亡率为 7‰。

⑥参保总人数。选取参保总人数为因变量，总人口数为自变量，进行二者之间的曲线回归，根据年鉴数据，得到两者之间的二次函数关系。

参保总人数=-1601754269.956655+1.019469634033695e-009 × 总人口^2。

⑦在职职工参保总人数。选取在职职工参保总人数为因变量，参保总人数为自变量，进行二者之间的曲线回归，根据年鉴数据，得到两者之间的线性函数关系。

在职职工参保总人数=0.7124121821435674 × 参保总人数+8052610.075961035。

⑧企业缴纳比例和个人缴纳比例。根据《国务院关于建立城镇职工基本医疗保险制度的决定》（国发[1998]44 号）规定的用人单位缴费率和个人缴费率的控制标准：用人单位缴费率控制在职工工资总额的 6%左右，具体比例由各地确定，职工缴费率一般为本人工资收入的 2%。由于医疗保险各个地方缴费比例均不相同，假设企业缴纳比例为 6%、个人为 2%。

⑨征缴率。根据《国务院关于建立城镇职工基本医疗保险制度的决定》（国发[1998]44 号），所有城镇所有用人单位，包括企业（国有企业、集体企业、外商投资企业、私营企业等）、机关、事业单位、社会团体、民办非企业单位及其职工，

都要参加基本医疗保险。但在实际情况中，并不是所有参保企业和职工都能够当期按时交纳医疗保险费用，且相关数据缺乏统计。根据郑莉（2013）在《社会保险征缴欠费逃费研究》中对社会保险实际征缴率测算，如表 5.2.3 所示。假设实际征缴率为 80%。

表 5.2.3 2001-2011 年社会保险市级征缴率

年份	实际征缴率
2001	0.59102685
2002	0.6903817
2003	0.74076175
2004	0.76313132
2005	0.78641182
2006	0.82846416
2007	0.85319278
2008	0.90257584
2009	0.93025432
2010	0.79503885
2011	0.7955624

4．构建模型

根据因果关系图得系统流图，如图 5.2.7 所示。

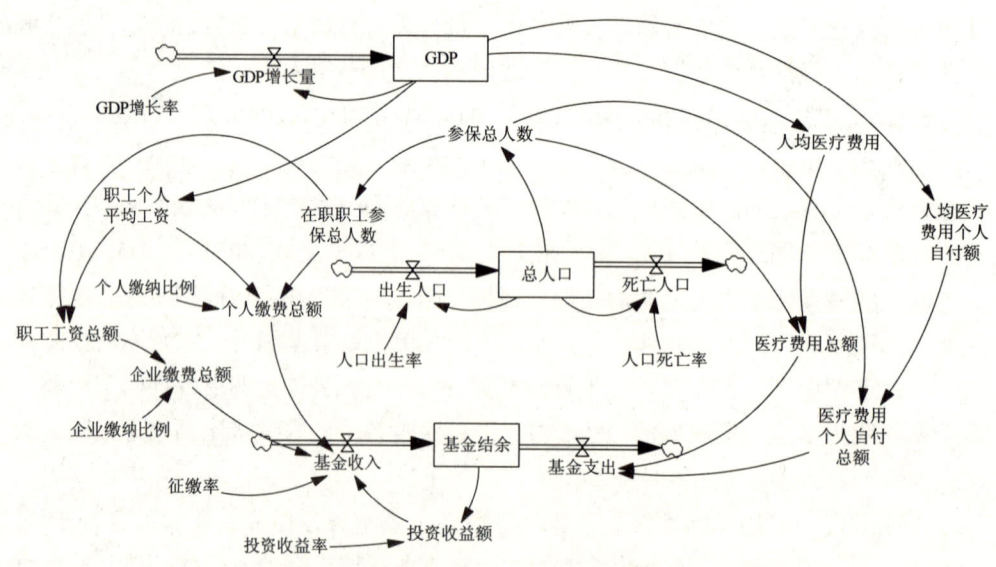

图 5.2.7 我国城镇职工医疗保险基金结余流图

其中，根据选取的变量与变量之间的关系，变量方程如下：

GDP=GDP+GDP 增长量，

GDP 增长量=GDP×GDP 增长率，

GDP 增长率=0.10，

总人口=总人口+出生人口-死亡人口，

出生人口=总人口×人口出生率，

死亡人口=总人口×人口死亡率，

人口出生率=0.01219727273，

人口死亡率=0.007，

参保总人数=-1601754269.956655+1.019469634033695e-009×总人口^2，

在职职工参保总人数=0.7065770852500743×参保总人数+8841836.38396317，

个人缴费总额=在职职工参保总人数×职工个人平均工资×个人缴纳比例，

个人缴纳比例=2%。

职工个人平均工资=2.153883666651475e-008×GDP^0.8989774178062336，

职工工资总额=职工个人平均工资×在职职工参保总人数。

企业缴费总额=职工工资总额×企业缴纳比例，

企业缴纳比例=6%，

基金收入=（企业缴费总额+个人缴费总额）×征缴率+政府医疗保险基金投入额+投资收益额，

投资收益额=投资收益率×基金结余，

投资收益率=0.04，

征缴率=80%，

医疗费用总额=人均医疗费用×参保总人数，

人均医疗费用=5.0062851103559e-011×GDP+326.5021533490221，

医疗费用个人自付总额=人均医疗费用个人自付额×参保总人数，

人均医疗费用个人自付额=8.916680750652852e-006×GDP^0.5884661605167992，

基金支出=医疗费用总额-医疗费用个人自付总额，

基金结余=基金结余+基金收入-基金支出。

5．模型检验

（1）真实性检验

模型模拟医疗保险基金的收支系统，包括人口系统、经济系统和基金系统三个子系统。在一定假设条件下，通过反馈关系图、因果关系图进行检验，真实反映现实医疗保险基金系统的运作。

①反馈关系图检验

通过对系统流图进行分析，可以得到反馈关系图，如图 5.2.8 所示。通过观察发现，反馈关系图具有科学合理性，认为模型满足反馈关系检验，具有有效性。

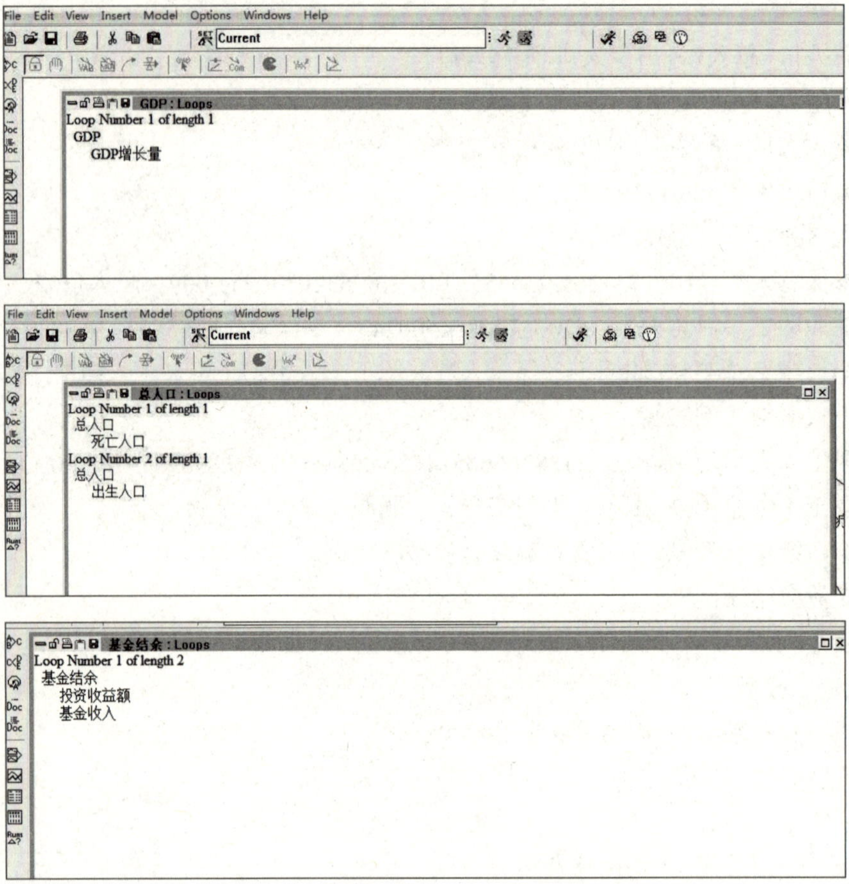

图 5.2.8　医疗保险基金系统反馈关系检验

② 因果关系树检验

通过对系统流图进行分析，可以得到主要因果关系树，如图 5.2.9 所示。通过观察发现，因果关系图具有科学合理性，认为模型满足因果关系树检验，具有有效性。

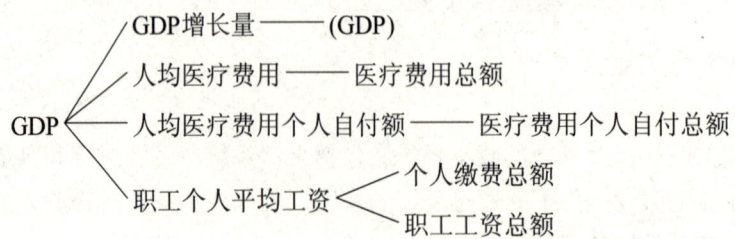

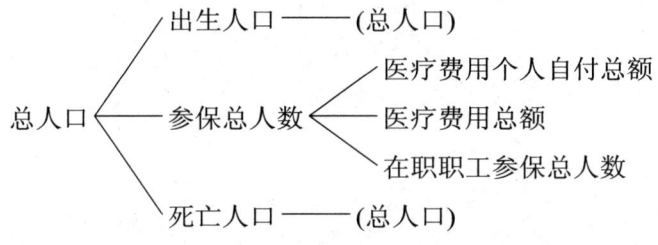

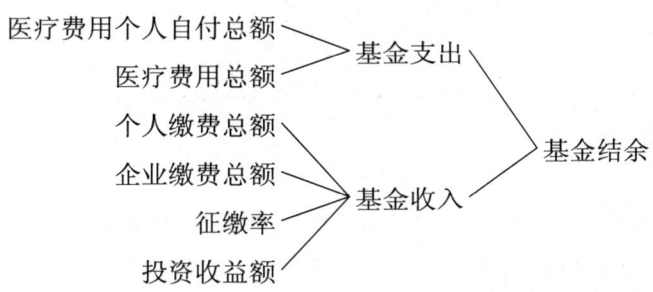

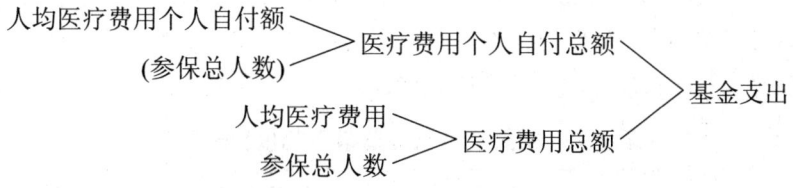

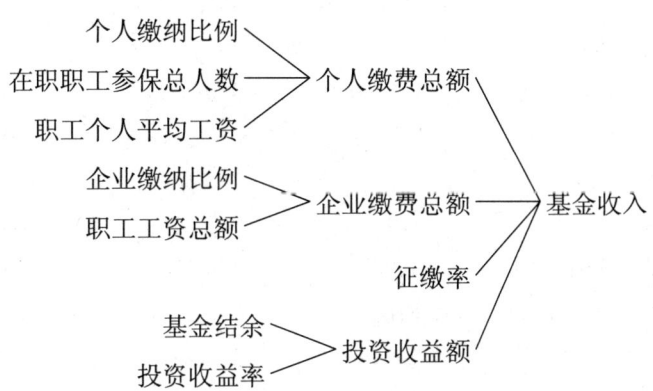

图 5.2.9　医保基金未来结余规模的因果关系树

③模型运行检验

选择"Model"菜单栏下的"Check Model",显示"Model is OK",表示模型没有逻辑、规则错误。

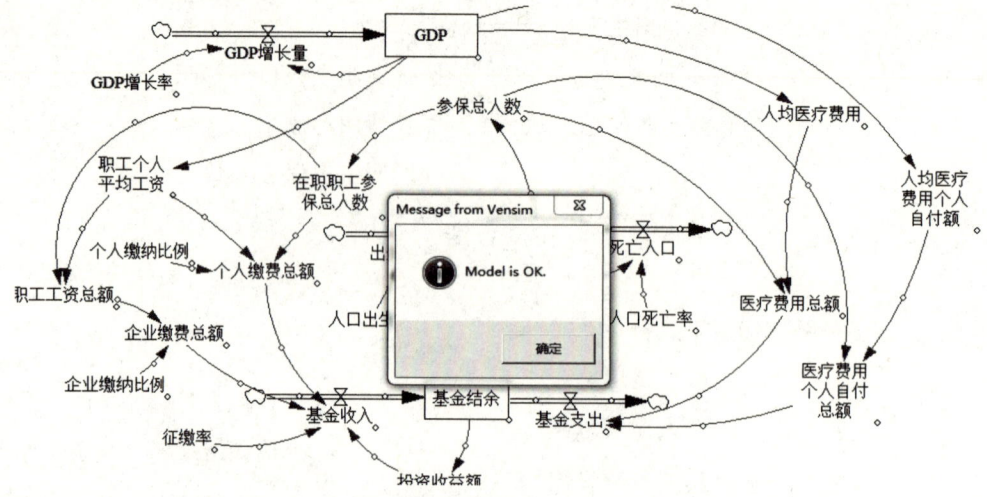

图 5.2.10 医保基金未来结余规模的模型运行

（2）历史仿真检验

假设未来我国 GDP 保持较高增长率，GDP=8%，单位缴费为 6%，个人缴费为 2%，征缴率为 80%时，相关主要变量预测值与实际值比较检验，见表 5.2.4。经过检验，相对误差均在 5%以内，表明模型预测相对准确，模型可以使用。模型基本可以有效代表我国医疗保险基金系统现状，可以用来预测未来该系统的发展趋势。

表 5.2.4 相关变量预测值与实际值比较检验

变量	实际数值	仿真数值	相对误差
GDP	5.68845e+13	5.60457e+013	-0.014745669
职工个人平均工资	51483	49299.8	-0.042406231
总人口	1360720000	1.36e+09	-0.000529132
参保总人数	274431413	2.87e+08	0.045798646
在职职工参保总人数	205012931	2.12e+08	0.034081114
人均医疗费用	3234.12	3132.31	-0.03147997
人均医疗费用个人自付额	1118.26	1098.38	-0.017777619
基金收入	7.06163e+11	7.05e+11	-0.001646929
基金支出	5.82992e+11	5.83e+11	1.37223e-05
基金结余	8.1293e+11	8.78e+11	0.080043792

6. 主要变量预测

利用医疗保险基金系统的仿真模型，以 2002－2012 年数据为源数据，设置 2012 年为基期，对 2013 年至 2040 年的未来基金结余进行预测，设定 GDP 增长率=0.08，人口出生率=0.01219727273，人口死亡率=0.007，个人缴纳比例=0.02，企业缴纳比例=0.06，投资收益率=0.04，征缴率=0.8。模型运行输出如图 5.2.11~图 5.2.17 所示。

（1）经济子系统

当 GDP 保持 8%的增长速度时，到 2040 年，我国 GDP 将达到约 4476970 亿元，平均工资、人均医疗费用与医疗费用的自付额也随之增长，增长速度比较接近，如图 5.2.11~图 5.2.14 所示。

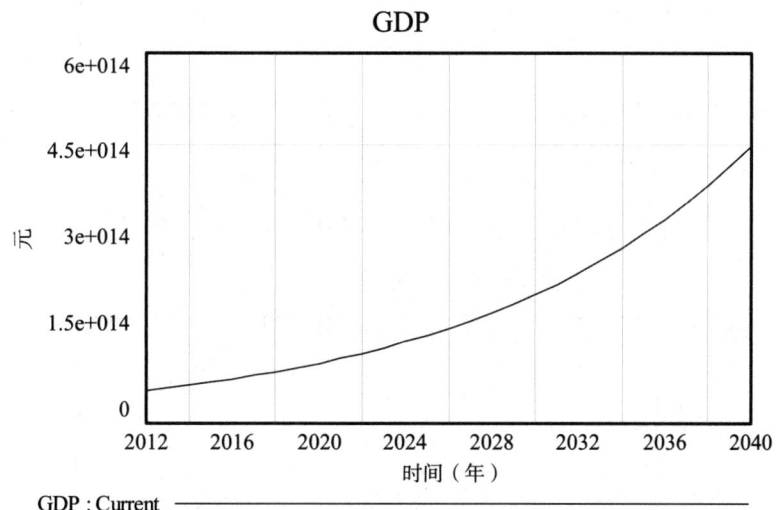

图 5.2.11　2012－2040 年 GDP 预测

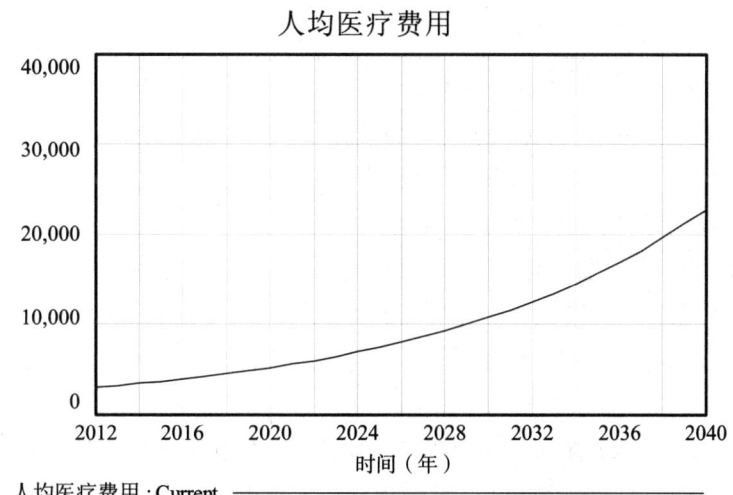

图 5.2.12　2012－2040 年人均医疗费用预测

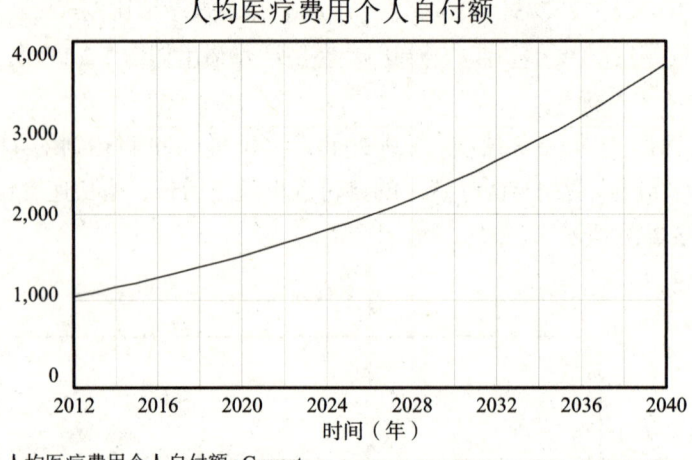

图 5.2.13　2012－2040 年人均医疗费用个人自付额预测

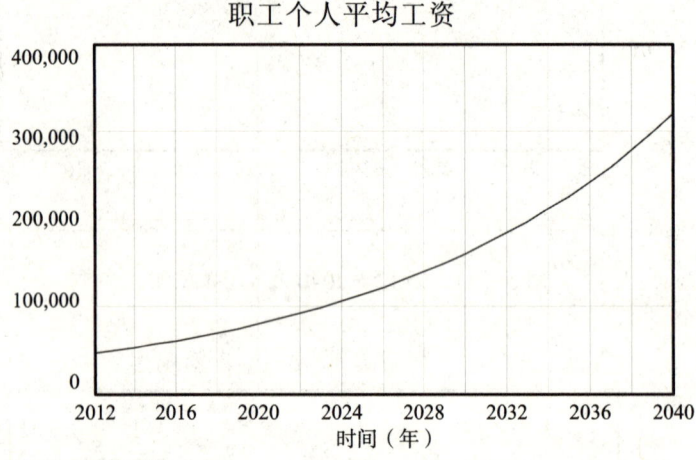

图 5.2.14　2012－2040 年职工个人平均工资预测

（2）人口子系统

到 2040 年，我国总人口将继续保持平稳增长，总人口将达 15.655 亿人。随着医疗保险逐步完善，人民能够享受更好的医疗条件，人口寿命将延长，老龄化高龄化加速，预计 2040 年实际值会超过模型的预测值，也为我国的医疗保险事业提出挑战。

根据图 5.2.15，随着总人口的增加，参保总人数与在职职工参保总人数也不断增加；未来参保人数增长速度远大于总人口增长速度，医疗保险的覆盖面将逐步扩大；参保总人数增长幅度略大于在职职工参保总人数的增长幅度，一定程度反映人口老龄化背景下，参保总人数中退休人员所占的比重越来越大。

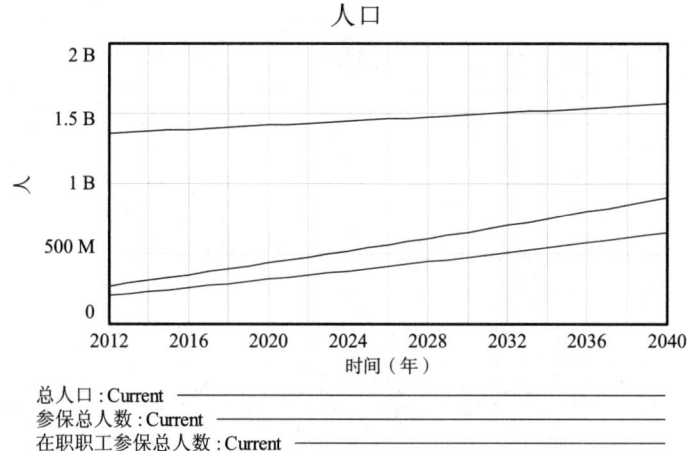

图 5.2.15　2012－2040 年总人口、参保总人数、在职职工参保人数预测

（3）基金子系统

结合图 5.2.16、图 5.2.17，随着我国经济不断发展，职工个人平均工资将保持快速增长，基金收入也随之升高。与此同时，在不考虑人口老龄化背景下老年人医疗费用开支增加的情况下，随着人们健康意识的不断增强，人们用于医疗的费用将不断增加，将会使得基金的支出不断攀升。随着时间推移，医疗保险基金收入和支出都处于不断增长的状态。但 2025 年基金支出大于基金收入，从 2025－2040 年基金支出的增长幅度大于基金收入。

2012 年－2025 年基金的累计结余处于不断增加的状态，2025 年达到最高峰，约为 2.19E+12 元。随之，2025－2040 年基金累计结余不断减少，并在 2032 年出现赤字，赤字约为 1.10E+11 元。

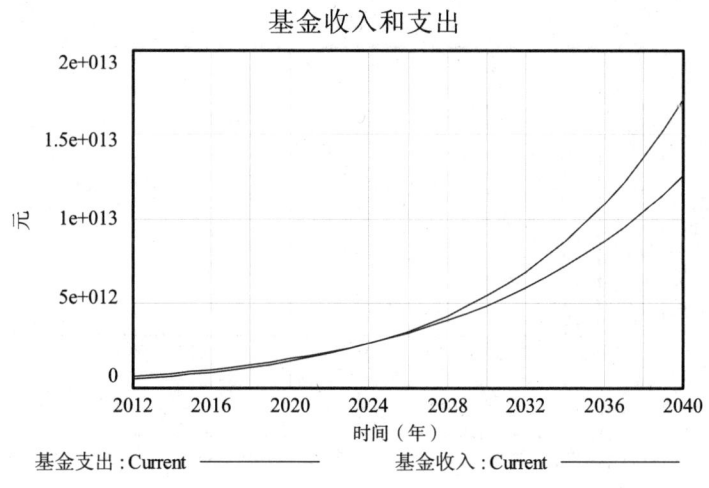

图 5.2.16　2012－2040 年基金收入和支出的预测

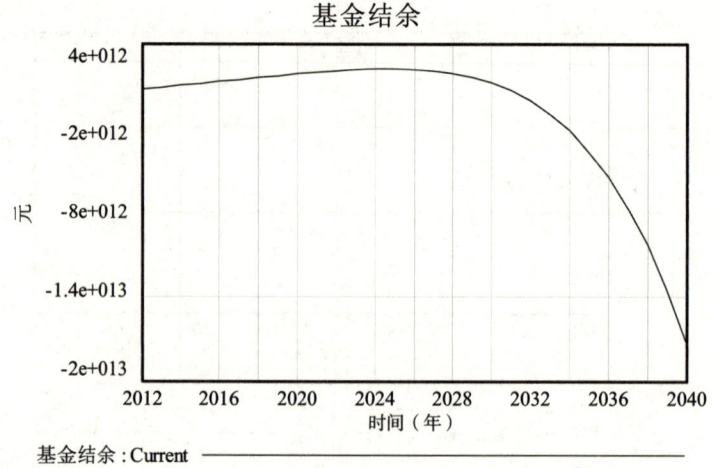

图 5.2.17　2012—2040 年医疗保险基金结余的预测

7．敏感性分析

理论上，模型可以有无数个仿真方案。敏感性分析只是分析 GDP 增长速度、缴费比例、征缴率三个主要参数对医疗保险基金系统的影响。

（1）GDP 增长速度对医疗保险基金的影响

假设缴费比例为 8%、征缴率为 80% 时，当 GDP 增长率分别为 8%、7%、6%，输出得到图 5.2.18~图 5.2.20。

可以看出，GDP 每增长一个百分点，基金的收入和支出也随之增加，但随着时间的推移，影响程度越来越大。由于基金支出的增长幅度大于基金收入，导致基金的累计结余不断减少，其中，经济发展越快基金累计结余越少。

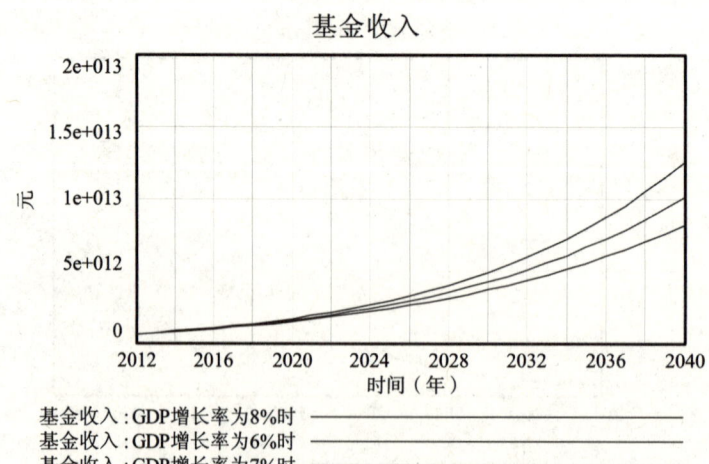

图 5.2.18　GDP 增速对基金收入的影响

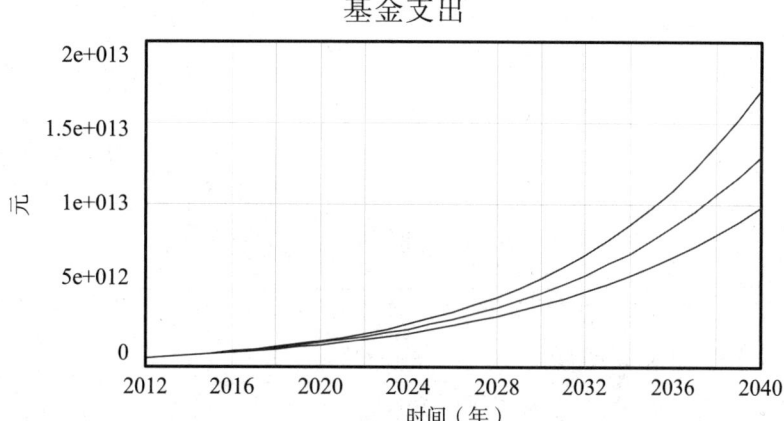

图 5.2.19 GDP 增速对基金支出的影响

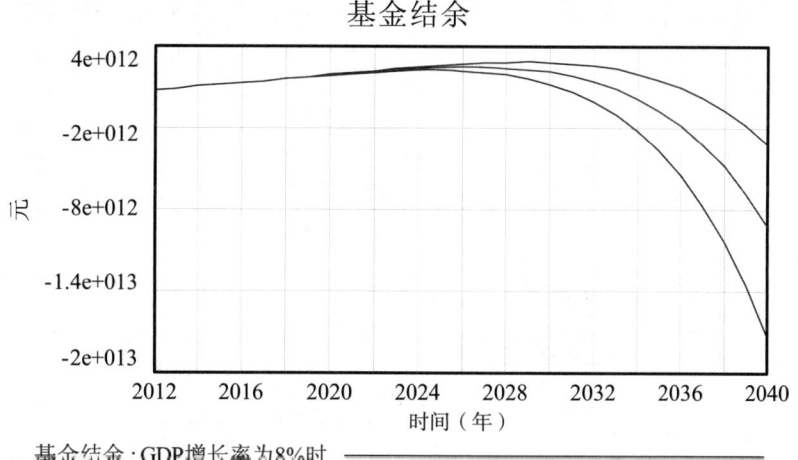

图 5.2.20 GDP增速对基金结余的影响

（2）缴费比例对医疗保险基金的影响

假设 GDP 增长率为 8%、征缴率为 80%时，当缴费比例分别 8%、9%、10%，输出得到图 5.2.21~图 5.2.23。

可以看出，缴费比例对基金收入影响较大，导致对基金累计结余的影响比较大，缴费比例每提高一个百分点，可以适当延长基金累计结余出现赤字的时间。

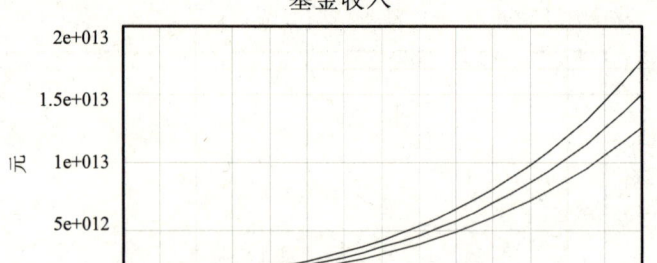

图 5.2.21 缴费比例对基金收入的影响

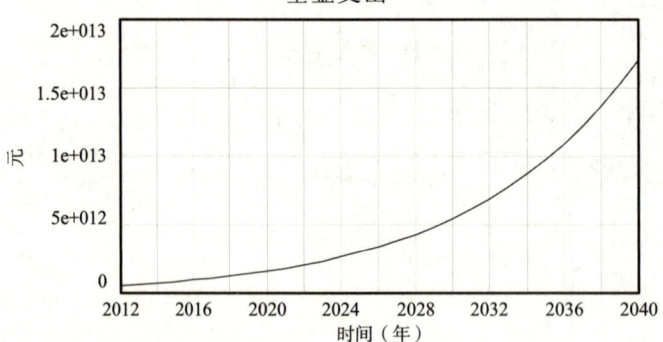

图 5.2.22 缴费比例对基金支出的影响

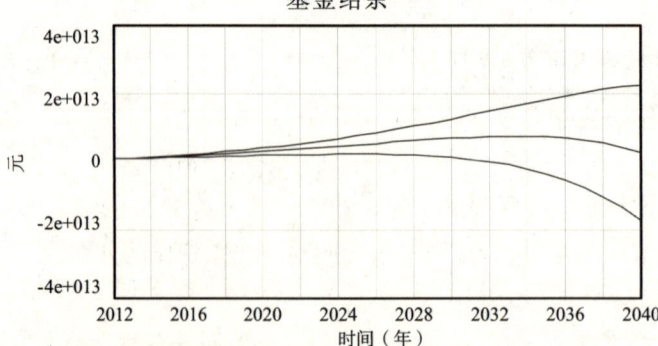

图 5.2.23 缴费比例对基金结余的影响

（3）征缴率对医疗保险基金的影响

假设 GDP 增长率为 8%、缴费比率为 8%，当征缴率为 80%、90%、100%，输出得到图 5.2.24~图 5.2.26。

征缴率对医疗保险基金的累计结余影响较大，提高征缴率可以适当延长基金累计结余出现赤字的时间，可以实现提高缴费比例所能达到的效果。

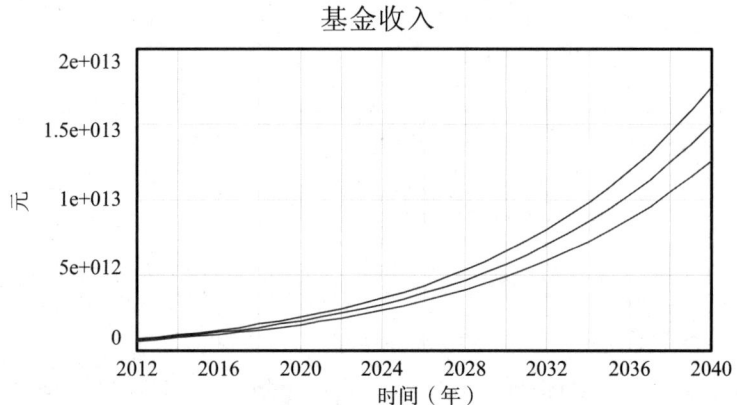

图 5.2.24　征缴率对基金收入的影响

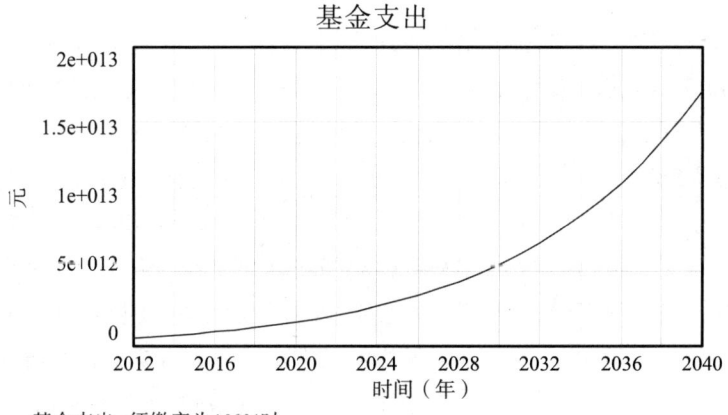

图 5.2.25　征缴率对基金支出的影响

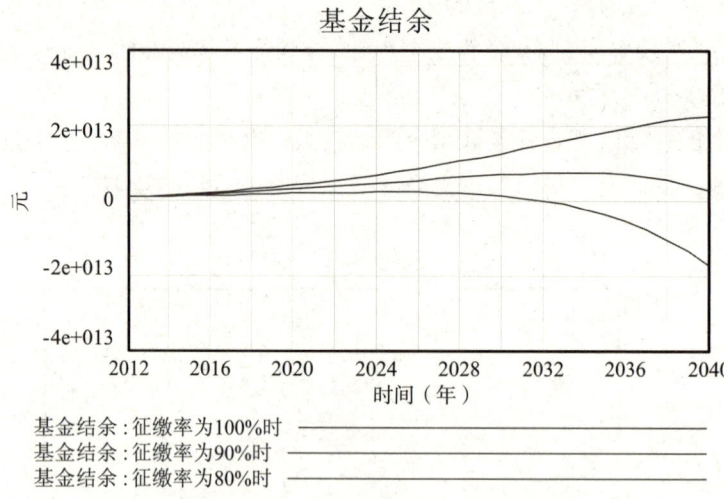

图 5.2.26　征缴率对基金结余的影响

8. 不同参数设置下基金结余水平测算

根据前文所述，当 GDP 增长率=8%，缴费比例=8%，征缴率=70%时，基金累计结余将在 2032 年出现赤字。因此，进行系统参数的调整来对基金结余的适度性水平进行研究，假定 GDP 增长速度、征缴率、企业缴费比例和个人缴费比例四个主要参数，分析如何使得在不同经济发展速度下，2014－2040 年基金结余保持持续结余且结余水平合理。

GDP 增长率的假设：国民经济的健康发展是医疗保险系统有效运行的保障。根据中国社科院宏观经济运行实验室的预测，中国 2011－2015 年 GDP 潜在增长率为 7.8%~8.7%，2016－2020 年 5.7%~6.6%，2020－2030 年为 5.4%~6.3%。根据预测可知，未来我国 GDP 增长率在 5.4%~8.7%之间。现设置高增长率 0.08、中增长率 0.07、低增长率 0.06，分别检验 GDP 增长速度对基金收入、基金支出及基金结余的影响。

征缴率的假设：由于实际征缴率会影响到基金的收入，进而影响基金结余，随着社会的发展，医疗保险覆盖面的扩大，基金的征缴率也会不断增加。假设实际征缴率分为高中低三个层次，高征缴率为 0.95，中征缴率为 0.85，低征缴率为 0.8。

企业缴费比例和个人缴费比例的假设：由于企业和个人的缴费总额均与在职职工工资总额有关，个人缴费总额=在职职工工资总额×个人缴费比例，企业缴费总额=在职职工工资总额×企业缴费比例，在假定企业和个人缴费比例之和的前提下进行分析。前文对企业缴费和个人缴费比例和的假定为 0.08，基金结余偏低，因此，设置高缴费比例 0.1、中缴费比例 0.09、低缴费比例 0.08，分别检验对基金的影响。

针对医疗保险基金结余的适度性水平，根据 2009 年人社部《关于进一步加强基本医疗保险基金管理的指导意见》，除一次性预缴的基本医疗保险费外，统筹地区城镇职工基本医疗保险统筹基金累计结余，原则上应控制在 6~9 个月的平均支付水平；超过 15 个月平均支付水平的为结余过多，低于 3 个月为结余不足。假定城镇职工医疗保险统筹基金累计结余应控制在不低于 3 个月平均支付水平，不高于 15 个月平均支付水平，在调整不同参数的情况下，计算 2014-2040 年统筹基金累计结余是否合理。

由于预测的基金结余是统筹基金累计结余和个人账户基金累计结余总额，根据 2003-2013 年每年统筹累计基金结余占基金总累计结余份额来进行估算。结果见表 5.2.5。

表 5.2.5 2003-2013 年每年统筹累计基金结余、个人账户基金累计结余、基金累计结余总额表

年份（年）	统筹基金累计结余（元）	个人账户基金累计结余（元）	基金累计结余总额（元）	统筹占总额的比例
2003	37900000000	29100000000	67060000000	0.565165523
2004	55300000000	40500000000	95800000000	0.577244259
2005	75000000000	52800000000	1.278e+11	0.58685446
2006	1.077e+11	67500000000	1.752e+11	0.614726027
2007	1.558e+11	88300000000	2.441e+11	0.638263007
2008	2.29e+11	1.142e+11	3.432e+11	0.667249417
2009	2.661e+11	1.394e+11	4.055e+11	0.65622688
2010	3.007e+11	1.734e+11	4.741e+11	0.634254377
2011	3.518e+11	2.165e+11	5.683e+11	0.61903924
2012	4.187e+11	2.697e+11	6.884e+11	0.608221964
2013	4.806e+11	3.323e+11	8.129e+11	0.591216632

可以看出，2003~2013 年统筹基金累计结余占基金累计结余总额的比例的平均值约为 0.6。因此，假设 2014~2040 年统筹基金累计结余占基金累计结余总额的比例为 0.6。假设 2014~2040 年每年医疗保险基金的支出为每年的平均支付水平，计算每年统筹基金累计结余可以支付的月数，公式为：每年统筹基金累计结余可以使用的月数=每年统筹基金累计结余/每年医疗保险基金的支出×12。

利用医疗保险基金系统的仿真模型，设定人口出生率=0.01219727273，人口死亡率=0.007，投资收益率=0.04 不变，计算未来在 GDP 高、中、低不同增长率下，不同征缴率和缴费比例对基金结余的影响，见表 5.2.6、表 5.2.7、表 5.2.8。

表 5.2.6 GDP 增长率 0.08 时仿真结果

可支付水平	高征缴率（95%）	中征缴率（90%）	低征缴率（80%）
高缴费比率（10%）	17~31 个月	15~23 个月	9~19 个月
中缴费比率（9%）	15~23 个月	6~16 个月	1~13 个月
低缴费比率（8%）	5~16 个月	赤字	赤字

表 5.2.7 GDP 增长率 0.07 时仿真结果

可支付水平	高征缴率（95%）	中征缴率（90%）	低征缴率（80%）
高缴费比率（10%）	18~35 个月	15~25 个月	14~21 个月
中缴费比率（9%）	15~26 个月	10~18 个月	4~14 个月
低缴费比率（8%）	9~17 个月	0~12 个月	赤字

表 5.2.8 GDP 增长率 0.06 时仿真结果

可支付水平	高征缴率（95%）	中征缴率（90%）	低征缴率（80%）
高缴费比率（10%）	18~41 个月	16~29 个月	15~24 个月
中缴费比率（9%）	16~30 个月	14~20 个月	9~16 个月
低缴费比率（8%）	14~20 个月	3~13 个月	赤字

在经济增长率为 8%时，为使得基金的结余能够保持适度水平——统筹基金累计结余可支付 3~15 个月平均支付水平，如果当期征缴率较高 95%左右，可以适当考虑降低企业或个人的缴费率；如果征缴率较低，需要企业和个人高的缴费率，征缴率保持中等水平 85%，企业和个人缴费率需要保持中等水平，从而实现基金结余的适度。

9．结果讨论及对策建议

根据以上三个表，虽然在一定经济发展速度下，相应征缴率与缴费比例假设条件下，基金的累计结余相对超过了假设的 3~15 个月合理水平，但就总体情况而言，如果征缴率和缴费比例保持不变，随着经济发展速度的降低，医疗保险基金的累计结余出现赤字的时间越晚，医疗保险统筹基金累计结余可使用的月数是增加的。经济的发展对基金支出的影响要显著于对收入的影响，随着经济发展速度的加快，基金支出的增长速度要大于收入；如果征缴率和经济发展速度保持不变，缴费比例越高，统筹基金累计结余可使用月数越多；如果缴费比例和经济发展速度保持不变，征缴比例越高，统筹基金累计结余可使用月数越多。

从结余处于合理水平时各参数的值来考虑，无论未来经济的发展在 8%~10%范围的哪个值，不考虑人口老龄化对医疗保险基金支出的影响，为了使得未来基金结余保持在合理水平，建议：在征缴率较高的情况下，保持 8%的缴费比例；在征缴率 85%左右时，保持 9%左右的缴费比例；如果征缴率较低，则需保持 10%的缴费比例。说明了基金的征缴率和缴费水平与基金的累计结余存在着显著的正相关关系。根据不同参数下的模型调整结果可以看出，如果基金的缴费比例保持一定水平，未来基金累计结余迟早会出现赤字，为了避免赤字的出现，必须不定期根据征缴比例和经济发展速度，作出缴费比例的适时调整，否则，未来基金必然会出现赤字的情况。

通过系统动力学的仿真可以看出，首先，如果不考虑人口老龄化，在目前我国经济发展保持 8%、全国保持基金缴费比例为 8%、征缴率为 80%的条件下，未来基金累计结余将会出现赤字。相对于经济发展速度而言，基金的缴费比例和征缴率对基金的累计结余有着很大的影响，为了使未来基金累计结余规模保持在合理的水平，国家需要根据征缴率，对缴费比例进行适当调整。

10．研究不足

在不同经济发展水平和征缴率下，未来医疗保险基金如何保持适度结余提供了借鉴。但也存在着许多不足之处。

（1）未能充分考虑人口老龄化对医疗保险基金支出的影响，由于在人口老龄化和现行退休人员不缴纳保险费的政策下，医疗保险基金支出增加幅度会更大。此外，未能考虑政府财政补贴对基金收入的影响；

（2）部分参数方程的参考数据只有 10 年左右，数据太少，导致方程的参考价值有限；

（3）许多参数的假设不够合理，如未来实际的经济增长率、征缴率、缴费比例等不可能是保持一定比例不变的。

系统动力学利用系统结构、各环节的因果关系和反馈回路的综合模型，通过仿真的方法来求解系统性能。由于它涉及到微分方程或差分方程求解、控制理论应用、经济技术分析以及计算机软件等多种学科，因而属于跨学科的新型理论和方法。

思考题和习题

1．系统仿真有哪些优缺点？
2．试构造某实际问题的因果反馈结构。
3．通过互联网和统计年鉴，收集商业经济、社会保障、交通运输、公共事业、居民生活等某方面的数据资料，建立仿真模型并分析，撰写出研究论文。